变压器
交直流局部放电超宽频带检测

国网上海市电力公司电力科学研究院
山东电力设备有限公司
组编

中国电力出版社
CHINA ELECTRIC POWER PRESS

内 容 提 要

随着我国新型电力系统的建设，特高压电网在能源安全、资源配置、节能减排等方面正在发挥越来越重要的作用。与此同时，特高压电网主设备电压等级和容量愈来愈大，可靠性、重要性日益突出。根据实践经验与研究结果，标准 GB/T 7354《高电压试验技术 局部放电测量》对应的常规局部放电（partial discharge，PD）检测已不能满足特高压设备的要求，现阶段普遍采用提高试验电压与延长试验时间的方法，此举取得了一定的效果，但仍有部分设备在采取上述措施后依然出现了缺陷或故障。近十年，数据采集、存储和通信以及信号处理技术等的飞速发展，为属于"非常规检测法"的超宽频带法测量局部放电，即记录电流脉冲一时间序列的脉冲源检测技术，应用于大型电力和换流变压器提供了无限可能。本书以推动超宽频带法测量局部放电在变压器交直流耐压试验方面工程应用为目的，介绍了超宽频带局部放电智能检测和抗干扰技术，阐述了交直流耐压试验局部放电超宽频带智能检测系统的设计与研发思路，并介绍了大型变压器（含换流变压器）耐压局部放电智能检测试验与工程应用。

本书共五章，分别为变压器局部放电电流脉冲检测技术，超宽频带检测局部放电和噪声源电流脉冲波形试验，交直流耐压试验超宽频带局部放电智能检测和抗干扰技术，交直流耐压试验 PD 智能检测系统设计与研制，大型变压器（含换流变压器）耐压局部放电智能检测试验与工程应用。

本书可供从事电力设备局部放电试验与诊断的工程技术人员，以及高等院校电气专业的教师和研究生阅读。

图书在版编目（CIP）数据

变压器交直流局部放电超宽频带检测/国网上海市电力公司电力科学研究院组编；山东电力设备有限公司，司文荣主编. --北京：中国电力出版社，2024.10. --ISBN 978-7-5198-9154-1

Ⅰ. TM401

中国国家版本馆 CIP 数据核字第 202465DR25 号

出版发行：中国电力出版社
地　　址：北京市东城区北京站西街 19 号（邮政编码 100005）
网　　址：http://www.cepp.sgcc.com.cn
责任编辑：陈　丽
责任校对：黄　蓓　马　宁
装帧设计：张俊霞
责任印制：石　雷

印　　刷：三河市航远印刷有限公司
版　　次：2024 年 10 月第一版
印　　次：2024 年 10 月北京第一次印刷
开　　本：710 毫米×1000 毫米　16 开本
印　　张：14.5
字　　数：215 千字
定　　价：88.00 元

编　委　会

主　　编　司文荣

副 主 编　傅晨钊　赵永志

参编人员　吴旭涛　倪鹤立　韩克俊　周　秀

史　磊　晏年平　许　涛　鲍长庚

郭鹏鸿　张志强　曾磊磊　杨在葆

何宁辉　李秀广　李卫彬　倪　浩

魏本刚　何　涛　贺　林　赵莹莹

序

电力与换流变压器是交、直流电网电力输送的枢纽，其安全稳定运行直接关系着电力能源的正常供给，因此，准确评估变压器绝缘水平始终吸引着专业技术人员的目光。自20世纪初期开始，交直流局部放电（partial discharge，PD）检测逐渐成为考核变压器绝缘的“必修课”，局部放电水平被视为大型变压器可靠性最重要的指标之一。

随着局部放电特性与机理研究的深入，以电流脉冲法为代表的常规电气检测法和以超声波法、特高频法为代表的非常规检测法均在现场局部放电试验工作中得到了广泛应用。但是，在量化局部放电水平方面，电流脉冲法仍是唯一被广泛认可的测量手段，因此，无论是在变压器出厂试验、交接试验，还是停运诊断性试验中，基于电流脉冲法的交直流局部放电检测试验始终是绝缘评价与事故追溯的重要支撑。

考虑到无线电波、空间电磁干扰以及旋转电机干扰等噪声信号普遍以兆赫兹（MHz）乃至吉赫兹（GHz）级频率存在，同时受到原先信号采集技术的制约，IEC和国家标准均推荐了上限截止频率低于1MHz的窄带法与宽带法作为电流脉冲法的测量频带并延续至今，尽可能地避开干扰信号频段、提高信噪比。但是，变压器中局部放电产生的电流脉冲信号具有非常宽的频谱，能量主要分布在千赫兹（kHz）至百兆赫兹频率范围内，宽、窄带法在获得信噪比的同时，也牺牲了局部放电电流脉冲的波形真实性与信号完整性，一定程度上对局部放电存在性判别以及局部放电类型识别产生了影响，降低了局部放电检测的有效性、可信度以及纵向可比性。出于这些考虑，部分研究者将测量频带提升至十兆赫兹量级，提出了高频电流脉冲法（3～30MHz），取得了一定的应用成果，但仍未摆脱噪声抑制与局部放电信息保留相互制约的局面。尽管部分研究者尝试通过进一步拓宽测量频带来更真实地反映局部放电水平、提升局部放电检测的可参考性，但超宽频带测量对信号采集系统提出了更高的要求，“全信息”采集的特点更是需要足够有效的噪声抑制手段来支撑，而此类技术方法的瓶颈使得局部放电检测有效性始终未能取得本质突破，交直流局部放电试验依旧需要人工专家的介入。

近十年来，超高速数据采集技术以及先进信号处理技术的飞速发展为打破上述僵局提供了契机。超高速数据采集可以实现基于电流脉冲法的脉冲信号超宽频带全过程记录，即记录脉冲波形—时间序列，避免局部放电信息丢失，尽管噪声信号也得到了保留，但借助先进信号处理技术，可根据脉冲波形信号的时频域特征实现脉冲源的快速分类，进而实现分离不同局部放电源和/或噪声源的目的乃至局部放电模式识别。沿着这一思路，本书作者在多年变压器局部放电试验和超宽频带法测量局部放电研究的基础上，通过深入细致的实验室研究和现场应用，研发了变压器交直流局部放电超宽频带智能检测系统。本书既是一本基于作者科研成果的专著，又是一本具有科普、介绍性质的著作，相信本书的出版会对该领域的科研工作者、仪器仪表开发工程师和现场应用工程师以及初入门者带来帮助。

本书首先对基于电流脉冲法的变压器耐压局部放电试验技术现状进行了全面回顾，分析了开展局部放电超宽频带检测的必要性和技术可能性，详细介绍了基于电流脉冲波形—时间序列进行超宽频带、高采样率的“全信息”采集从而处理试验过程出现的随机干扰源和/或多局部放电源的技术路线。沿着这一路线，作者给出了检测带宽、采样率影响局部放电脉冲波形时频域特征参数的实验结果，分析了检测带宽、采样率对超宽频带局部放电检测抗干扰能力的影响规律，并基于变压器绕组分布参数仿真模型，探究不同频率下局部放电脉冲波形传播响应特性。在上述理论研究的基础上，作者进一步对脉冲波形—时间序列开展了数据降维处理，提出超宽频带检测用脉冲群快速智能聚类和分离技术，介绍了适用于交直流耐压试验的局部放电脉冲群智能数据处理和显示技术，进而通过开展现场检测干扰模拟试验，对超宽频带局部放电检测与脉冲群数据智能分析的可行性进行了验证。最后，作者介绍了交直流耐压试验超宽频带局部放电检测硬件系统的设计以及智能检测和抗干扰技术软件的具体功能，并给出了在实际电力与换流变压器出厂试验及现场试验中应用的测试结果。

本书对基本知识的介绍及变压器交直流局部放电超宽频带检测系统研发过程的详细阐述，具有典型的教科书式的学术性，同时又具有工程书籍的应用特点。相信本书的出版会受到广大读者的欢迎，也相信读者能够在本书成果基础上在变压器局部放电智能检测的应用和创新中作出更好成绩。

李彦明

2024 年 8 月

于西安交通大学

前言

大型变压器（含换流变压器）的交流和直流耐压局部放电试验，利用GB/T 7354《高电压试验技术　局部放电测量》标准推荐的（宽带或窄带法，检测频带均在1MHz以内）电流脉冲法检测局部放电，在出厂试验即实验室条件下均能顺利开展。对于现场交接以及故障性诊断试验，存在现场复杂电磁背景下、难以剔除干扰脉冲信号的工况，标准推荐检测带宽下的抗干扰技术实施难度大，现有局部放电检测系统经常无法辨别脉冲信号是来自于干扰源还是加压后的局部放电源。这使得交流耐压局部放电试验往往需要检测人员的经验进行判断，严重影响了试验进程以及工程进度，还存在误判的可能；根据多年的现场累积经验，目前变压器交流耐压局部放电试验开展难易程度排序为：出厂试验（最易）、新建站试验、在运变电站试验、在运换流站试验（最难）。此外，由于直流电压下局部放电没有相位参考信息，导致现场直流耐压局部放电试验无法处理随机出现的干扰脉冲，这使得换流变压器目前仅在出厂试验开展直流耐压局部放电试验，以及换流变压器在现场仅通过交流耐压局部放电试验后便投入运行；但由于直流试验无法用交流试验替代，为换流变压器尤其是阀侧绕组的零缺陷投运带来了不确定因素，这也可能是目前换流变压器（含套管）在运行工况下故障频发的原因之一。

鉴于上述共性问题，急需探索并开展新的局部放电智能检测技术研究并开展工程应用作为现有技术标准的补充。GB/T 7354提到了超宽频带局部放电测量仪，但由于缺乏试验研究和工程应用未对该类方法提出建议。本书在阐述超宽频带局部放电和噪声源电流脉冲波形检测试验研究的基础上，详细描述了交直流耐压试验超宽频带局部放电智能检测和抗干扰技术，以及相应超宽频带局部放电智能检测系统研制和大型变压器（含换流变压器）出厂试验、现场交接试验的工程应用。

这对于推进大型变压器交直流耐压局部放电试验技术智能化，准确掌握变压器设备绝缘状态、保障变压器设备安全运行，实现变压器设备状态全面可知、可控，进而提高电网运行可靠性具有显著的经济效益和社会价值。

本书共五章。第一章介绍变压器局部放电电流脉冲检测技术：概述基于电流脉冲法对大型变压器（含换流变压器）进行出厂和现场耐压局部放电试验的技术研究现状和发展趋势；提出基于耐压试验回路上产生的电流脉冲波形—时间序列进行超宽频带、高采样率的“全信息”采集技术需求，用于处理试验过程出现的随机干扰源和/或多局部放电源的问题。第二章为超宽频带检测局部放电和噪声源电流脉冲波形试验：包括电流脉冲波形时频域等参数特征，变压器耐压试验回路局部放电电流脉冲传播仿真以及检测带宽和采样率对局部放电和噪声源电流脉冲波形影响分析。第三章描述交直流耐压试验超宽频带局部放电智能检测和抗干扰技术：设计了基于特征参数 2D 平面或 3D 空间的脉冲群快速智能聚类和分离技术，提出了适用于交直流耐压试验用的局部放电脉冲群智能数据处理和显示技术，最后完成了变压器交直流耐压试验局部放电智能检测系统平台搭建和干扰模拟试验。第四章介绍交直流耐压试验局部放电智能检测系统设计与研制：给出了系统设计和核心参数“检测带宽”说明，描述了主要软硬件包括多通道采集和存储终端及软件功能。第五章案例分析了大型变压器（含换流变压器）耐压局部放电智能检测试验与工程应用：大型变压器（500kV）交流耐压局部放电智能检测和换流变压器（±800kV 和±600kV）交直流耐压局部放电智能检测试验。

本书主要成果依托国家电网有限公司总部科技项目“变压器交直流耐压试验超宽频带局部放电智能检测关键技术研究及应用”（5500-202017075A-0-0-00）完成，在此表示感谢。同时，还要向书中所附参考文献的作者致以衷心感谢。

由于时间仓促及水平有限，书稿难免存在疏漏、错误，期望参考本书的电力工作者、研究人员或师生不吝批评、指正。

作者

2024 年 8 月

目录

第一章　变压器局部放电电流脉冲检测技术

随着我国经济建设快速发展和人民生活逐步提高，对电网运行的安全性和可靠性要求越来越高。电力变压器（含换流变压器，以下简称变压器）作为电网核心设备，其运行状态直接影响电网的稳定运行。油纸复合绝缘是大型变压器常用的绝缘结构，主要由绝缘油、绝缘纸板和其他固体绝缘材料等构成。油纸绝缘设计时满足相关电气强度和力学性能的要求，但在生产制造、运输贮存、安装运行中，某些偶发因素可能会在绝缘系统形成缺陷，并可能进一步发展为设备故障。局部放电（partial discharge，PD）是造成大型变压器油纸绝缘故障的主要原因，也是目前作为绝缘劣化程度评估的首要手段。对大型变压器开展局部放电试验，获取局部放电信息，将有助于掌握其绝缘状态，为其检修运维策略的制定提供有力支撑。

数十年来，为了提升大型变压器局部放电检（监）测效率及效果，国内外学者开展了大量的理论探索、实验室试验与工程应用，目前采用的方法主要包括电流脉冲法、超声波法、特高频法、光测法以及化学检测法等。大型变压器局部放电电流脉冲法的检测应用历史最为悠久、最为广泛，但随着电网电压等级的不断提高、换流变压器的大量投入运行，传统的局部放电电流脉冲检测法已越来越难以满足现场试验的需要，亟待进行改进。随着数据采集、存储和通信以及信号处理技术等的飞速发展，为属于“非常规检测法”的超宽频带法测量局部放电，即记录电流脉冲—时间序列的脉冲源检测技术用于大型变压器设备创造了条件。

第一节　概　　述

一、常规电流脉冲法

（一）电流脉冲法发展历程及特点

对局部放电的所有分析都是建立在对其准确的检测基础上。自 20 世纪五六十年代提出采用电流脉冲法进行局部放电检测以来，诸多单位和学者对其进行了较为细致的研究。IEC 于 1981 年发布了 IEC 60270《局部放电测量》用于指导电流脉冲法测量局部放电，我国于 1987 年等效采用（IDT）此标准颁布了 GB 7354—1987《局部放电测量》；此后，随着电流脉冲法检测技术研究的不断发展，IEC 及我国的标准也不断更新，中间经历了 IEC 60270—2000 及等效国标 GB/T 7354—2003《局部放电测量》，目前最新的一版是 IEC 60270—2015 和对应修改等效（MOD）国标 GB/T 7354—2018《高电压试验技术　局部放电测量》。

GB/T 7354 是我国唯一一个描述常规局部放电检测方法的国家标准，该方法通过耦合装置（检测阻抗）与耦合电容串联、试品串联或通过套管末屏等方式测取由于局部放电所引起的电流脉冲，获得视在放电量、放电相位、放电频次等信息。电流脉冲法接线简单、检测灵敏度较高、应用最广泛，是最早研究的一种检测方法，且耦合装置输出的脉冲波形比较容易分辨。图 1-1 为电流脉冲法局部放电试验常用检测回路示例。

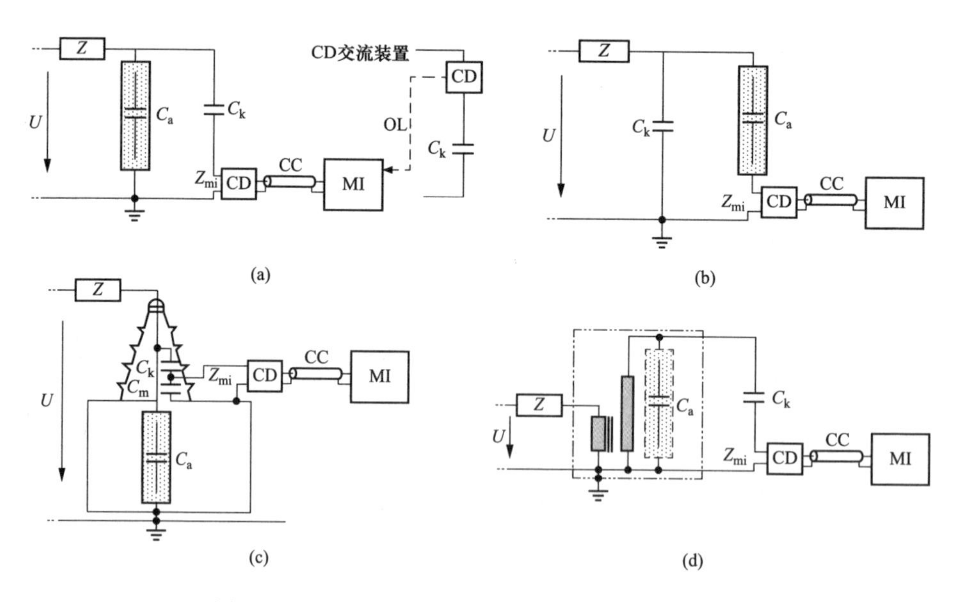

图 1-1　电流脉冲法局部放电试验常用检测回路示例

(a) 耦合装置与耦合电容器串联；(b) 耦合装置与试品串联；(c) 在套管抽头上测量；(d) 测量自激试品

U—高压电源；Z—滤波器；C_a—试品；C_k—耦合电容；Z_{mi}—测量系统的输入阻抗；

CD—耦合装置；CC—连接电缆；MI—测量仪器；OL—光连接

这里要说明的是，GB/T 42287—2022《高电压试验技术　电磁和声学法测量局部放电》是目前我国唯一一个描述非常规法测量局部放电的国家标准，本书描述的“超宽频带法测量局部放电”属于该标准的范围。

GB/T 7354 规定的电流脉冲法检测局部放电可分为宽带和窄带测量两种。宽带检测法的下限检测频率 f_1 为 30～100kHz，上限检测频率 f_2 通常小于 1MHz，检测频带 Δf 宽度为 100～900kHz，具有脉冲分辨率高、信息相对丰富的优点，但信噪比低；窄带检测法的频带宽度 Δf 较小，一般为 9～30kHz，中心频率 f_m 为 50kHz～1MHz，灵敏度高、抗干扰能力强，但脉冲分辨率低、信息不够丰富。

（二）换流变压器局部放电试验

换流变压器与交流变压器不同，应按要求开展交流电压和直流电压下的局部放电试验，直流电压下的局部放电试验只在阀侧进行。换流变压器出厂和现场局部放电试验采用的电流脉冲法与图 1-1 描述的内容一致。其中，局部放电现场试验交流和直流下的施压方法具体如下。

根据 DL/T 1243《换流变压器现场局部放电测试技术》，换流变压器交直流耐压局部放电试验接线图如图 1-2 所示，交流电压下的局部放电试验可以分为阀侧施压和网侧施压。

（1）阀侧施压［见图 1-2（a）和图 1-2（b）］根据换流变压器的结构特点，使用一套高电压无电晕的中间升压变压器，从阀侧 Δ 绕组或 Y 绕组施加电压，使网侧及阀侧绕组匝间和高压绕组线端对地达到试验电压要求。

（2）网侧施压［见图 1-2（c）］。在网侧的调压绕组上施加交流电压，使网侧及阀侧绕组感应出高压；直流电压下的局部放电试验如图 1-2（d）所示，阀侧绕

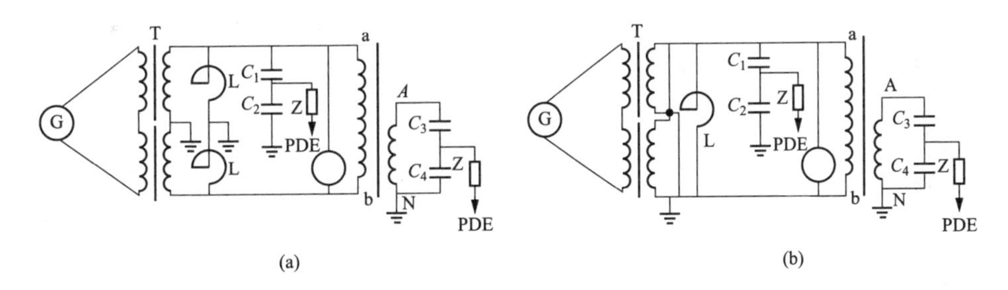

图 1-2　换流变压器交直流耐压局部放电试验接线图（一）

（a）阀侧绕组为 Δ 接线时对称加压；（b）阀侧绕组为 Y 接线方式时非对称加压

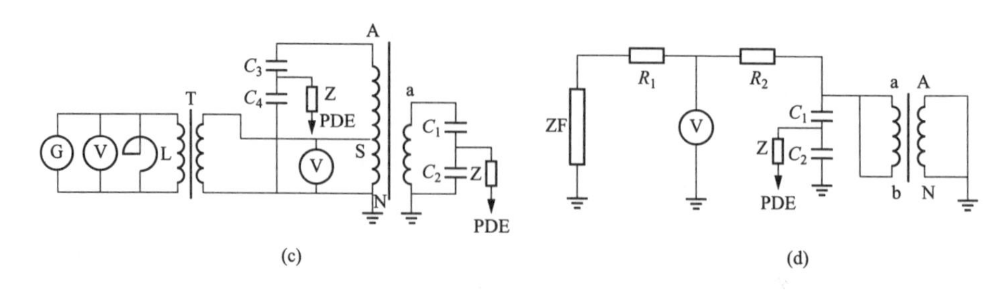

图 1-2 换流变压器交直流耐压局部放电试验接线图（二）

（c）在网侧施压的长时感应耐压试验；（d）直流外施耐压试验

G—发电机组；L—补偿电抗器；T—中间变压器；V—电压测量装置；a、b—阀侧绕组线端；C_1、C_2—阀侧高压套管电容；A、N—网侧绕组线端；S—调压绕组高压端；C_3、C_4—网侧高压套管电容；Z—检测阻抗；PDE—局部放电测试仪；ZF—直流发生器；R_1、R_2—保护电阻

注：图 1-2（a）中阀侧绕组线端 b 测基于套管的局部放电测量省略。

组线端短接后在高压侧直接施加直流电压，非被试验绕组短接并与换流变压器外壳一起可靠接地。图 1-3 为换流变压器耐压局部放电现场、出厂试验。

图 1-3 换流变压器耐压局部放电现场、出厂试验

（a）交流阀侧对称加压现场试验（±800kV）；（b）交流网侧长时感应耐压现场试验（±800kV）

（c）交流出厂试验（±500kV）；（d）直流外施耐压出厂试验（±500kV）

（三）抗干扰技术

利用宽带法和窄带法，按照图 1-1 和图 1-2 所示回路试验时，局部放电值的定量测量常因干扰引起不确定。干扰一般可以分为环境干扰和回路干扰两大类。环境干扰可能由其他回路的开关操作、换向电机、邻近的高压试验、无线电发送以及测量系统本身所固有的噪声等引起，这种干扰在试验回路不带电时依然存在。回路干扰通常随电压升高而增加，可能包括试验变压器、高压引线、套管（如果它不是试品）中局部放电等，例如：试品的法兰、金属盖帽、试验变压器、耦合电容器端部及高压引线等尖端部分产生的电晕放电；也包括附近接地不良物体的火花放电或由高压回路中的连接不良，例如屏蔽罩与只作试验用的连接导线之间的火花放电；另外，试验电压的高次谐波处于或接近测量系统的频带时也会引起干扰，比如，由于固体开关装置（晶闸管等）的存在，高次谐波经常出现于低压源，并且与火花触点噪声一起，通过试验变压器或通过其他连接传递到试验及测量回路；此外，试验回路中由于各连接处接触不良也会产生接触放电干扰等。

经过多年的实践，针对基于常规电流脉冲法局部放电检测试验时可能出现的干扰源，提出了如表 1-1 所示的抗干扰措施，包括图 1-4 所示的平衡试验回路法和极性鉴别法。一般情况下，利用 GB/T 7354 推荐的常规电流脉冲法检测局部放电（宽带或窄带法，检测频带均在 1MHz 以内），采用表 1-1 所示的抗干措施，在出厂试验即实验室条件下均能顺利开展变压器的交流和直流耐压局部放电试验。

表 1-1　常规电流脉冲法局部放电试验检测时的抗干扰措施

方法	具体措施	适用范围
屏蔽和滤波	（1）将所有靠近试验回路的导电性构件适当接地，这些构件不宜带有尖状突出物，以及对试验回路和测量回路的电源进行滤波可以达到抑制干扰的效果。 （2）在被试变压器施加电压的入口设置高压阻波器，其阻塞频率与局部放电测量系统的频带范围匹配，可以抑制试验电源系统的传递干扰。 （3）选用具有内部屏蔽式结构的中间试验变压器，阻隔干扰信号的耦合	交流、直流局部放电
平衡回路	见图 1-4（a），观察者能够区分试品中的放电和试验回路其他部分的放电	交流、直流局部放电
时间开窗法	如果干扰发生有规律的时间间隔中，仪器可以带有一个门开关，在预定施加可以断开及闭合以便与信号通过或将其阻塞。在交流耐压试验中，真实放电信号通常有规则地重复发生在试验电压波形各周波的某一时间间隔中，可以使用该方法；直流耐压试验的真实放电信号是无序的，无法使用该方法	交流局部放电

续表

方法	具体措施	适用范围
极性鉴别法	见图 1-4（b），对两耦合装置的输出端的脉冲极性进行比较可以区分试品所产生的局部放电信号和来自试验回路以外的干扰。但在有 C_a 和 C_k 形成的回路中电磁感应引起的干扰很难与局部放电信号区别处理，需采用别的方法	交流、直流局部放电
脉冲平均	在工业环境中，许多干扰都是随机的，而真正的放电几乎重复发生在施加电压每一周波的相同相位上，因此可以用信号平均技术将随机发生干扰的相对电平大大降低	交流局部放电
选频	合理选择局部放电测量的频带	交流、直流局部放电
单点接地	（1）整个试验回路采用一点接地，可降低各种高频信号会接地线耦合到试验回路产生的干扰。 （2）采用带有绝缘护套的接地线、放射性连接、缩短接地线长度等措施，可以抑制来自接地回路的干扰	交流、直流局部放电

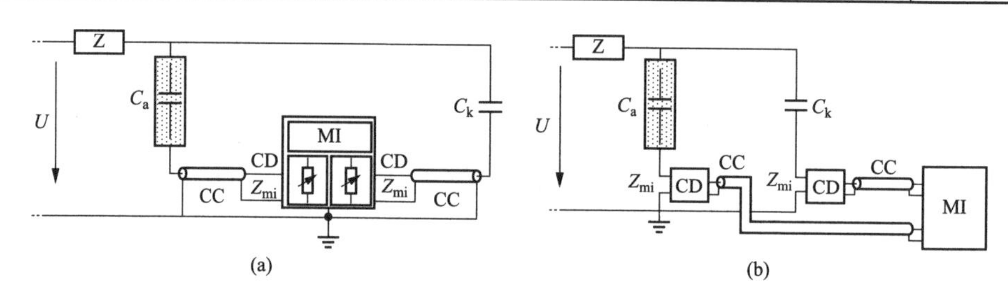

图 1-4　常规电流脉冲法局部放电试验检测时的抗干扰措施接线图

（a）平衡试验回路；（b）极性鉴别回路

U—高压电源；Z—滤波器；C_a—试品；C_k—耦合电容；

Z_{mi}—测量系统的输入阻抗；CD—耦合装置；CC—连接电缆；MI—测量仪器

但对于现场交接以及故障性诊断试验，依旧存在复杂电磁背景下、难以剔除干扰脉冲信号的工况。如图 1-5 所示，GB/T 7354 推荐检测带宽下的抗干扰技术实施难度大，现有局部放电检测系统经常无法辨别脉冲信号是来自于干扰源还是加压后的局部放电源。这使得交流耐压局部放电试验往往需要检测人员的经验进

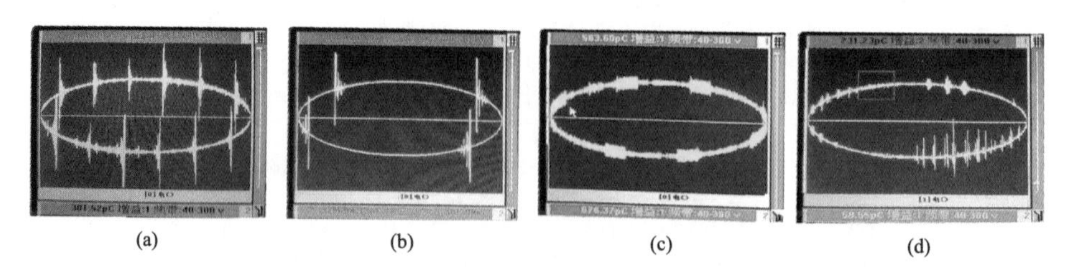

图 1-5　变压器/换流变压器交流耐压局部放电试验难以处理的干扰脉冲源示例

（a）换流阀干扰；（b）未知干扰脉冲源 1；（c）未知干扰脉冲源 2；（d）未知干扰脉冲源 3

行判断，严重影响了试验进程，还存在误判的可能。多年的现场累积经验表明，目前变压器交流耐压局部放电试验开展难易程度排序为：出厂（最易）、新建站、在运变电站、在运换流站（最难）。

此外，由于直流电压下局部放电没有相位参考信息（见图 1-6），导致现场直流耐压局部放电试验无法处理随机出现的干扰脉冲，这使得换流变压器直流耐压局部放电仅在出厂时进行，在现场仅开展交流耐压局部放电试验，由于直流试验无法用交流试验替代，为换流变压器尤其是阀侧绕组的零缺陷投运带来了不确定性，这也可能是目前换流变压器（含套管）在运行工况下故障频发的原因之一。

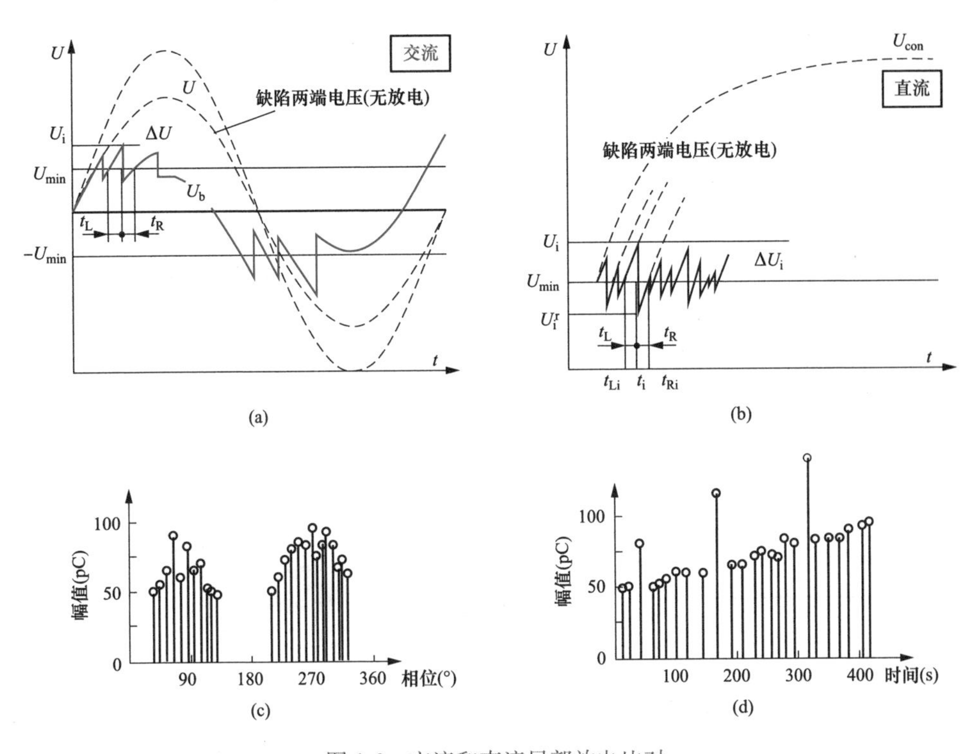

图 1-6　交流和直流局部放电比对

（a）交流电压下缺陷放电电压变化；（b）直流电压下缺陷放电电压变化；

（c）交流局部放电相位分布图；（d）直流局部放电时间序列

二、超宽频带检测法

根据 GB/T 7354《高电压试验技术　局部放电测量》中 5.5 超宽频带局部放电测量仪的定义：也可以用非常宽频带示波器或选频仪器（例如频谱分析仪）配

上合适的耦合装置来测量局部放电。本书将目前基于电流脉冲、检测频带数十兆赫兹（MHz）及以上的高频法/宽带法/超宽频带法测量局部放电统称为“超宽频带检测法”，用以区别现行广泛使用的常规电流脉冲法。

（一）局部放电电流脉冲波形

20 世纪 90 年代初至今，国内外学者对发电机内部绝缘缺陷放电、变压器油纸绝缘缺陷放电、电缆内部绝缘放电以及 GIS 气体绝缘缺陷放电的电流脉冲波形进行了大量的实验研究、理论分析以及相关处理技术研究。研究表明，通常单个局部放电电流脉冲波形具有极快的上升沿，脉冲持续时间一般介于 10^{-9}～10^{-6}s，且不同结构缺陷源产生的电流脉冲波形具有不同的时域和频域分布特性。如图 1-7 所示（采样率 2.5GS/s），局部放电电流脉冲属于非平稳信号，其单个波形包含着丰富的时频信息。

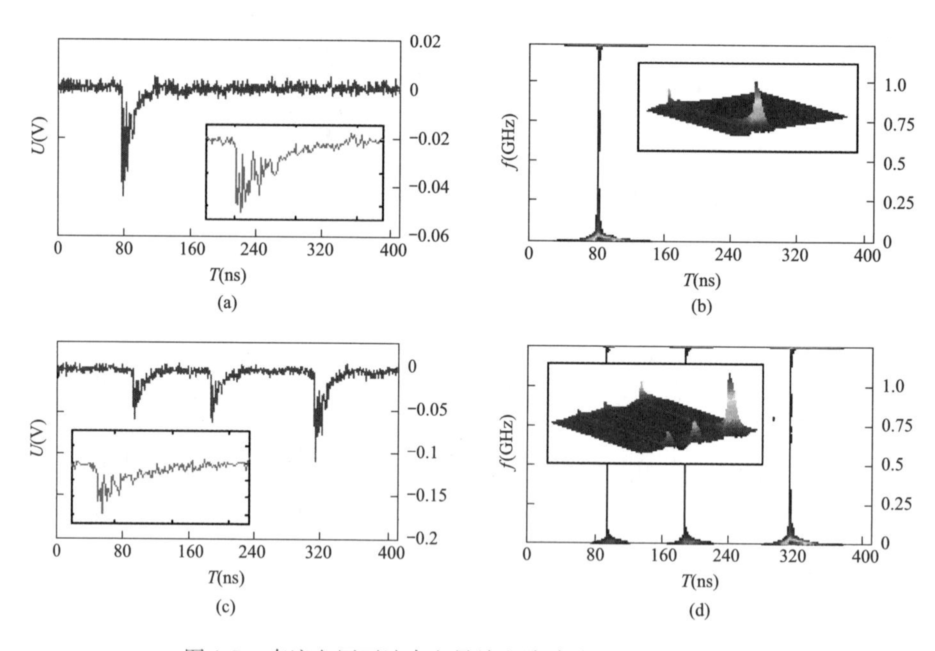

图 1-7　直流电压下油中电晕放电脉冲波形及其时频谱图

（a）单个放电脉冲时域波形；（b）图（a）对应 Wigner-Ville 时频分布；
（c）连续放电脉冲时域波形；（d）图（c）对应 Wigner-Ville 时频分布

据此，研究者借助于高性能示波器或采集卡，采用超宽频带检测法来测量电工设备中绝缘缺陷产生的电流脉冲波形，研究其局部放电的发展机理，并试图为设备老化程度评估和寿命预测提供依据。超宽频带检测法的优点为：①测量传感器的带宽通常可达到 10MHz 以上，信号中包含更多的信息，利于反映放电源信号的真实波形，可对局部放电的机理和过程有更深的理解；②局部放电电流脉冲的能量随带宽的增加而增大，测量的灵敏度有所提高；③有可能从识别单个脉冲波形的角度来抑制外部干扰。

在该检测技术的发展过程中，国内外均有学者提出局部放电电流脉冲波形检测与识别系统，例如国外分别有加拿大魁北克水电研究所的巴特尼卡斯（R. Bartnika）和荷兰代尔夫特大学的莫尔舒伊斯（P. Morshui）为首的研究小组等，而国内则有清华大学谈克雄教授的课题组和西安交通大学严璋教授的课题组等。但是在现场应用时，由于单个局部放电电流脉冲波形信号受电工设备内部的局部放电源至传感器之间的未知传输系统调制，即电流脉冲波形在传播过程中会发生严重畸变，具有明显的不确定性和未知性。因此，现场采集获取的电流脉冲波形，可能会与实验室建立的缺陷样本数据库无法对应，致使该类局部放电检测仪在缺陷类型识别功能上失效。

（二）局部放电电流脉冲波形—时间序列

随着高性能计算机的出现，智能信号处理技术的发展以及局部放电超宽频带检测法的研究，哈尔滨工业大学电气工程系的王立欣教授等人于 1999 年首次提出基于聚类分析的周期性脉冲干扰的识别技术，即从识别单个脉冲波形的角度来抑制外部干扰。2002 年至今，意大利博洛尼亚（Bologna）大学的蒙塔纳利（G. C. Montanari）教授及其课题组采用超宽频带检测法采集交流电压下的局部放电脉冲群后，先基于 T-Fmap 分类图对脉冲群进行分类，然后对分类后的各子脉冲群进行峰值保持后形成 PRPD 谱图，再进行噪声抑制和放电类型识别。该方法成功运用于交流电缆和发电机，并有局部放电检测与识别仪推出（PD Checker），技术原理图如图 1-8 所示。2007 年以来，西安交通大学李彦明教授课题组，基于脉冲群聚类分析后再识别的思想和借助于 100MS/s 的高性能采集卡，研制了基于宽带检测技术的交流局部放电检测与识别系统，并成功运用于实验室 GIS 局部放电电流脉冲检测中的噪声源抑制和多局部放电源分离，如图 1-9 所示。

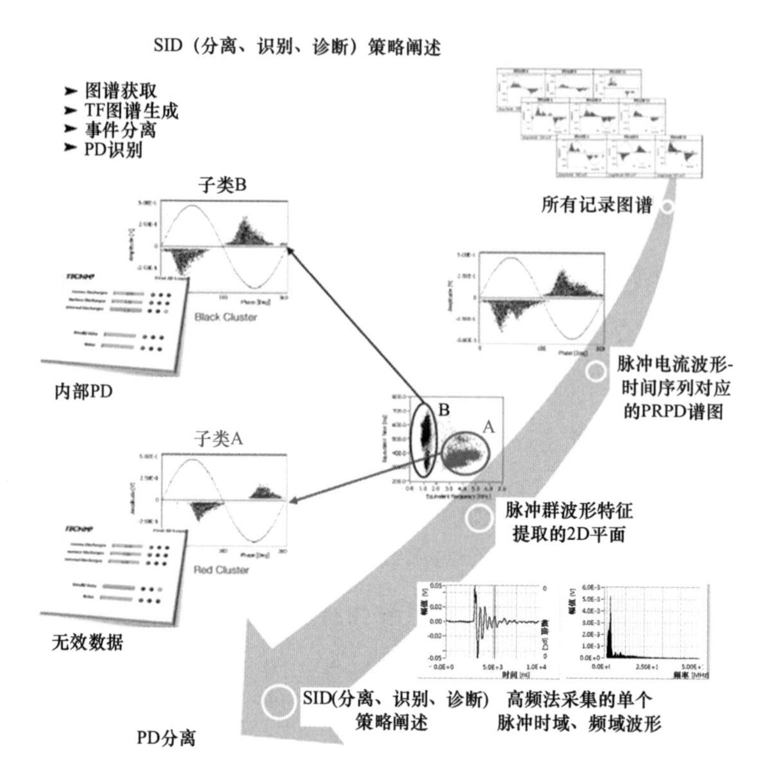

图 1-8　意大利 G. C. Montanari 课题组推出的超宽频带检测法

上述超宽频带检测法与传统电流脉冲法相比，检测回路布置和原理相同，但对检测阻抗、耦合装置（含宽频带线圈）的检测频带要求以及数据采集处理的要求高，由于检测获取的电流脉冲波形—时间序列信息量大，更能真实反映局部放电源、噪声源在试验回路上产生原始电流脉冲波形的特征，便于后期多局部放电源检测和随机噪声源剔除技术的研究和应用。

根据图 1-1 和图 1-2 所示变压器耐压电流脉冲法局部放电试验回路，可以从高中压套管末屏抽头安装耦合装置、耦合电容（或试品）串联检测阻抗、绕组中性点（或铁芯及夹件）接地线卡装宽频带罗氏线圈三种方式开展超宽频带电流脉冲法，用于变压器耐压局部放电试验，并进行噪声源抑制和多局部放电源分离。西安交通大学李军浩等人进行了基于宽频带电流脉冲法的变压器局部放电多端检测技术研究，在三相高压套管下端与高压绕组连接处可内置缺陷，通过控制在三相低压绕组感应式加压，在高压侧激发故障源产生局部放电信号，其采用的宽频带

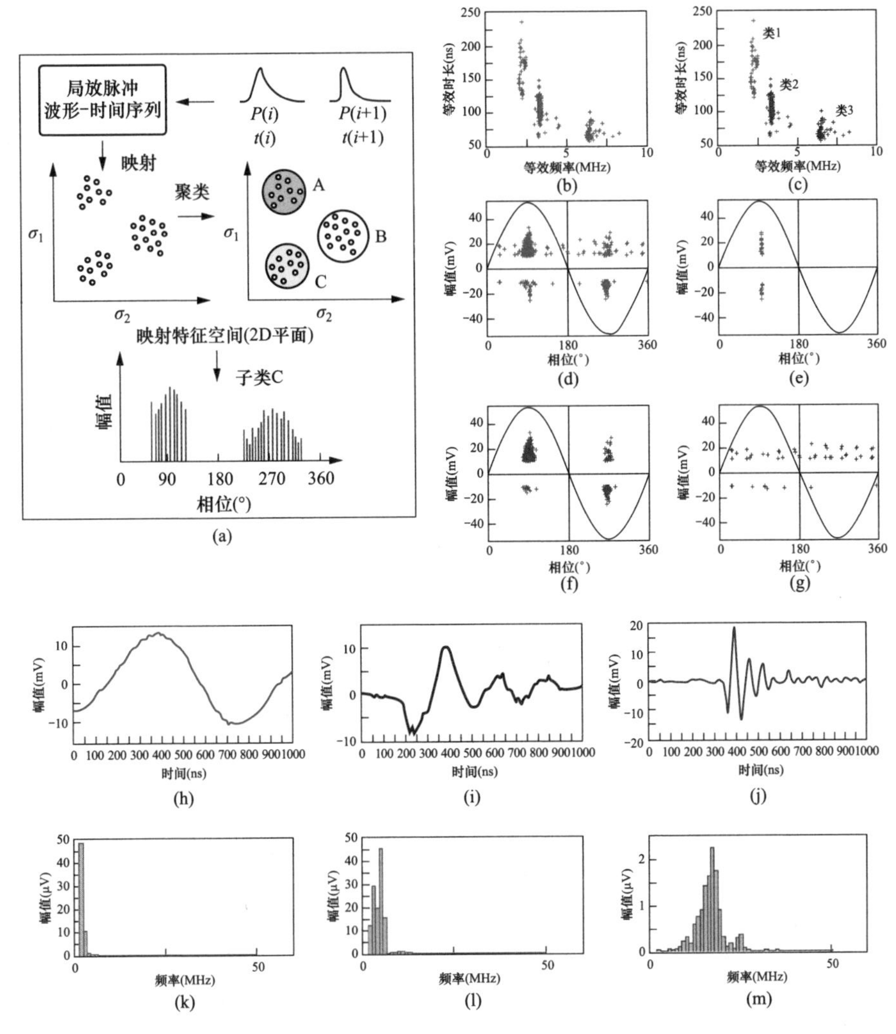

图 1-9 基于宽带检测的实验室 GIS 局部放电电流脉冲检测中的噪声源抑制和多局部放电源分离
(a) 脉冲群分离技术；(b) 时频特征参数提取；(c) 无监督聚类；(d) 脉冲群峰值-相位分布；
(e) 类 1 脉冲群峰值-相位分布（干扰）；(f) 类 2 脉冲群峰值-相位分布（局部放电）；(g) 类 3 脉冲群峰值-相位分布（干扰）；(h) 类 1 脉冲时域波形（干扰）；(i) 类 2 脉冲时域波形（局部放电）；(j) 类 3 脉冲时域波形（干扰）；(k) 类 1 脉冲频域波形（干扰）；
(l) 类 2 脉冲时域波形（局部放电）；(m) 类 3 脉冲时域波形（干扰）

局部放电检测系统连线图如图 1-10（a）所示，验证了基于超宽频检测法开展变压器局部放电试验的可行性和实用性。

综上所述，目前基于常规电流脉冲法的交、直流耐压局部放电试验，无论是宽带或窄带法，检测频带均在 1MHz 以内，这大大丢失了真实电流脉冲波形的时

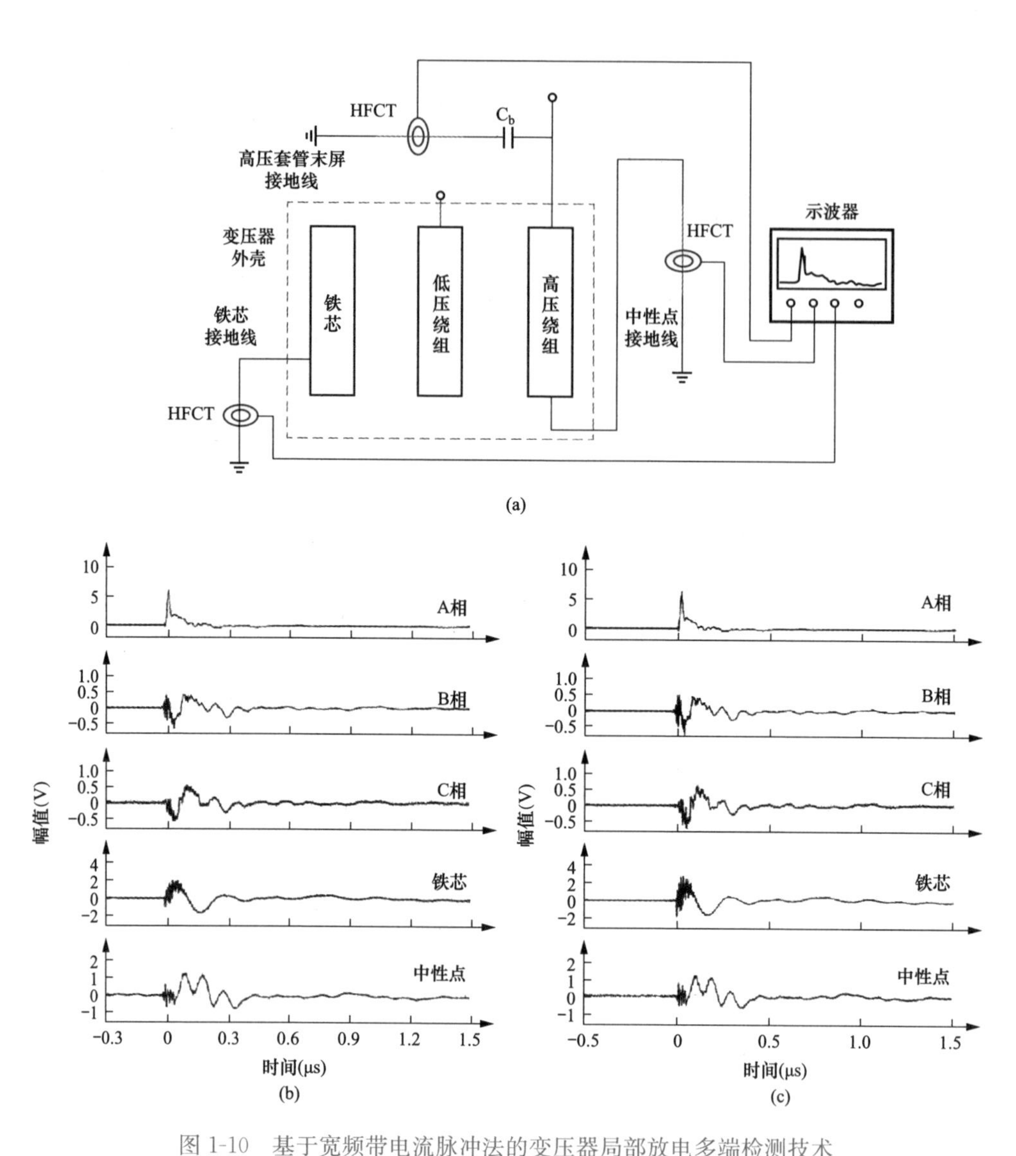

图 1-10 基于宽频带电流脉冲法的变压器局部放电多端检测技术

(a) 宽频带局部放电检测系统；(b) 悬浮放电时域波形；(c) 尖端放电时域波形

注：HFCT 带宽为 1～30MHz，转换特性不低于 5mV/mA；示波器最大采样率为 2.5GS/s，模拟带宽 500MHz。

频域信息，存在难以剔除变电站现场背景随机干扰脉冲信号的工况，严重影响了试验进程和工程进度。但在耐压试验检测系统搭建后，未知局部放电源和随机干扰噪声源分别至检测点之间的传输路径所构成的系统都是确定的，使得传感器耦合局部放电源和干扰噪声源产生的电流脉冲波形均具有各自时域特征，且短期时间内相对稳定并具有“自相似性”。因此，如果将试验检测回路上产生的电流脉冲波形进行超宽频带、高采样率的“全信息”采集，即采用电流脉冲波形—时间

（相位）序列代替原有的幅值—时间（相位）序列，利用设计的智能算法完成快速分析和显示，将局部放电源和随机噪声源存在的时频域差异信息放大，并基于短期时间内局部放电源和噪声源产生的电流脉冲波形具有“自相似性”进行脉冲群聚类和分离，试验人员只需关注与耐压幅值相关的脉冲群，即局部放电源信号，为变压器是否通过耐压局部放电试验提供可信依据。此外，耐压试验全过程对应的电流脉冲波形—时间（相位）序列可为变压器后期绝缘状态分析和试验提供包含更为丰富信息的历史比对数据。因此，可以得出：超宽频带检测法适合电力设备的诊断型试验（出厂、现场交接、停运诊断）和巡检型试验（带电检测和在线监测），可跟踪设备内部局部放电源“从出厂至报废”，以全生命周期局部放电试验的方式为广大工程技术人员提供强有力的评估支撑手段，最终实现绝缘缺陷的精准管控，避免向严重故障发展，为实现新型电力系统提供支持。

第二节　国内外研究和应用情况

一、研究现状

CIGRE WG D1.33 报告 444《非常规法 PD 测量导则》（*Guidelines for unconventional PD measurements*）和报告 502《高电压现场局部放电试验导则》（*High-voltage on-site testing with PD measurements*）中，根据电工设备绝缘缺陷放电伴随的现象以及衍生物，将局部放电检测方法分为 IEC 60270 规定的常规法（conventional methods，对应 GB/T 7354 的常规法）以及非常规法（unconventional methods，见图 1-11，对应 GB/T 42278 的非常规法，即电磁和声学法测量局部放电）。其中检测电磁暂态现象的有高频（HF，3～30MHz）/甚高频（VHF，30～300MHz）/特高频（UHF，300～3000MHz）法，涉及超宽频带法测量局部放电的有如下两种传感耦合方式。

（1）罗氏线圈（Rogowski coils）。图 1-12 所示为用于宽频带电流脉冲法的罗氏线圈，具有检测带宽 1～100MHz，跨越了 HF 和 VHF 定义频段，这种宽频带传感器可用于在离线和在线局部放电检测，一般情况下等效灵敏度可以到达 10～20pC。

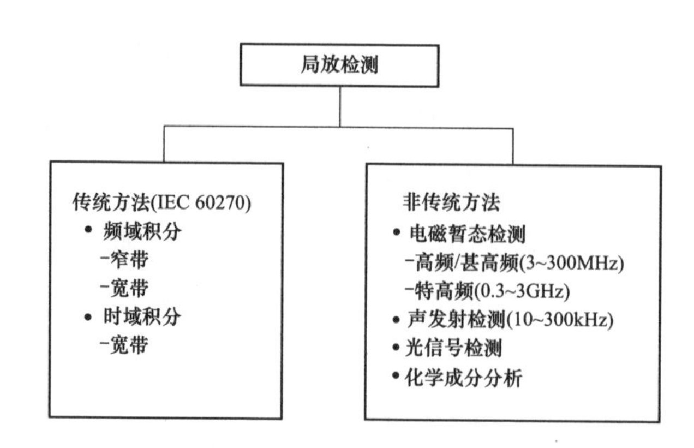

方法/设备	电缆	变压器	GIS	发电机
HF(3~30MHz)	+	+	-	+
VHF(30~300MHz)	+	+	+	+
UHF(0.3~3GHz)	-	+	+	-

注：+ 方法可用；- 方法不可用。

图 1-11　CIGRE 关于 PD 检测方法的分类及设备适用性

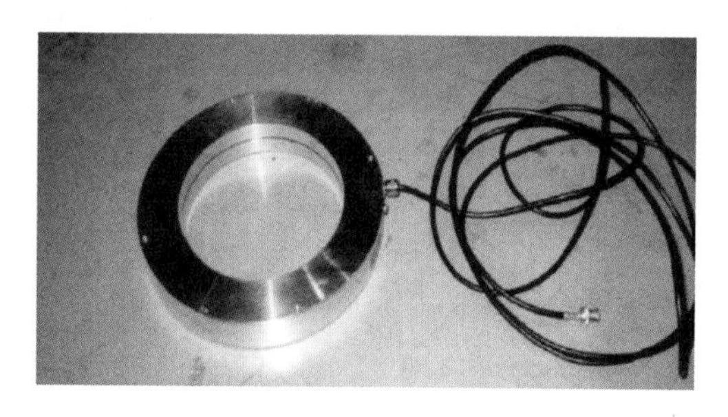

图 1-12　用于宽频带电流脉冲法的罗氏线圈

（2）电容型检测阻抗（capacitive field coupling sensor）。该种传感器具有检测带宽 1～50MHz，也跨越了 HF 和 VHF 定义频段。实际试验表明其等效灵敏度在高压套管处可以达到 1pC，在邻近套管可以达到 10pC。基于变压器套管抽头的电容型宽频带检测阻抗安装如图 1-13 所示。

Q/GDW 11400《电力设备高频局部放电带电检测技术现场应用导则》规定了电力设备高频局部放电带电检测技术的检测原理、仪器要求、检测要求、检测方法及结果分析的规范性要求，适用于具有接地引下线的电力设备高频局部放电现场带电检测（见图 1-14）。该标准定义了高频法局部放电检测是在 3～30MHz（HF）频段对局部放电电流脉冲信号进行采集、分析、判断的一种检测方法。变压器类设备高频局部放电检测示意如图 1-15 所示。

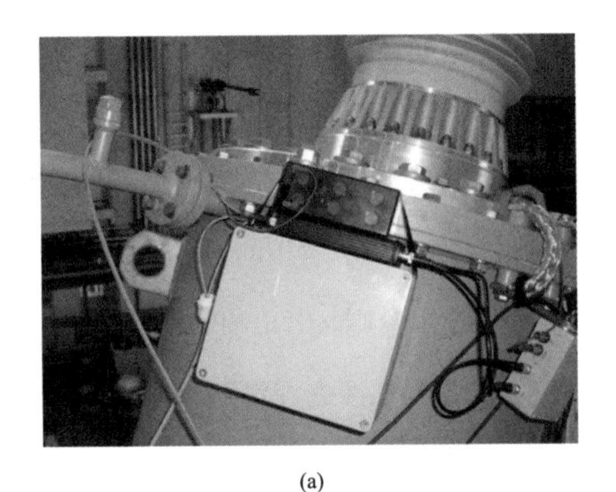

(a)

(b)

图 1-13　基于套管抽头的变压器电容型宽频带检测阻抗安装

(a) 示例 1；(b) 示例 2

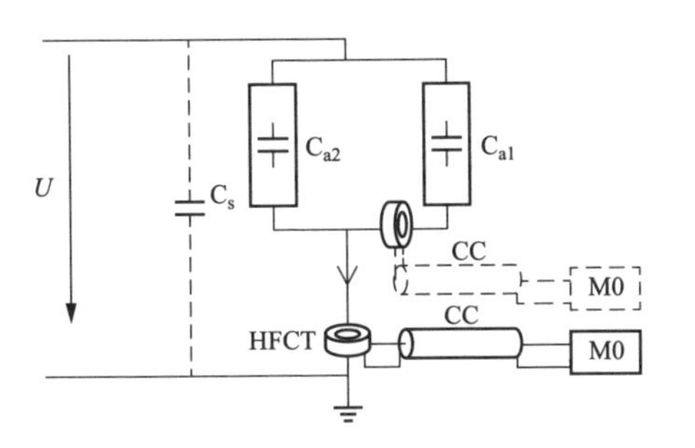

图 1-14　电力设备高频法局部放电检测示意图

U—高压电源；C_s—杂散电容；C_{a1}、C_{a2}—电力设备；HFCT—高频电流传感器；CC—连接电缆；M0—测量仪器

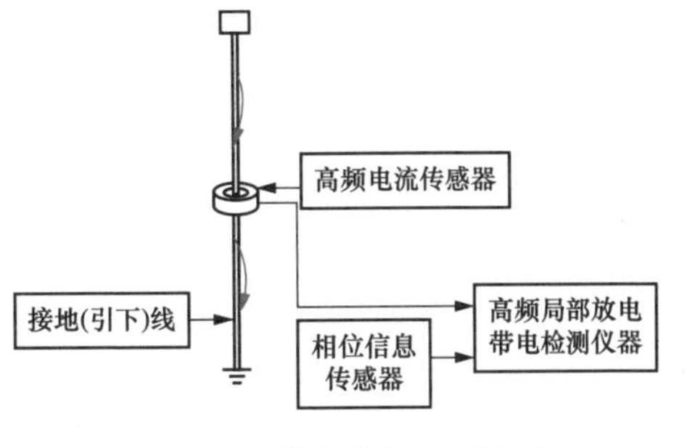

图 1-15　变压器类设备高频局部放电检测示意图

IEC 60270《高电压试验技术—局部放电测量》(*High-voltage test techniques-Partical discharge measurements*) 对于变压器局部放电检（监）测的描述如下：进行宽频带（wide-band）局部放电测量时下限频率 f_1 范围为 30～100kHz，上限检测频率 $f_2 \leqslant$1MHz，检测频带 Δf 宽度为 100～900kHz；进行窄频带（narrow-band）局部放电测量时中心频率 f_m 居于 50kHz～1MHz，频带宽为 9～30kHz；除宽频带、窄频带电流脉冲测量法之外，在 4.6 Utra-wide-band instruments for PD detection 章节指出：也可以用非常宽频带示波器或选频率仪器（如频谱分析仪）配合适当的耦合装置来测量局部放电；用这类仪器的目的是测量具有分布参数的设备（如电缆、旋

转电机和气体绝缘开关设备）中发生的局部放电电流或电压脉冲的波形和频谱并予以定量，或提供有关放电现象的机理和起因的信息。然而在该标准中，对于用于此类研究的仪器的带宽/频率以及测量方法未提出建议，因为这些方法或仪器通常不会直接对局部放电电流的视在电荷进行量化。GB/T 7354《高电压试验技术　局部放电测量》在“5.5 超宽频带局部放电测量仪”的解释定义与上述相同。

DL/T 1275《1000kV 变压器局部放电现场测量技术导则》、DL/T 1243《换流变压器现场局部放电测试技术》和 DL/T 417《电力设备局部放电现场测量导则》对变压器/换流变压器现场耐压局部放电试验做出了进一步规定，试验方法则都采用了常规电流脉冲法。Q/GDW 11218 对±1100kV 换流变压器交流局部放电现场试验进行规定，试验方法则同样采用常规电流脉冲法。Q/GDW 11400 对电力变压器、套管、电流互感器、电压互感器、耦合电容器、避雷器、电力电缆等有接地引下线的设备开展高频法（3～30MHz）局部放电带电检测进行了规定，这为超宽频带局部放电检测研究和应用开展提供了实践依据。

表 1-2 为国内外变压器/换流变压器现行的局部放电检测标准汇总。

表 1-2　　国内外变压器/换流变压器现行的局部放电检测标准汇总

标准名称	对象	内容	局部放电检测方法
IEC 60076-3《电力变压器　第 3 部分：绝缘水平、电介质试验和空气中的外间隙》（*Power transformers-Part 3：Insulation levels，dielectric tests and external clearances in air*）	电力变压器	带有局部放电测量的感应电压试验	常规电流脉冲法
IEC 60270《高电压试验技术—局部放电测量》（*High-voltage test techniques-partial discharge measurements*）	电气设备、组件或系统	（1）交流电压下局部放电试验； （2）直流电压下局部放电试验	（1）常规电流脉冲法； （2）超宽频带电流脉冲法（只给出了定义）
IEC 61378-2《换流变压器　第 2 部分：高压直流（HVDC）用变压器》（*Convertor transformers-part 2：Transformers for HVDC applications*）	换流变压器	（1）包含局部放电测量和声波探测的外施直流电压耐受试验； （2）包含局部放电测量的极性反转试验； （3）外施交流电压耐受试验和局部放电测量；感应电压试验和局部放电测量	常规电流脉冲法

续表

标准名称	对象	内容	局部放电检测方法
GB/T 7354《高电压试验技术　局部放电测量》	电气设备、组件或系统	(1) 交流电压下局部放电试验； (2) 直流电压下局部放电试验	(1) 常规电流脉冲法； (2) 超宽频带脉冲电流法（只给出了定义）
GB/T 1094.3《电力变压器　第3部分：绝缘水平、绝缘试验和外绝缘空气间隙》	电力变压器	带有局部放电测量的感应电压试验	常规电流脉冲法
GB/T 18494.2《变流变压器　第2部分：高压直流输电用换流变压器》	换流变压器	(1) 包含局部放电测量和声波探测的外施直流电压耐受试验； (2) 包含局部放电测量的极性反转试验； (3) 外施交流电压耐受试验和局部放电测量；感应电压试验和局部放电测量	常规电流脉冲法
DL/T 1275《1000kV变压器局部放电现场测量技术导则》	电力变压器	(1) 带有局部放电监测的绕组连同套管的外施工频耐压试验； (2) 带有局部放电监测的绕组连同套管的长时感应耐压试验	常规电流脉冲法
DL/T 1243《换流变压器现场局部放电测试技术》	换流变压器	(1) 交流电压下局部放电试验（阀侧施压、网侧施压）； (2) 直流电压下阀侧外施耐压局部放电试验	常规电流脉冲法
DL/T 417《电力设备局部放电现场测量导则》	变压器、互感器、套管、耦合电容器等电容型绝缘结构设备	交流电压下局部放电试验	常规电流脉冲法
Q/GDW 11400《电力设备高频局部放电带电测试技术现场应用导则》	电力变压器、套管、电流互感器、电压互感器、耦合电容器、避雷器、电力电缆等有接地引下线的设备	运行电压下局部放电带电检测	高频法（3～30MHz）
Q/GDW 11218《±1100kV换流变压器交流局部放电现场试验导则》	换流变压器	交流电压下局部放电试验	常规电流脉冲法

综上所述，基于超宽频带检测法可以对变压器进行出厂和现场耐压局部放电试验，但相关技术还处于研究阶段，相关标准需要明确的内容，还需要在系统研究和大量工程应用之后给予规定。

二、发展趋势

变压器局部放电的超宽频带检测法是本书需深入研究的局部放电测量方法，测量频带最高可至50MHz，相关研究初步表明了变压器耐压试验回路中传播的局部放电脉冲频率主要集中在10kHz～50MHz，该方法可以保留更多局部放电脉冲的频率、衰减、持续时长等信息，同时还可以得到更为准确的局部放电信息，为局部放电源的判定提供了更加丰富的依据。

国外在局部放电超宽频带测量方面，欧米克朗电子器件（OMICRON Electronics）公司的雷特迈尔（K. Rethmeier），克拉特格（A. Kraetge）等人利用多通道同步测量，将从变压器三相出线处测得的信号从幅值、起始时间、频率三个方面在三相向量坐标图上绘制从而得到每个放电脉冲在该坐标系下唯一对应的坐标点，如图1-16所示，这样做出的向量图可以将大部分的放电脉冲与其他干扰源区分开来，从而实现局部放电源的有效提取和监测。

德国汉诺威大学（University of Hannover）的阿尔雷扎·阿克巴里（Alireza Akbari）、阿斯加尔·阿克巴里（Asghar Akbari）等人在构建了一种局部放电诊断的评价体系过程中，采用了变压器局部放电宽频带脉冲测量技术，在三相高压侧及中性点处安装传感器。对于采集到的局部放电脉冲的特征值分类多达10种，除了常规的起始时间、幅值、频率、相位、极性等常见特征表述以外，还提出了

(a)

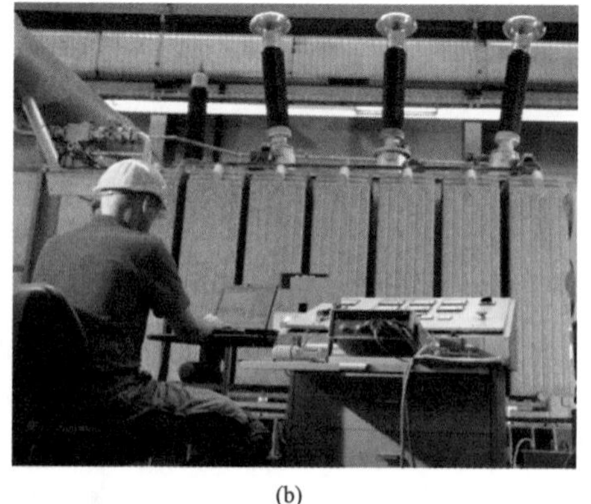

(b)

图1-16　基于3通道宽带测量的变压器局部放电脉冲检测和噪声源分离（一）
(a) 套管抽头宽频带检测阻抗安装；(b) 3通道采集的变压器耐压试验

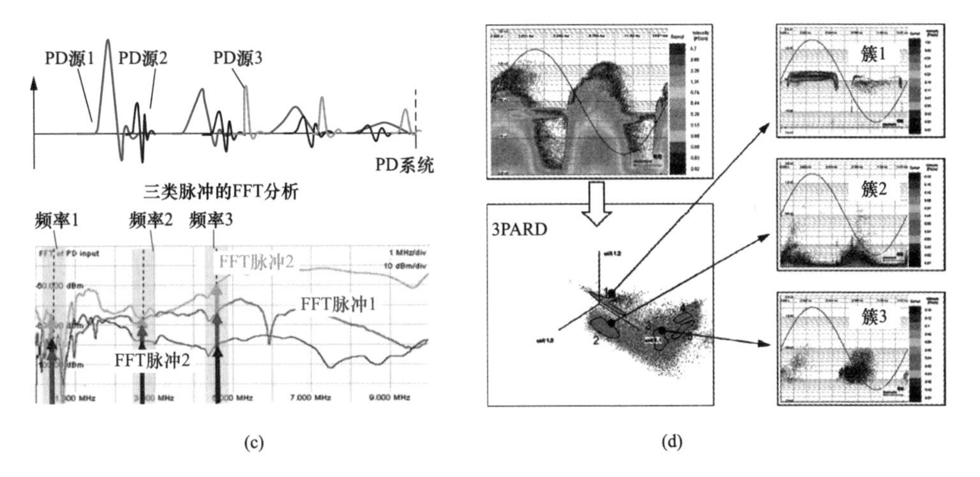

图 1-16 基于 3 通道宽带测量的变压器局部放电脉冲检测和噪声源分离（二）

（c）基于频率分量的三维向量建立；（d）基于频率分量三维向量的脉冲群分离

注：图 1-7 中局部放电测量系统检测带宽 9kHz～3MHz、中心频率 0～32MHz。

K_t（时间因数）、K_f（频率因数）两种新的特征参数，较常规的检测系统更为全面，同时通过相应的滤波手段减小了数据存储量以节省硬盘空间。戈肯巴赫（E. Gockenbach）和博瑞西（H. Borsi）建立了一种变压器绕组的分段传递函数，通过已知的变压器绕组整体传递函数和变压器模型确定了特定变压器绕组模型的分段传递函数，在实验室中模拟局部放电波形，对其测量结果和利用传递函数进行的计算结果进行了比较，验证了其传递函数的准确性。局部放电定位测量点选择了三相套管和中性点接地线作为测量点，三相套管处通过在套管根部安装金属贴片式的传感器、以电容耦合的方式实现信号的采集，且传感器与后台数据采集系统通过光纤连接，并介绍了针对不同类型噪声的滤波方式以提取有效局部放电脉冲，但是该定位方式还只是局部放电的初步粗略定位，即判定放电相别以及是否位于变压器内部。

国内学者对于局部放电超宽频带检测法也做了大量研究，清华大学的高胜友等人建立了一套基于宽频带检测技术的局部放电检测系统（10kHz～30MHz 检测频带），在硬件上采用了宽频带、高灵敏度的传感器以及高速 A/D 转换器，并通过高速以太网作为数据传输手段。在软件上采用了基于脉冲特征提取的信号分离技术，从而实现在复杂的背景干扰的情况下分离并识别放电信号和放电类型。重庆大学孙才新等人在宽频带在线检测技术干扰抑制方面，在早期极性鉴别法和差动平衡法的基础之上，提出了定向差动耦合平衡的方法，实现了外部干扰的有效抑制。西安交通大学的成永红等人研究了变压器局部放电宽频带特性及检测中实时采样技术，开发了一套宽频带局部放电检测装置，其测量频带范围达到 100kHz～500MHz，并用通过实验对其检测效果进行了测试分析。西安交通大学的李彦明等将获取的宽带脉冲波形分别使用幅值参数法、时频熵法和等效时频法对局部放电脉冲的波形各项特征参数进行了提取，再通过模糊聚类法对提取的特征结果进行了分析比较，最终实现了干扰源的有效识别和局部放电脉冲的提取和干扰抑制。华北电力大学的刘云鹏结合变压器绕组的结构和局部放电脉冲信号的特征，研究提出了基于多导体传输线理论的不同类型变压器绕组的高频脉冲传播模型；同时分析这类有损频变的多导体传输线模型的求解方法，以及模型的分布参数计算方法；对不同类型的变压器绕组进行实测和分析，与提出的多导体传输线模型的理论结果进行比较，验证了所建立的仿真模型的有效性；探讨了传输函数法在变压器绕组局部放电定位中的基本原理，并在此基础上研究了两种具体的局部放电定位方法。王贤等人研制了由闭合式罗氏线圈和分段组合式罗氏线圈构成的方向传感器，可用于从变压器高压套管末屏接地线和高压套管最末一个伞裙耦合局部放电信号，通过硬件和软件结合的方法使测量系统的抗干扰能力得到加强。李萍、田野等人研制了满足宽频带测量要求的电流传感器，测量频带为 4kHz～80MHz，并在小型变压器三相绕组出线套管接线柱、围屏、匝间、铁芯等注入模拟放电信号，初步研究了放电信号在变压器的高、低压绕组之间，绕组与非绕组之间的传播规律，验证了基于多通道联合检测局部放电技术的可行性，为局部放电在变压器中的定位提供了一定指导，并在现场进行了初步的局部放电数据采集和检测工作。胡涛研制了安装于变压器各接地线处宽频带电流传感器、安装于变压器套管末屏接地端子处，并保证末屏可靠接地的三合一电流传感器，验证了利用频率成分作为区分局部放电所在位置是处于高压绕组还是低压绕组的初步判别依据，为变压器内部局部放电的定性判别提供了实测依据。

综上所述，对变压器试验检测回路上产生的电流脉冲波形进行超宽频带、高采样率的“全信息”采集，即采用脉冲波形—时间（相位）序列代替原有的幅值—时间（相位）序列，利用设计的智能算法完成快速分析和显示，将局部放电源和随机噪声源存在的时频域差异信息放大，并基于短期时间内局部放电源和噪声源产生的电流脉冲波形具有“自相似性”进行脉冲群聚类和分离，实现分离不同局部放电源和/或噪声源的目的，是变压器交直流耐压试验超宽频带局部放电智能检测技术的发展趋势。

参 考 文 献

[1] 李军浩，韩旭涛，刘泽辉，等. 电气设备局部放电检测技术述评 [J]. 高电压技术，2015，41（08）：2583-2601.

[2] 倪鹤立，姚维强，傅晨钊，等. 电力设备局部放电技术标准现状述评 [J]. 高压电器，2022，58（03）：1-15.

[3] 王国利，郑毅，郝艳捧，等. 用于变压器局部放电检测的超高频传感器的初步研究 [J]. 中国电机工程学报，2002，22（4）：154-160.

[4] 李燕青. 超声波法检测电力变压器局部放电的研究 [D]. 北京：华北电力大学，2004.

[5] BISWAS S，KOLEY C，CHATTERJEE B，et al. A methodology for identifica tion and localization of partial discharge sources using optical sensors [J]. IEEE Transactions on Dielectrics and Electrical Insulation，2012，19（1）：19-28.

[6] 陈曦，陈伟根，王有元，等. 油纸绝缘局部放电与油中产气规律的典型相关分析 [J]. 中国电机工程学报，2012，32（31）：92-99，223.

[7] 刘建寅，郑重，储海军，等. 变压器局部放电宽频测量必要性与频带选取分析 [J]. 变压器，2016，53（08）：54-59.

[8] 乐波，李俭，谢恒堃. 用超宽频带局部放电检测技术评定电机线棒老化状态的实验研究 [J]. 电工技术学报，2001，16（5）：59-63.

[9] 刘云鹏. 电力变压器局部放电的电气定位及诊断 [D]. 保定：华北电力大学，2005.

[10] 王贤. 变压器局部放电测量中抗干扰方法的试验研究 [D]. 北京：华北电力大学，2003.

[11] 张正渊. 变压器宽频带局部放电多端测量在线检测技术研究 [D]. 北京：华北电力大学，2017.

［12］沈煜，阮羚，谢齐家，等．采用甚宽带电流脉冲法的变压器局部放电检测技术现场应用［J］．高电压技术，2011，04：937-943.

［13］陈小林，蒋雁，陈华宁，等．两种超宽频带局部放电检测技术的对比研究［J］．高电压技术，2001，06：6-8.

［14］RETHMEIER K，PICHLER W，KRÜGER M，et al. Multi-channel PD measurements on transformers-a new approach for real-time data evaluation［J］. 2008 .

［15］田野．变压器宽频带局部放电在线检测技术的研究［D］．保定：华北电力大学，2014.

［16］CONTIN A，CAVALLINI A，MONTANARI G C，et al. Digital detection and fuzzy classification of partial discharge signals［J］. IEEE transcations on Dielectrics and Electrical Insulation，2002，9（3）：335-348.

［17］司文荣，李军浩，李彦明，等．直流下油中局部放电脉冲波形测量与特性分析［J］．西安交通大学学报，42（4）：481-486，2008.

［18］司文荣，李军浩，李彦明，等．直流下局部放电序列信号检测与特性分析［J］．电工技术学报，25（3）：164-171 ，2010.

第二章　超宽频带检测局部放电和噪声源电流脉冲波形试验

本章通过在实验室中搭建交流/直流下的耐压试验回路，对三种模拟电力变压器/换流变压器中典型局部放电类型的缺陷模型进行耐压试验及局部放电测量，使用示波器与PC机相结合的方法搭建了超宽频带局部放电采集装置，采集了不同的放电类型在三种超宽频带传感器测量下的放电波形，并绘制了其峰值-时间（相位）序列，同时，使用仿真软件分析了变压器绕组在分布参数模型下的传播特性以及其对局部放电源波形传播后的响应。通过超宽频带局部放电采集装置调节带宽和采样率采集了局部放电脉冲在不同带宽和采样率下的电流波形，研究带宽和采样率对其时域和频域的特性的影响，并通过在实验室中耐压试验回路外模拟现场测量时可能得到的白噪声、窄带干扰和脉冲干扰，研究在现场试验条件下测量带宽和采样率对抗干扰对的影响。

第一节　电流脉冲波形时频域等参数特征

发生在不同部位的局部放电波形不同，为了研究不同局部放电类型下电流脉冲波形的差异，本节基于搭建的交流和直流耐压试验回路平台，构建局部放电源和噪声源，利用三种研制的宽频带传感器对试验回路的电流脉冲波形进行采样，分析获取电流脉冲波形的时频特征参数。进行电流脉冲波形的时频域参数特征研究，首先要对电流脉冲信号波形进行预处理，为减少背景噪声对电流脉冲波形的干扰，采用混合粒子群优化小波自适应阈值估计算法对局部放电脉冲进行去噪；其次进行时域特征参量提取以及对时域波形进行频域变换，提取频域特征等参数。

一、交/直流耐压试验平台

（一）试验回路及电极模型选取

为了对实际变压器出厂/现场的交直流耐压试验进行模拟，在实验室中搭建了基于变压器及套管的典型缺陷模型的交/直流耐压试验回路进行替代试验（见图 2-1）。

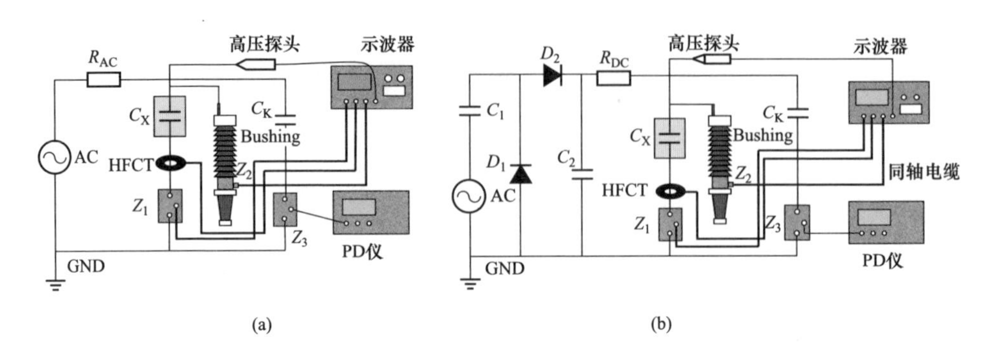

图 2-1　交流/直流耐压试验回路图

（a）交流耐压试验回路；（b）直流耐压试验回路

AC—交流源；R_{AC}—交流保护电阻（50 kΩ）；R_{DC}—直流保护电阻（5MΩ）；C_X—缺陷模型；C_K—耦合电容（1nF）；C_1、C_2—电容（0.1μF）；D_1、D_2—整流硅堆；Z_1、Z_3—50Ω 检测阻抗；Z_2—套管末屏传感器；HFCT—高频电流传感器；GND—接地

试验中为了模拟变压器中典型绝缘缺陷故障，设置了变压器油纸绝缘电晕放电模型、气隙放电模型和沿面放电模型三种典型缺陷模型，如图 2-2 所示。

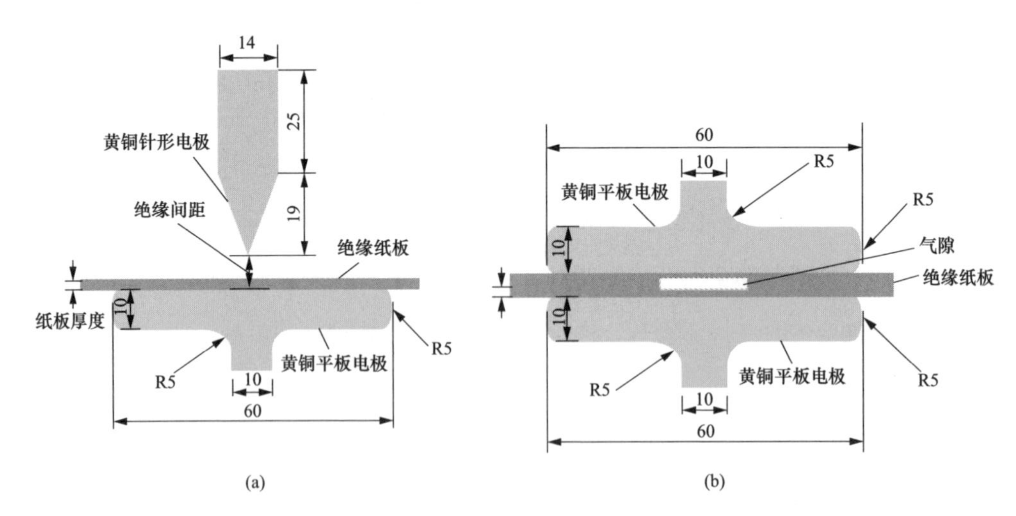

图 2-2　耐压试验缺陷模型（一）

（a）电晕放电；（b）气隙放电

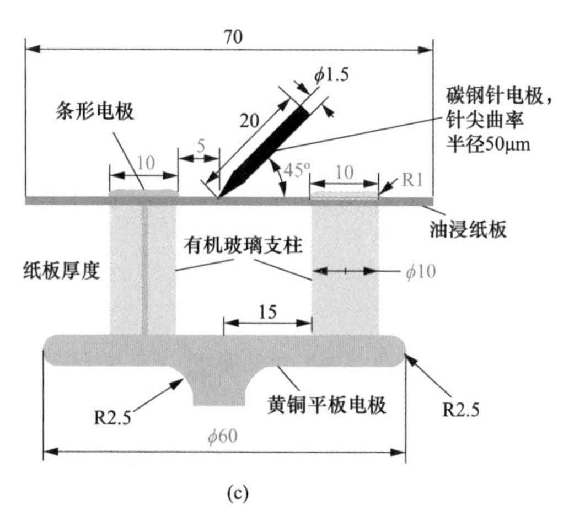

(c)

图 2-2　耐压试验缺陷模型（二）

（c）沿面放电

变压器油纸绝缘介质下的电晕放电模型采用图 2-2（a）的针-板电极模型，用于模拟油纸绝缘中电晕放电；气隙放电模型如图 2-2（b）所示，模拟油纸绝缘介质中存在小气泡击穿时的局部放电；图 2-2（c）为沿面放电模型；试验选用魏德曼绝缘纸板（厚度为 0.5mm）和昆仑牌 25 号克拉玛依变压器油。为使变压器油更加符合实际工程需要，试验所用变压器油均已经过真空滤油机（ZY-10）在 65℃条件下过滤、干燥和除气。将绝缘纸板置于 50Pa 的真空环境中，在 110℃条件下烘干 72h，随后在 80℃和 50Pa 的真空条件下浸油 48h。

（二）电流脉冲波形去噪方法

为减少背景噪声对局部放电实验结果，特别是局部放电脉冲波形的干扰，采用混合粒子群优化小波自适应阈值估计算法对局部放电脉冲进行去噪。假设观测到的数据向量 $\boldsymbol{y}$ 由真实信号向量 $\boldsymbol{f}$ 与背景白噪声向量 $\boldsymbol{n}$ 叠加而成，表示为

$$\begin{aligned} \boldsymbol{y} &= [y_0, y_1, \cdots, y_{N-1}]^{\mathrm{T}} \\ y_i &= f_i + n_i, i = 0, 1, \cdots, N-1 \end{aligned} \tag{2-1}$$

去噪的目标是利用观测值 y 通过某种计算方法估计函数 $\hat{f}$，使其尽可能地逼近真实信号 f，当使用最小均方误差（minimum mean square error，MMSE）来衡量时，用均方误差代替期望值，即

$$E(\hat{f},f)=N^{-1}\sum_{i=0}^{N-1}(\hat{f}_i-f_l)^2 \tag{2-2}$$

此时去噪的目标由求取期望函数 $\hat{f}$ 转变为降低 E 并使其最小，而基于正交离散小波变换与施泰因无偏差风险估计（Stein's unbiased risk estimate，SURE），可引入一个关于 y 的可微函数，即

$$g(y)=\hat{f}(y)-y \tag{2-3}$$

相应地使 f 与 $\hat{f}$ 在 SURE 条件下的均方误差（小波阈值 λ 的风险函数）为

$$\begin{gathered}E(\hat{f},f)=R_s(\lambda)=n+\|g(y)\|^2+2\nabla_y\cdot g(y),\\ \lambda=[\lambda_1,\lambda_2,\cdots,\lambda_J]^T\\ \nabla_y\cdot g(y)=\sum_{i=0}^{N-1}(g_i/\partial y_i)\end{gathered} \tag{2-4}$$

式中：λ_i 为在小波尺度 j（$j=0$，1，…，J）上的小波阈值。

通常采用最速下降法对自适应小波阈值进行参数估计，核心表达式为

$$\lambda(k+1)=\lambda(k)-\mu\Delta\lambda(k) \tag{2-5}$$

式中：λ 为去噪所选用的阈值；μ 为步长；$\Delta\lambda(k)$ 为均差函数的梯度，表示为

$$\begin{gathered}\Delta\lambda(k)=\frac{\partial R_s(\lambda)}{\partial\lambda}=2\sum_{i=0}^{N-1}g_i\frac{\partial g_i}{\partial\lambda}+2\sum_{i=0}^{N-1}\frac{\partial^2 g_i}{\partial y_i\partial\lambda}\\ g_i=\eta(y_i,\lambda)-y_i\end{gathered} \tag{2-6}$$

采用二阶可导的类 Sigmoid 函数作为阈值函数。此外，当小波系数大于所取阈值时，该函数处理后的小波系数与标准软阈值法得到的小波系数相似。类 Sigmoid 函数表示为

$$\eta_\beta(y_l,\lambda)=\begin{cases}y_i+\lambda-\dfrac{\lambda}{2\beta+1}, & y_i<-\lambda\\ \dfrac{1}{(2\beta+1)\lambda^{2\beta}}\cdot y_i^{2\beta+1}, & |y_i|\leqslant\lambda\\ y_i-\lambda+\dfrac{\lambda}{2\beta+1}, & y_i>\lambda\end{cases} \tag{2-7}$$

式中：β 为正整数，当 β 趋于无穷大时，类 Sigmoid 函数转化为软阈值函数。

g_i 的一阶导数与二阶导数分别表示为

$$\frac{\partial g_i}{\partial \lambda}=\begin{cases}1-\dfrac{1}{2\beta+1}, & y_i<-\lambda \\ -\dfrac{2\beta}{2\beta+1}\left(\dfrac{y_i}{\lambda}\right)^{2\beta+1}, & |y_i|\leqslant\lambda \\ -1+\dfrac{1}{2\beta+1}, & y_i>\lambda\end{cases} \tag{2-8}$$

$$\frac{\partial^2 g_i}{\partial y_i \partial \lambda}=\begin{cases}0, & |y_i|>\lambda \\ -\dfrac{2\beta}{\lambda^{2\beta+1}}y_i^{2\beta}, & |y_i|\leqslant\lambda\end{cases} \tag{2-9}$$

将式（2-8）与式（2-9）代入式（2-6），就可得到均方误差函数的梯度，随后代入式（2-5）中便可进行自适应小波阈值的迭代计算。然而，最速下降法寻优存在较大局限性：①对于有限时频的非平稳局部放电脉冲信号，通常耗时较长，难以收敛；②受初始值影响较大，且容易陷入局部最优解。因此采用混合粒子群优化算法，混合粒子群算法是在传统粒子群算法的基础上加入了混沌操作与变异操作，使之加快收敛的同时找到全局最优解。

传统的粒子群优化算法首先在求解域内生成 m 个初始化粒子，作为初始种群，第 i 个粒子在 D 维空间中的位置坐标为 $X_i=[X_{i1}, X_{i2}, \cdots, X_{id}, X_{iD}]^T$，速度为 $V_i=[V_{i1}, V_{i2}, \cdots, V_{id}, V_{iD}]^T$，个体极值为 $P_i=[P_{i1}, P_{i2}, \cdots, P_{id}, P_{iD}]^T$，群体极值为 $P_g=[P_{g1}, P_{g2}, \cdots, P_{gd}, P_{gD}]^T$。粒子个体在迭代中通过 P_i 与 P_g 更新各自的位置和速度，表示为

$$V_{id}^{t+1}=\omega V_{id}^t+c_1 r_1(P_{id}^t-X_{id}^t)+c_2 r_2(P_{gd}^t-X_{id}^t) \tag{2-10}$$

$$X_{id}^{t+1}=X_{id}^t+V_{id}^{t+1} \tag{2-11}$$

式中：ω 为惯性权重；$d=1, 2, \cdots, D$；$i=1, 2, \cdots, m$；t 为当前迭代次数；c_1 和 c_2 为迭代加速系数，取值不为负；r_1 和 r_2 在 [0，1] 随机取值。

通常采用线性递减权重算法计算惯性权重，即

$$\omega=\omega_{\max}-t(\omega_{\max}-\omega_{\min})/t_{\max} \tag{2-12}$$

式中 $t_{\max}$ 为最大迭代次数；$\omega_{\min}$ 为权重系数的最小值；$\omega_{\max}$ 为权重系数的最大值。

加入混沌操作与变异操作可以使粒子群算法在处理多峰值复杂优化问题时，便于跳出局部最优解且提高收敛速度。如果数次迭代后，全局最优值落入预设的范围 $[O_0, O_1]$，则触发混沌操作，产生 k 个新粒子代替原有粒子，方程为

$$P_{new}(1:k)=P_g-\frac{2(t_{max}-t_c)\mathrm{Rnd}(1:k)}{t_{max}}+\frac{4(t_{max}-t_c)\mathrm{Rnd}(1:k)Z(1:k)}{t_{max}} \tag{2-13}$$

式中：P_{new} 为新粒子极值；t_{max} 为最大迭代次数；t_c 为当前迭代次数；$\mathrm{Rnd}(\cdot)\in[0, 1]$ 为随机数；$Z(1:k)$ 为通过 Logistic 映射定义的混沌序列。

虽然混沌操作可增加种群多样性并加快搜索速度，提高算法的精度，但当全局最优和局部最优相隔较远时，单纯的混沌操作扰动性不足以跳出局部最优，此时需对粒子群进行变异操作。如果数次迭代后，全局最优值小于 O_0，则触发变异操作，方程为

$$P_{new}(1:k)=\xi_{min}+(\xi_{max}-\xi_{min})\mathrm{Rnd}(\cdot) \tag{2-14}$$

式中：ξ_{max} 为粒子群最大值；ξ_{min} 为粒子群最小值。

混合粒子群优化小波自适应阈值估计算法的主要参数见表 2-1，流程图见图 2-3。

表 2-1　　混合粒子群优化小波自适应阈值估计算法的主要参数

参数	取值
粒子群数量 M	40
最大迭代次数 t_m	500
最大速度 V_m	$0.2\lambda_{max}$
权重系数最大值 ω_{max}	0.9
权重系数最小值 ω_{min}	0.4
O_0 与 O_1	0.01 与 0.1

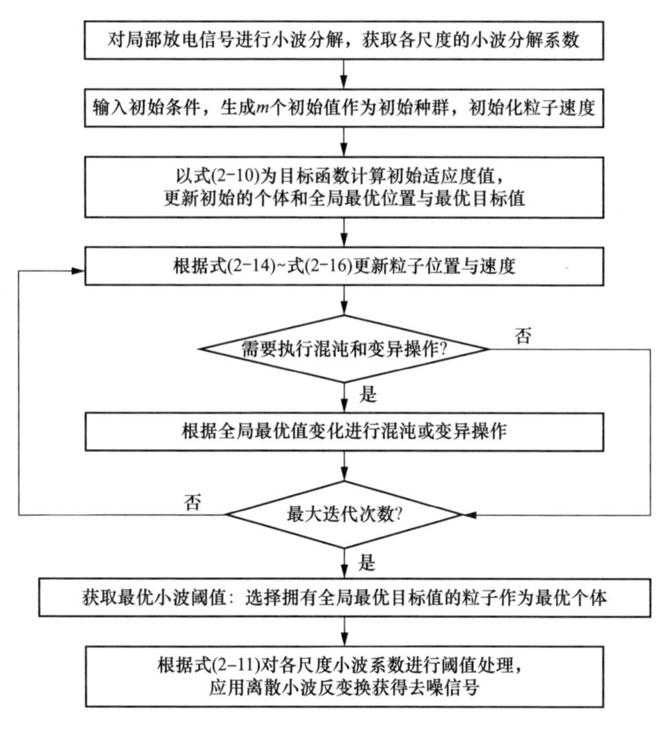

图 2-3　混合粒子群优化小波自适应阈值估计算法流程图

（三）特征参数

1. 电流脉冲波形时域特征

（1）一阶形状参量。如图 2-4 所示，U_{max} 为放电脉冲的最大幅值；脉冲上升沿时间 t_r 为从最大幅值 10%处开始到最大幅值 90%处结束的时间，即 $t_r=t_3-t_1$；脉冲下降沿时间 t_d 为从最大幅值的 90%处开始到最大幅值 10%处结束的时间，即 $t_d=t_6-t_4$。50%幅值脉冲持续时间 $t_{50\%}$ 为从上升沿最大幅值 50%处开始到下降沿最大幅值 50%处结束的脉冲波形持续时间，即 $t_{50\%}=t_5-t_2$；10%最大幅值脉冲持续时间 $t_{10\%}$ 的定义与 $t_{50\%}$ 类似，$t_{10\%}=t_6-t_1$。

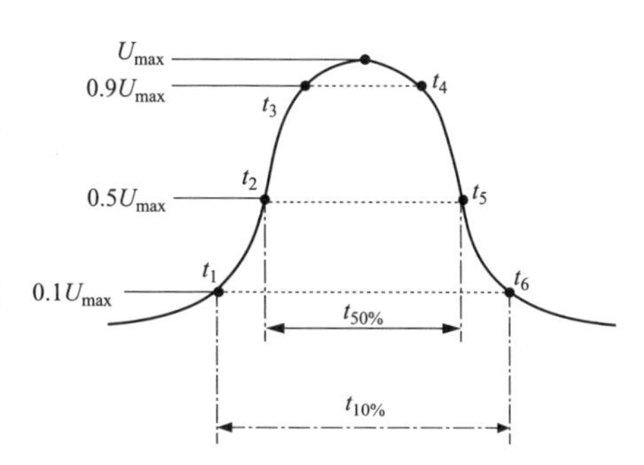

图 2-4　单次放电波形的时域特征参数

（2）峭度。峭度 K_u 描述随机变量的概率分布集中于均值的程度，或者随机变量增加速度，即分布函数的变化陡度。假定随机变量 X 的概率分布函数为

$f(x)$，均值为 μ，方差为 σ^2，则

$$K_u = \sum_{i=1}^{N}(x_i - \mu)^4 f(x_i) / \left[\sigma^4 \sum_{i=1}^{N} f(x_i)\right] \tag{2-15}$$

将单次放电波形上每个采样点作为随机变量来处理，用局部放电信号在各采样时刻上的采样值 q_i 和该值在该次放电概率 p_i 分别代替 x_i 和 $f(x_i)$，则式（2-15）可表示为

$$K_u = \sum_{i=1}^{N}(q_i - \mu)^4 p_i / \left[\sigma^4 \sum_{i=1}^{N} p_i\right] \tag{2-16}$$

式（2-16）为超宽频带局部放电单次放电波形的峭度。K_u 越大，单次放电波形中一个放电脉冲强度越大。峭度 K_u 表示谱图的“高矮胖瘦”，K_u 越大时，则表示数据信息比较尖锐即分布集中，K_u 越小时，则表示数据分布较分散。

（3）偏斜度。偏斜度 S_k 描述随机变量的概率分布的对称性。把局部放电时域信号波形上的每个采样值作为随机变量，假定随机变量 x_i 的概率分布函数为 $f(x_i)$，均值为 μ，方差为 σ^2，则

$$S_k = \sum_{i=1}^{N}(x_i - \mu)^3 f(x_i) / \left[\sigma^3 \sum_{i=1}^{N} f(x_i)\right] \tag{2-17}$$

同样，用某种分布参量和其出现的概率来代替 x_i 和 $f(x_i)$，就可得到该种分布的 S_k。由上式可见，S_k 为某一分布关于某一单次放电波形对应参量均值的对称程度或者说是放电分布相对于正态分布的偏离情况，若 $S_k>0$ 时，表示其分布相对于正态分布右偏，若 $S_k<0$ 时，表示其分布相对于正态分布左偏。

（4）不对称度。不对称度 A_{sy} 表示正负半周放电分布的差异性，即单次局部放电上下幅值分布的对称性，表达式为

$$A_{sy} = N_1 \sum_{i=1}^{N_2} f(x_i)^+ / N_2 \sum_{i=1}^{N_1} f(x_i)^- \tag{2-18}$$

式中：N_1 为单次局部放电采样点大于零的值个数；N_2 为单次局部放电采样点小于零的值个数；$f(x_i)^-$ 为单次局部放电采样点小于零的值；$f(x_i)^+$ 为单次局部放电采样点大于零的值。

由式（2-18）可知，$A_{sy}>1$ 表示正半周的平均值要大于负半周的平均值；$A_{sy}=1$ 表示上下完全对称；$A_{sy}<1$ 表示正半周的平均值要小于负半周的平均值。

脉冲因子 I、裕度因子 L 均为常规数学定义。

2. 电流脉冲波形的频域特征

试验过程中，除了对局部放电的单次放电脉冲的时域波形数据进行采集，同时还对波形频域数据进行采集。对去噪后和去除冗长数据后的波形采用快速傅里叶变换进行频域变换、对频谱图进行分析，从变换后的频谱图中找出局部放电的主要集中范围，幅值最大处对应的频率；随着缺陷模型的变化，其幅值最大处的频率也会出现变化。根据变压器油纸绝缘不同放电类型的局部放电幅频特性图的分析，对幅频特性图提取了特征参量，包括最大幅值处频率、0～30MHz 范围内频域信号幅值平均值、30～50MHz 范围内频域信号幅值平均值。

二、局部放电电流脉冲波形检测试验及分析

（一）交流耐压试验局部放电电流脉冲波形分析及试验研究

在正式施加电压前需确定缺陷模型的起始局部放电电压有效值 PDIV：以 1kV/min 的升压速度进行匀速升压，每升压 2kV，保持电压 5min 后观察局部放电仪上是否有稳定局部放电出现，首次出现稳定局部放电的电压有效值即为局部放电起始电压的有效值 PDIV；在正式加压阶段，试验采用的加压方法为恒压法，相比于阶梯升压法，恒压法更接近换流变压器实际工况且无电压阶跃对局部放电测量产生影响。施加电压有效值（恒定电压），取相应局部放电模型在相应电压类型下起始局部放电电压有效值（PDIV）的 1.2 倍。在单一电压的情况下，交流电压（有效值）以 1kV/s 的速度升至实验预设电压（1.2×PDIV），耐压局部放电试验的加压时间应到局部放电稳定后截止。

缺陷模型的参数设计以及主要试验参数如表 2-2 所示。

表 2-2　　试验主要参数

放电类型		纸板厚度（mm）
油纸绝缘（交流）	电晕放电（针板电极）	1
	内部气隙放电	1+1+1
	沿面放电	1
	采样率	100MS/s/250MS/s/500MS/s

1. 油中电晕放电

油中电晕放电波形和频谱图如图 2-5 和图 2-6 所示。

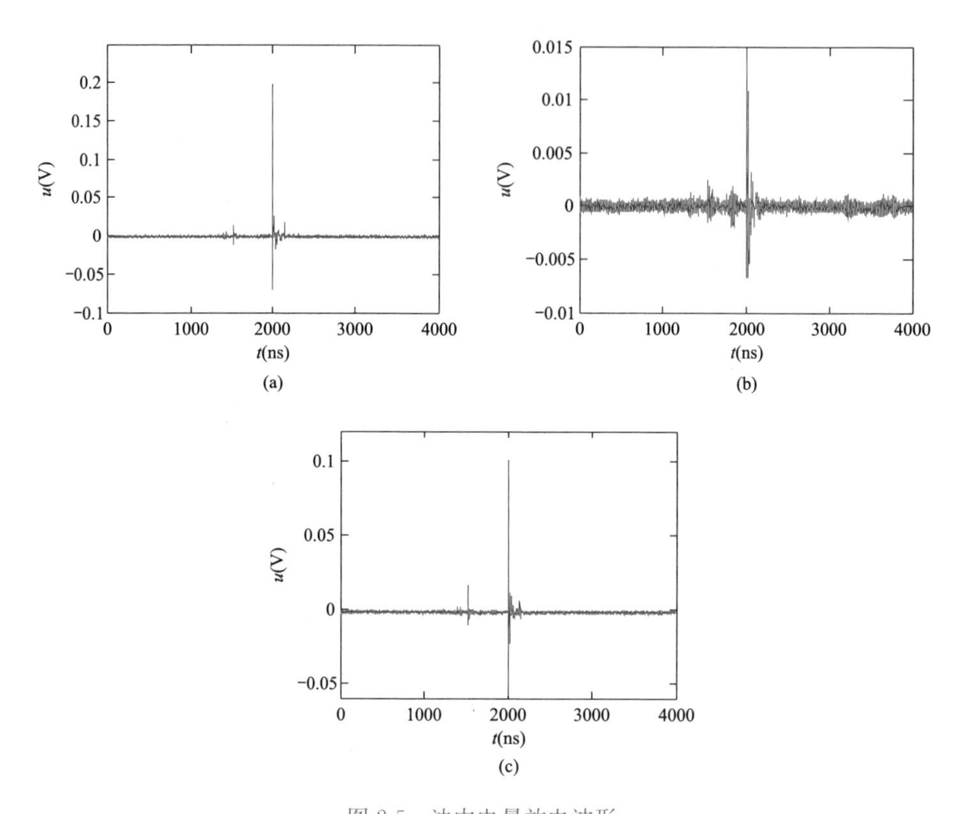

图 2-5 油中电晕放电波形

（a）检测阻抗耦合；（b）HFCT 耦合；（c）套管抽头处耦合

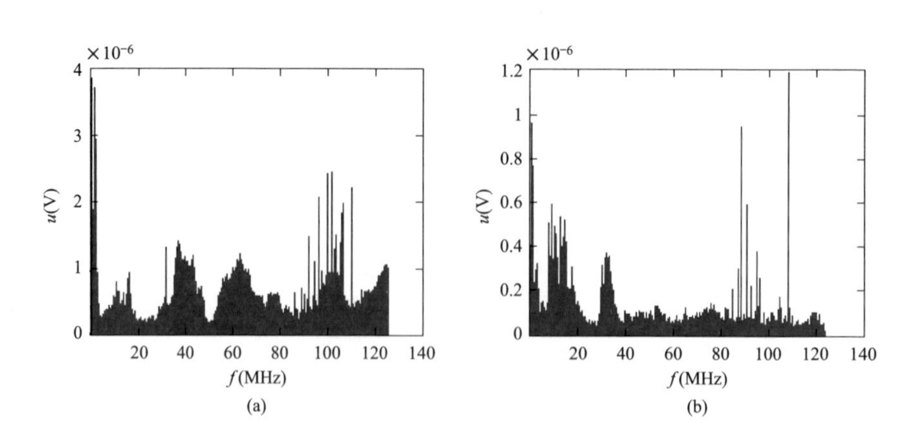

图 2-6 油中电晕放电频谱图（一）

（a）检测阻抗耦合；（b）HFCT 耦合

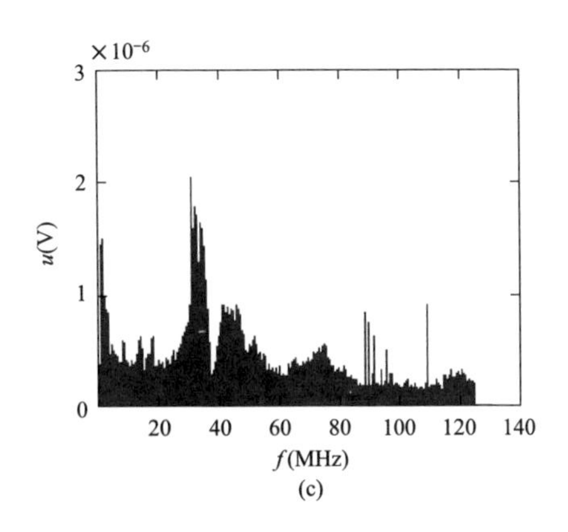

图 2-6　油中电晕放电频谱图（二）
（c）套管抽头处耦合

检测阻抗处电流脉冲波形参数提取（油中电晕）、HFCT 处电流脉冲波形参数提取（油中电晕）、末屏耦合处电流脉冲波形参数提取（油中电晕）提取如表 2-3～表 2-5 所示。

表 2-3　　检测阻抗处电流脉冲波形参数提取（油中电晕）

特征量	K_u	S_k	t_r (ns)	t_d (ns)	$t_{50\%}$ (ns)	$t_{10\%}$ (ns)	A_{sy}	I	L	U_{max} (V)
特征值	1840	28.8	0	192	4	192	0.09	267.8	362.6	0.20

特征量	最大幅值处频率（MHz）	0～30MHz 频域信号平均幅值（V）	30～50MHz 频域信号平均幅值（V）
特征值	1.7	3.94×10^{-4}	6.3×10^{-5}

表 2-4　　HFCT 处电流脉冲波形参数提取（油中电晕）

特征量	K_u	S_k	t_r (ns)	t_d (ns)	$t_{50\%}$ (ns)	$t_{10\%}$ (ns)	A_{sy}	I	L	U_{max} (V)
特征值	127.1	5.16	470	64	16	534	0.84	69.95	92.67	0.015

特征量	最大幅值处频率（MHz）	0～30MHz 频域信号平均幅值（V）	30～50MHz 频域信号平均幅值（V）
特征值	109.375	1.54×10^{-4}	9.9×10^{-5}

表 2-5　　末屏耦合处电流脉冲波形参数提取（油中电晕）

特征量	K_u	S_k	t_r (ns)	t_d (ns)	$t_{50\%}$ (ns)	$t_{10\%}$ (ns)	A_{sy}	I	L	U_{max} (V)
特征值	1115.8	17.58	468	12	4	480	0.0003	80.56	84.82	0.10

特征量	最大幅值处频率（MHz）	0～30MHz 频域信号平均幅值（V）	30～50MHz 频域信号平均幅值（V）
特征值	31.25	3.65×10^{-4}	6.81×10^{-5}

2. 油中沿面放电

油中沿面放电波形和频谱图如图 2-7 和图 2-8 所示。

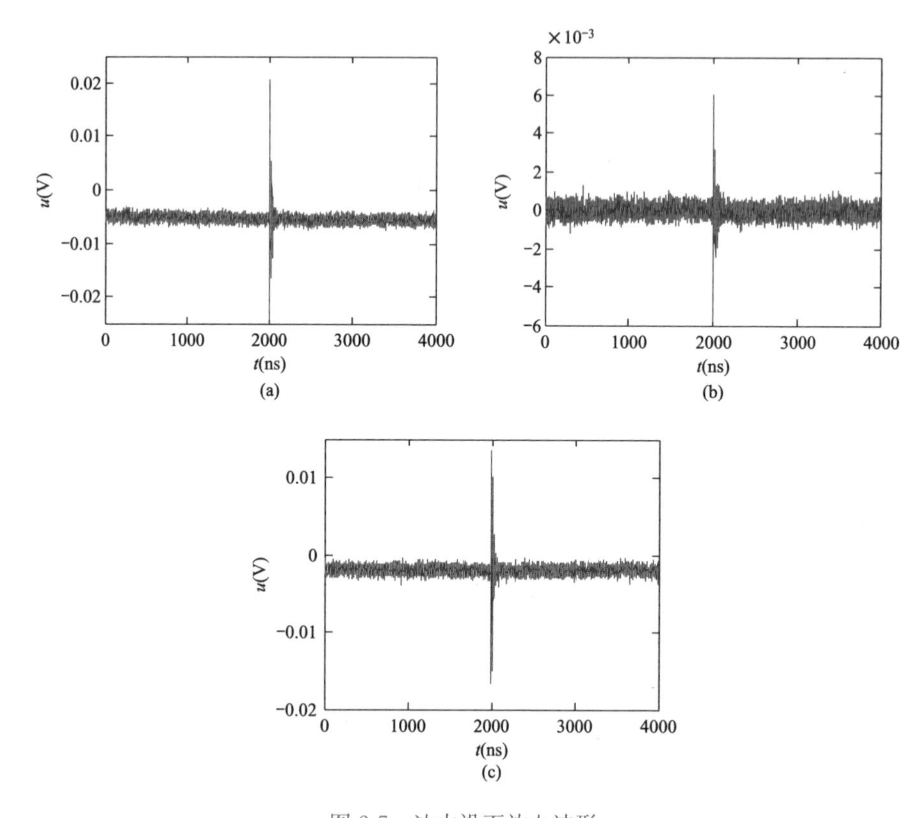

图 2-7　油中沿面放电波形

（a）检测阻抗耦合；（b）HFCT 耦合；（c）套管抽头处耦合

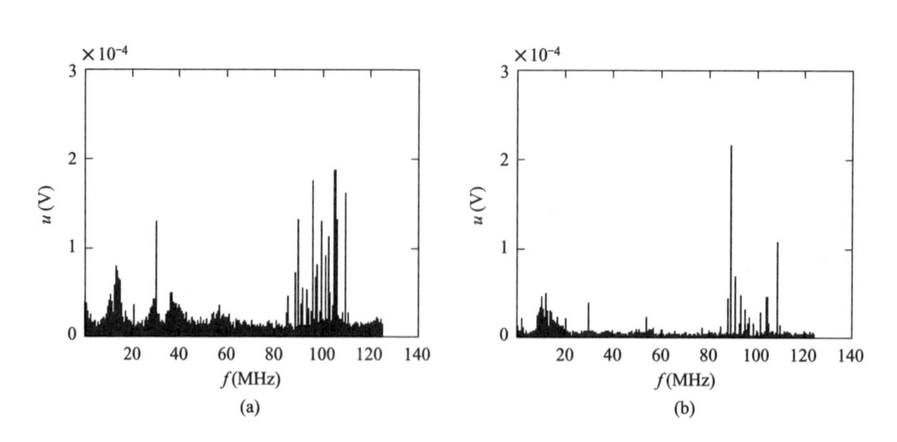

图 2-8　油中沿面放电频谱图（一）

（a）检测阻抗耦合；（b）HFCT 耦合

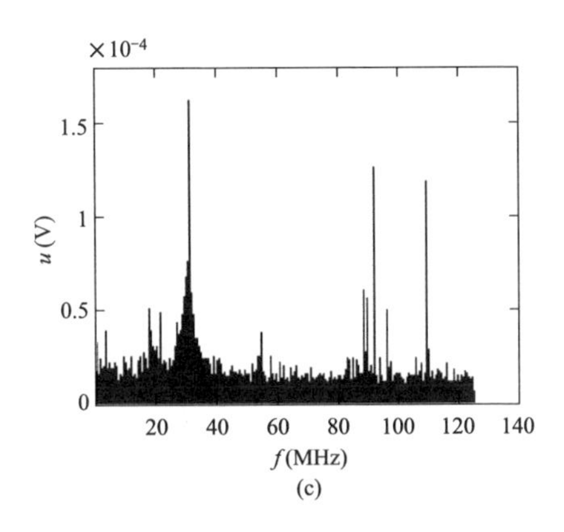

图 2-8　油中沿面放电频谱图（二）

（c）套管抽头处耦合

检测阻抗处电流脉冲波形参数提取（油中沿面）、HFCT 处电流脉冲波形参数提取（油中沿面）、抽头耦合处电流脉冲波形参数提取（油中沿面）如表 2-6～表 2-8 所示。

表 2-6　检测阻抗处电流脉冲波形参数提取（油中沿面）

特征量	K_u	S_k	t_r (ns)	t_d (ns)	$t_{50\%}$ (ns)	$t_{10\%}$ (ns)	A_{sy}	I	L	U_{max} (V)
特征值	148.40	2.26	4	12	0	16	2.10	8.43	8.47	0.02

特征量	最大幅值处频率（MHz）	0～30MHz 频域信号平均幅值（V）	30～50MHz 频域信号平均幅值（V）
特征值	103.25	2.11×10^{-5}	1.76×10^{-5}

表 2-7　HFCT 处电流脉冲波形参数提取（油中沿面）

特征量	K_u	S_k	t_r (ns)	t_d (ns)	$t_{50\%}$ (ns)	$t_{10\%}$ (ns)	A_{sy}	I	L	U_{max} (V)
特征值	43.75	0.066	1984	1992	16	3976	0.89	44.27	53.39	0.006

特征量	最大幅值处频率（MHz）	0～30MHz 频域信号平均幅值（V）	30～50MHz 频域信号平均幅值（V）
特征值	89.825	8.62×10^{-6}	3.96×10^{-6}

表 2-8　抽头耦合处电流脉冲波形参数提取（油中沿面）

特征量	K_u	S_k	t_r (ns)	t_d (ns)	$t_{50\%}$ (ns)	$t_{10\%}$ (ns)	A_{sy}	I	L	U_{max} (V)
特征值	127.57	−0.853	4	24	12	28	0.0024	16.07	16.425	0.0136

特征量	最大幅值处频率（MHz）	0～30MHz 频域信号平均幅值（V）	30～50MHz 频域信号平均幅值（V）
特征值	31.25	1.55×10^{-5}	1.66×10^{-5}

3. 内部气隙放电

内部气隙放电波形和频谱图如图 2-9 和图 2-10 所示。

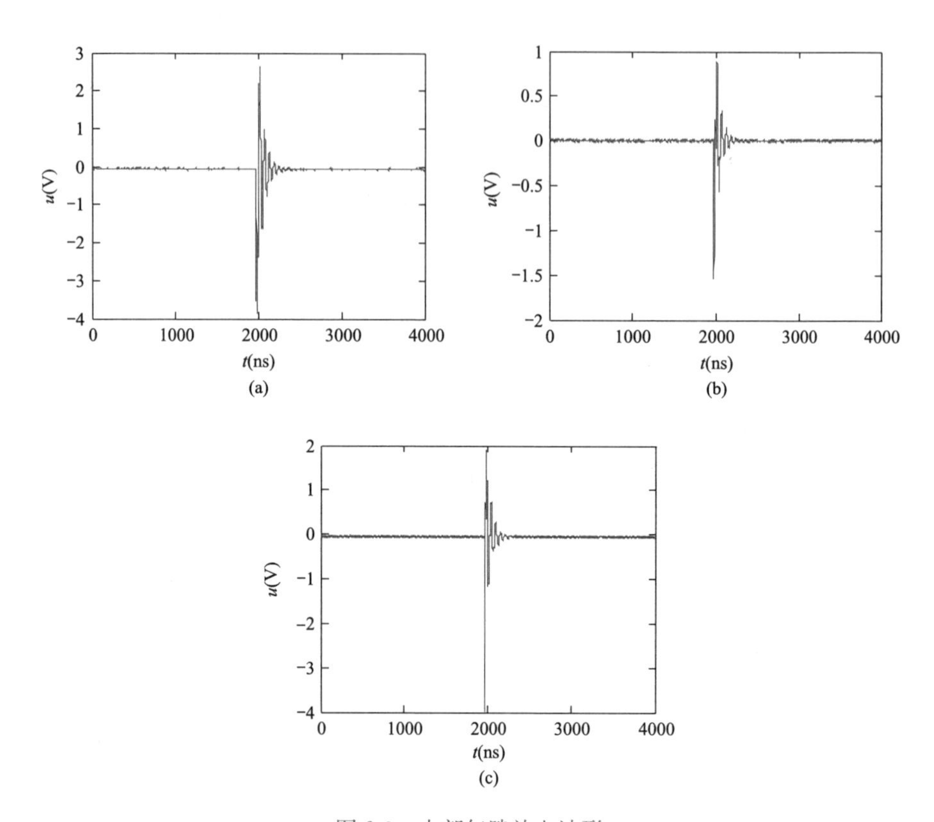

图 2-9 内部气隙放电波形

（a）检测阻抗耦合；（b）HFCT 耦合；（c）套管抽头处耦合

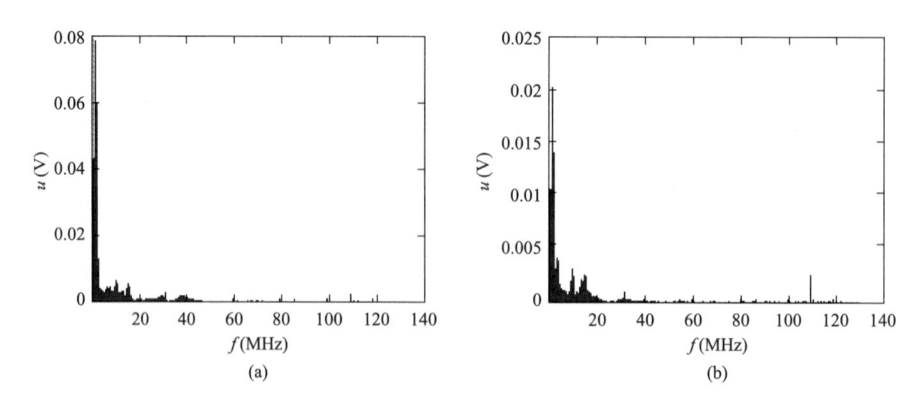

图 2-10 内部气隙放电频谱图（一）

（a）检测阻抗耦合；（b）HFCT 耦合

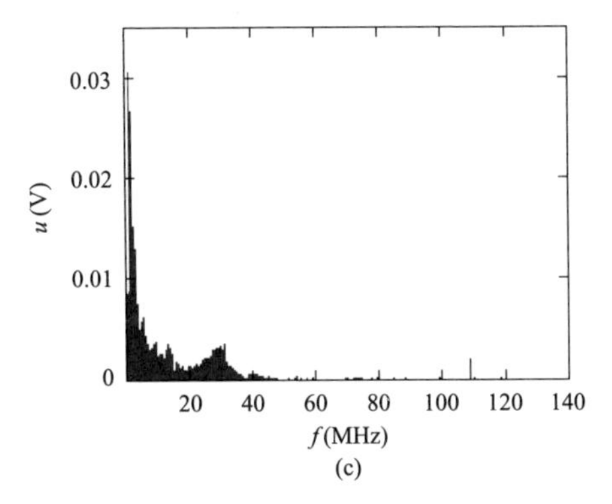

图 2-10　内部气隙放电频谱图（二）
(c) 套管抽头处耦合

检测阻抗处电流脉冲波形参数提取（内部气隙）、HFCT 处电流脉冲波形参数提取（内部气隙）、抽头耦合处电流脉冲波形参数提取（内部气隙）如表 2-9～表 2-11 所示。

表 2-9　检测阻抗处电流脉冲波形参数提取（内部气隙）

特征量	K_u	S_k	t_r (ns)	t_d (ns)	$t_{50\%}$ (ns)	$t_{10\%}$ (ns)	A_{sy}	I	L	U_{max} (V)
特征值	76.658	−4.93	8	124	16	132	0.006	64.27	93.304	2.66

特征量	最大幅值处频率（MHz）	0～30MHz 频域信号平均幅值（V）	30～50MHz 频域信号平均幅值（V）
特征值	1.675	5.4×10^{-3}	8.7×10^{-4}

表 2-10　HFCT 处电流脉冲波形参数提取（内部气隙）

特征量	K_u	S_k	t_r (ns)	t_d (ns)	$t_{50\%}$ (ns)	$t_{10\%}$ (ns)	A_{sy}	I	L	U_{max} (V)
特征值	120.99	−4.304	20	120	20	140	4.95	140.47	332.01	0.8871

特征量	最大幅值处频率（MHz）	0～30MHz 频域信号平均幅值（V）	30～50MHz 频域信号平均幅值（V）
特征值	1.675	1.6×10^{-3}	1.3×10^{-4}

表 2-11　抽头耦合处电流脉冲波形参数提取（内部气隙）

特征量	K_u	S_k	t_r (ns)	t_d (ns)	$t_{50\%}$ (ns)	$t_{10\%}$ (ns)	A_{sy}	I	L	U_{max} (V)
特征值	195.80	−4.226	12	116	16	128	0.0049	98.236	123.20	1.905

特征量	最大幅值处频率（MHz）	0～30MHz 频域信号平均幅值（V）	30～50MHz 频域信号平均幅值（V）
特征值	1.75	3.88×10^{-3}	8.8×10^{-4}

油中电晕放电典型波形、油中沿面放电典型波形、气隙放电典型波形如图 2-11～图 2-13 所示。

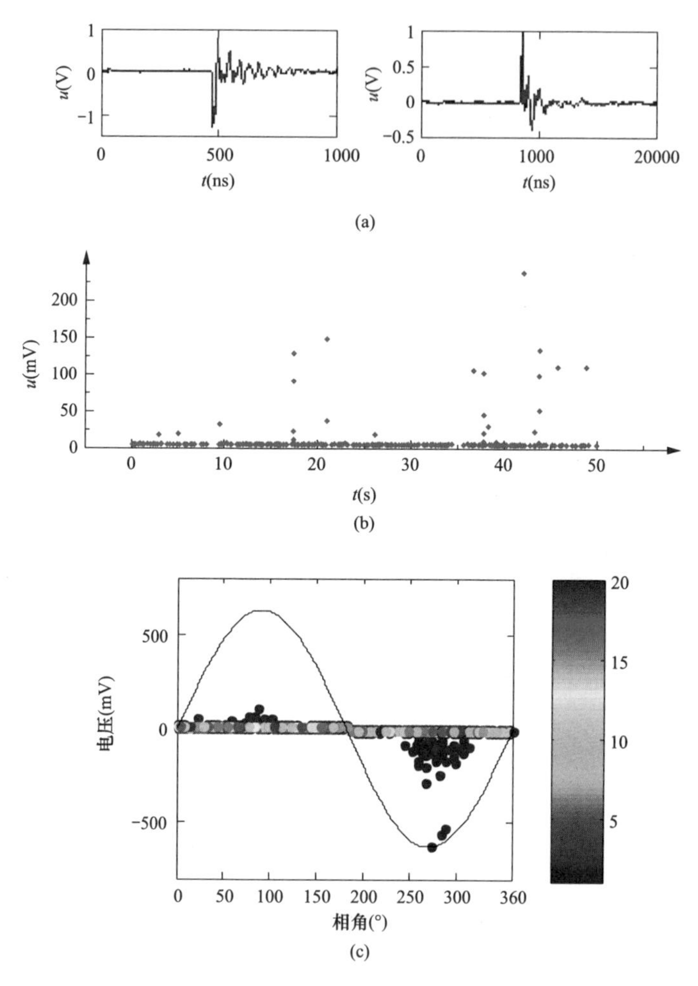

图 2-11　油中电晕放电典型波形

（a）典型波形；（b）峰值序列；（c）PRPD 谱图

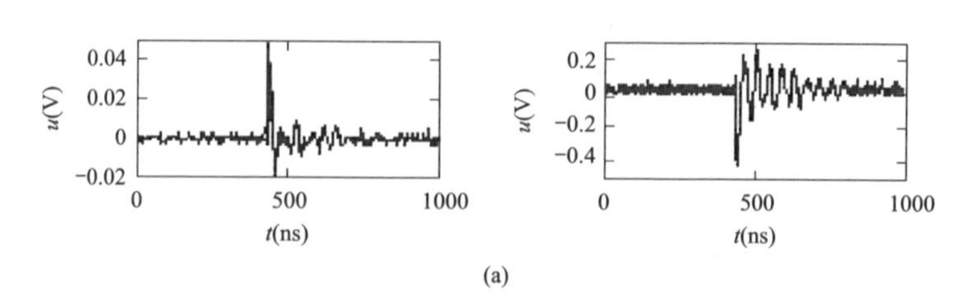

图 2-12　油中沿面放电典型波形（一）

（a）典型波形

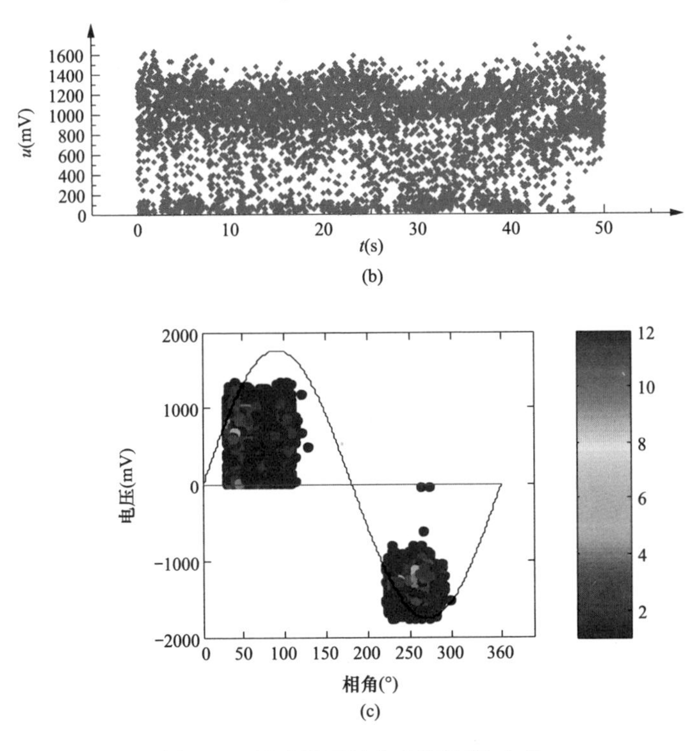

图 2-12　油中沿面放电典型波形（二）

（b）峰值序列；（c）PRPD 谱图

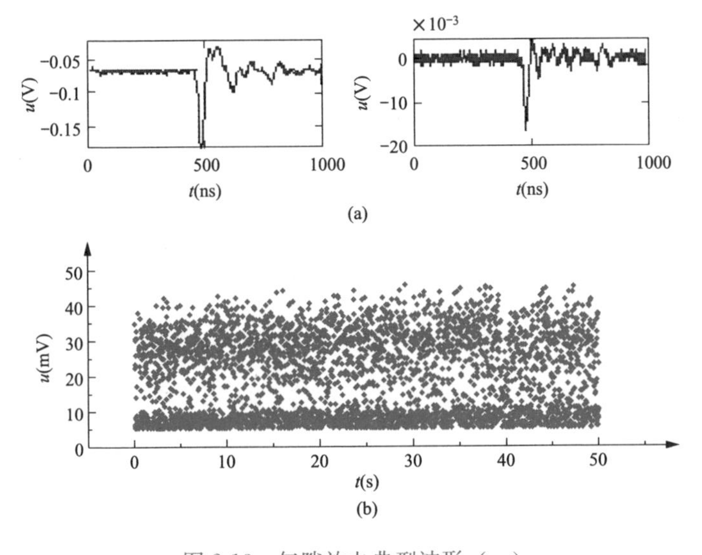

图 2-13　气隙放电典型波形（一）

（a）典型波形；（b）峰值序列

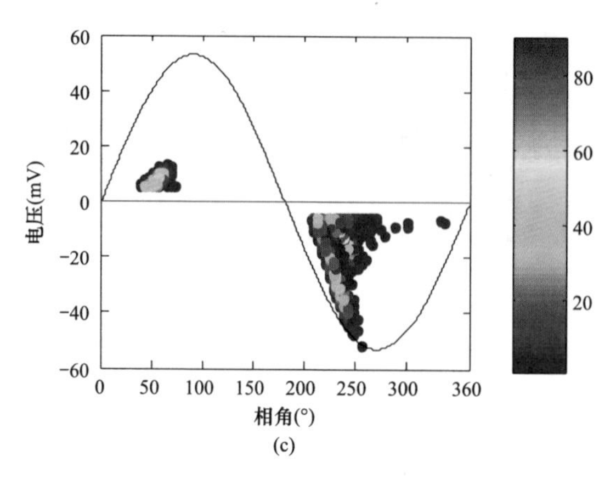

图 2-13 气隙放电典型波形（二）

（c）PRPD 谱图

对试验结果进行分析可得出：

（1）对不同的放电类型而言，最大幅值处对应频率从高到低为针板放电、内部放电、沿面放电，其中针板最大幅值处对应频率约为 27MHz；30～50MHz 信号平均幅值与 0～30MHz 信号平均幅值的比值中，针板放电比值为 60%～70%，内部放电比值为 67%～83%；沿面放电比值为 16%～40%，说明所提出超宽频带技术将测量频带范围由 30MHz 扩展到 50MHz 能够扩展针板尖端放电信号和内部放电信号测量的信息，提升耐压试验中信号测量的准确性。

（2）对不同耦合传感器而言，不同放电模型下 30～50MHz 信号平均幅值与 0～30MHz 信号平均幅值的比值中检测阻抗测量均高于 HFCT 测量，这也与上文中测得的传感器的高频幅频特性一致。

（二）直流耐压局部放电电流脉冲波形分析及试验研究

在正式施加电压前需确定缺陷模型的起始局部放电电压有效值 PDIV：以 1kV/min 的升压速度进行匀速升压，每升压 2kV，保持电压 5min 后观察局部放电仪上是否有稳定局部放电出现，首次出现稳定局部放电的电压有效值即为局部放电起始电压的有效值 PDIV。

在正式加压阶段，试验采用的加压方法为恒压法，相比于阶梯升压法，恒压法更接近换流变压器实际工况且无电压阶跃对局部放电测量产生影响。施加电压有效值（恒定电压）取相应局部放电模型在相应电压类型下起始局部放电电压有效值（PDIV）的1.2倍。在单一电压的情况下，直流电压（有效值）以1kV/s的速度升至实验预设电压（1.2×PDIV），耐压局部放电试验的加压时间应到局部放电稳定后截止。

缺陷模型的参数设计以及主要试验参数如表2-12所示。

表2-12　试验主要参数

<table>
<tr><th colspan="3">试验主要参数描述</th></tr>
<tr><td colspan="2">放电类型</td><td>纸板厚度（mm）</td></tr>
<tr><td rowspan="3">油纸绝缘（直流）</td><td>电晕放电（针板电极）</td><td>1</td></tr>
<tr><td>内部气隙放电</td><td>1+1+1</td></tr>
<tr><td>沿面放电</td><td>1</td></tr>
<tr><td colspan="2">采样率</td><td>100MS/s/250MS/s/500MS/s</td></tr>
</table>

1. 油中电晕放电

油中电晕放电波形和放电频谱如图2-14和图2-15所示。

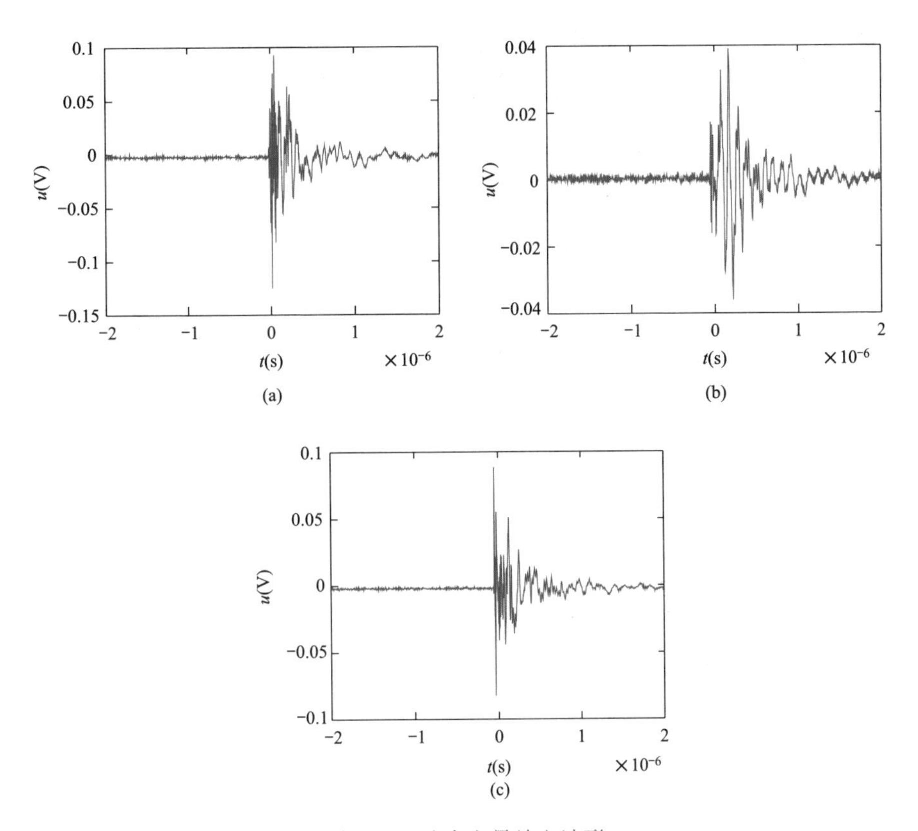

图2-14　油中电晕放电波形

（a）检测阻抗耦合；（b）HFCT耦合；（c）套管抽头处耦合

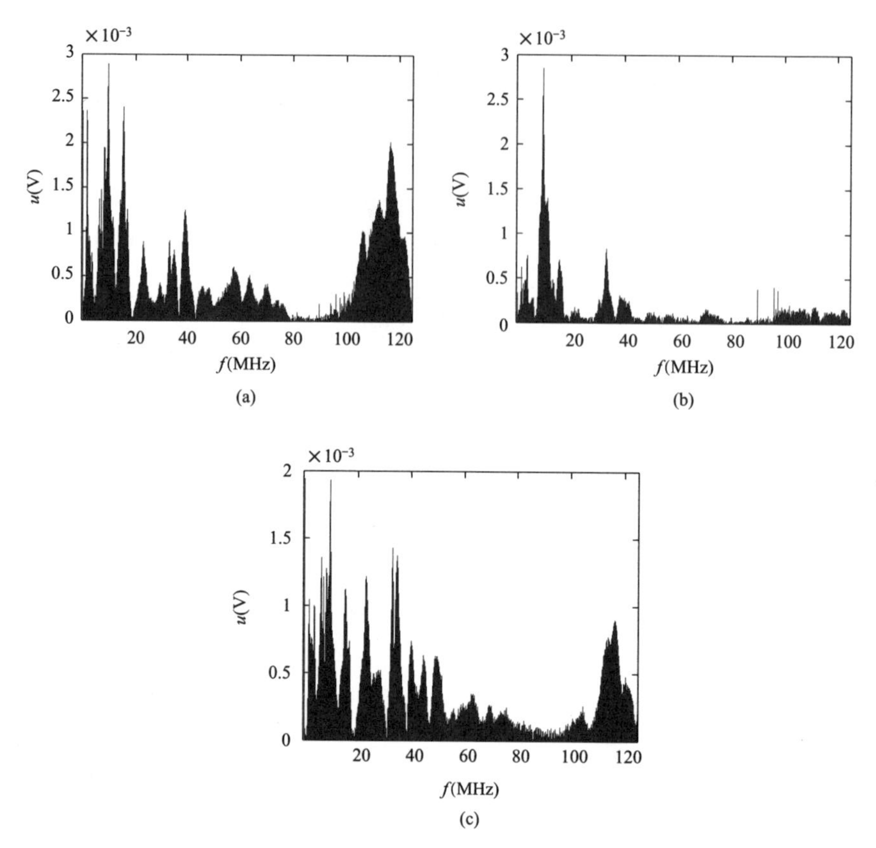

图 2-15　油中电晕放电频谱图

（a）检测阻抗耦合；（b）HFCT 耦合；（c）套管抽头处耦合

检测阻抗处电流脉冲波形参数提取（油中电晕）、HFCT 处电流脉冲波形参数提取（油中电晕）、抽头耦合处电流脉冲波形参数提取（油中电晕）如表 2-13～表 2-15 所示。

表 2-13　　检测阻抗处电流脉冲波形参数提取（油中电晕）

特征量	K_u	S_k	t_r (ns)	t_d (ns)	$t_{50\%}$ (ns)	$t_{10\%}$ (ns)	A_{sy}	I	L	U_{max} (V)
特征值	29.89	−0.32	3.2	117	43	115	0.0723	37.02	52.41	0.0929

特征量	最大幅值处频率（MHz）	0～30MHz 频域信号平均幅值（V）	30～50MHz 频域信号平均幅值（V）
特征值	9.5	0.4076	0.2361

表 2-14 HFCT 处电流脉冲波形参数提取（油中电晕）

特征量	K_u	S_k	t_r (ns)	t_d (ns)	$t_{50\%}$ (ns)	$t_{10\%}$ (ns)	A_{sy}	I	L	U_{max} (V)
特征值	19.28	0.2187	11.6	125	66	148	2.2297	29.65	49.49	0.039

特征量	最大幅值处频率（MHz）	0～30MHz 频域信号平均幅值（V）	30～50MHz 频域信号平均幅值（V）
特征值	9.45	0.2062	0.1026

表 2-15 抽头耦合处电流脉冲波形参数提取（油中电晕）

特征量	K_u	S_k	t_r (ns)	t_d (ns)	$t_{50\%}$ (ns)	$t_{10\%}$ (ns)	A_{sy}	I	L	U_{max} (V)
特征值	40.79	0.8941	5.1	141	50	132	0.0538	41.62	56.22	0.0886

特征量	最大幅值处频率（MHz）	0～30MHz 频域信号平均幅值（V）	30～50MHz 频域信号平均幅值（V）
特征值	9.5	0.3212	0.2698

2. 油中沿面放电

油中沿面放电波形和频谱图如图 2-16 和图 2-17 所示。

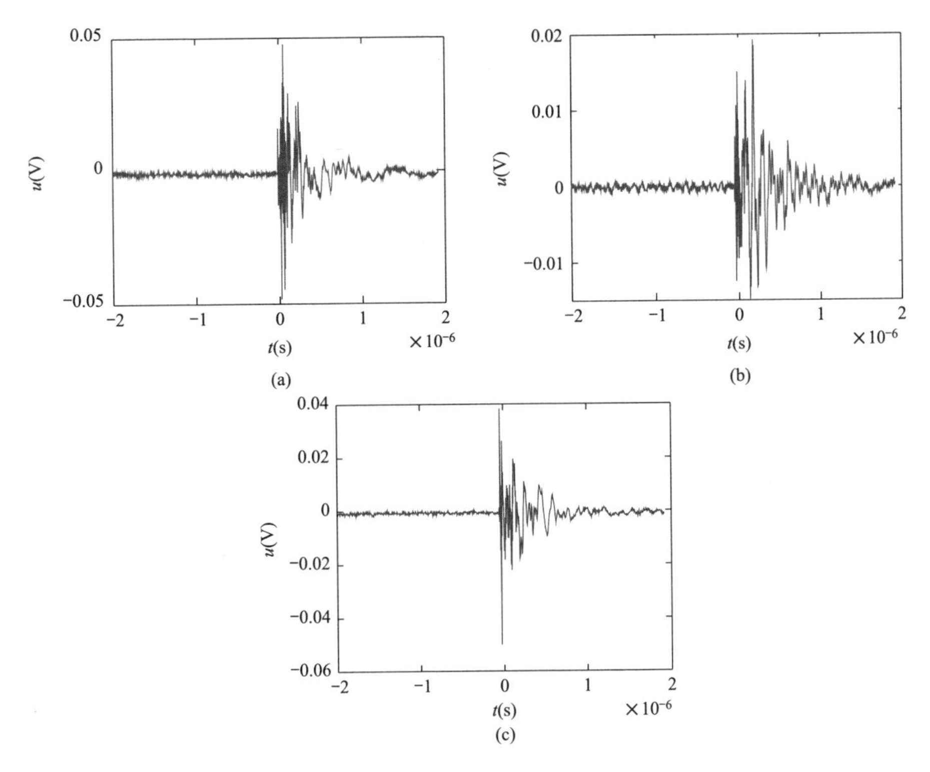

图 2-16 油中沿面放电波形

(a) 检测阻抗耦合；(b) HFCT 耦合；(c) 套管抽头处耦合

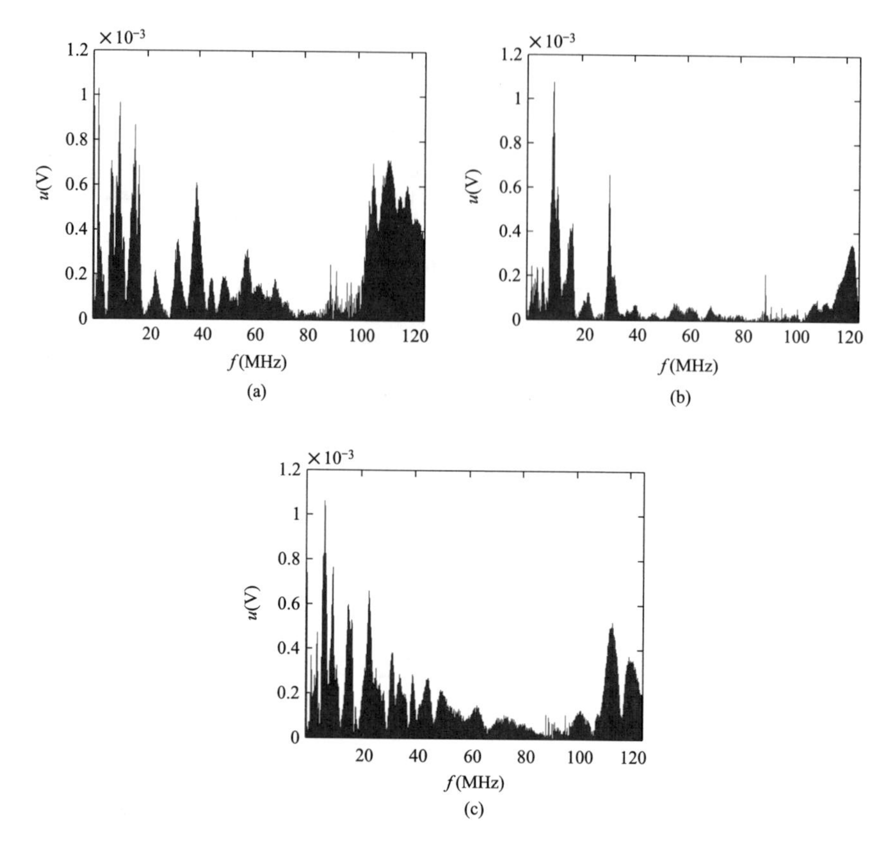

图 2-17　油中沿面放电频谱图

（a）检测阻抗耦合；（b）HFCT 耦合；（c）套管抽头处耦合

检测阻抗处电流脉冲波形参数提取（油中沿面）、HFCT 处电流脉冲波形参数提取（油中沿面）、抽头耦合处电流脉冲波形参数提取（油中沿面）如表 2-16～表 2-18 所示。

表 2-16　　检测阻抗处电流脉冲波形参数提取（油中沿面）

特征量	K_u	S_k	t_r (ns)	t_d (ns)	$t_{50\%}$ (ns)	$t_{10\%}$ (ns)	A_{sy}	I	L	U_{max} (V)
特征值	35.42	0.1879	6.4	114	86	102	0.0982	39.95	58.29	0.048

特征量	最大幅值处频率（MHz）	0～30MHz 频域信号平均幅值（V）	30～50MHz 频域信号平均幅值（V）
特征值	15	0.1430	0.1057

表 2-17　　　　　　HFCT 处电流脉冲波形参数提取（油中沿面）

特征量	K_u	S_k	t_r (ns)	t_d (ns)	$t_{50\%}$ (ns)	$t_{10\%}$ (ns)	A_{sy}	I	L	U_{max} (V)
特征值	18.37	0.5321	12	153	112	142	0.8230	28.64	48.88	0.0193

特征量	最大幅值处频率（MHz）	0～30MHz 频域信号平均幅值（V）	30～50MHz 频域信号平均幅值（V）
特征值	9.5	0.0923	0.0388

表 2-18　　　　　　抽头耦合处电流脉冲波形参数提取（油中沿面）

特征量	K_u	S_k	t_r (ns)	t_d (ns)	$t_{50\%}$ (ns)	$t_{10\%}$ (ns)	A_{sy}	I	L	U_{max} (V)
特征值	47.99	−0.88	8	112	65	100	0.0748	49.11	72.72	0.0384

特征量	最大幅值处频率（MHz）	0～30MHz 频域信号平均幅值（V）	30～50MHz 频域信号平均幅值（V）
特征值	6.25	0.1587	0.0981

3. 油中内部气隙放电

内部气隙放电波形和频谱图如图 2-18 和图 2-19 所示。

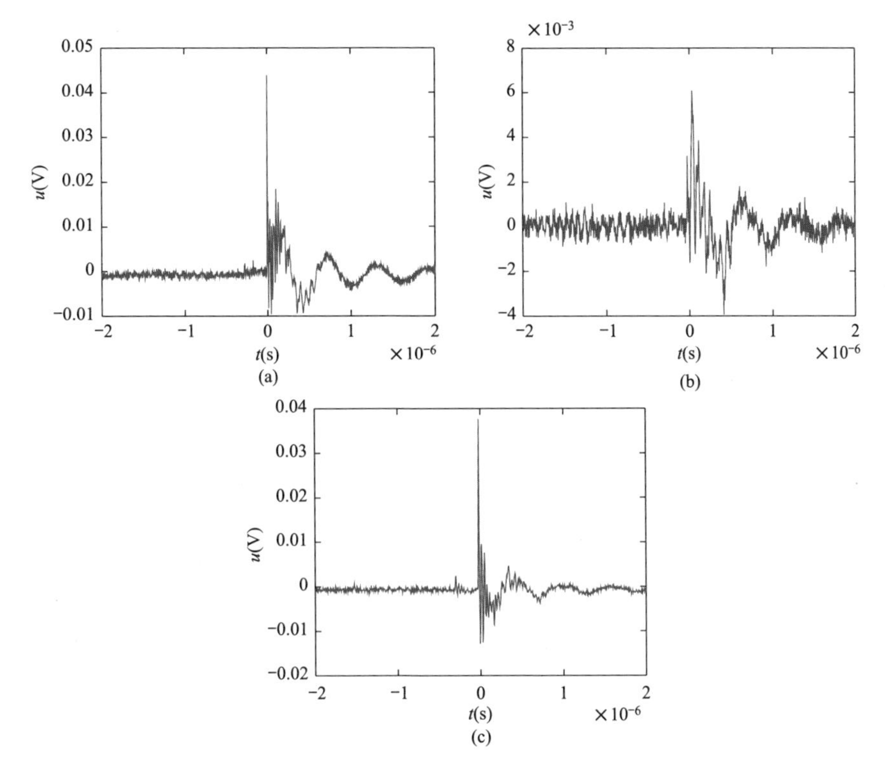

图 2-18　内部气隙放电波形

（a）检测阻抗耦合；（b）HFCT 耦合；（c）套管抽头处耦合

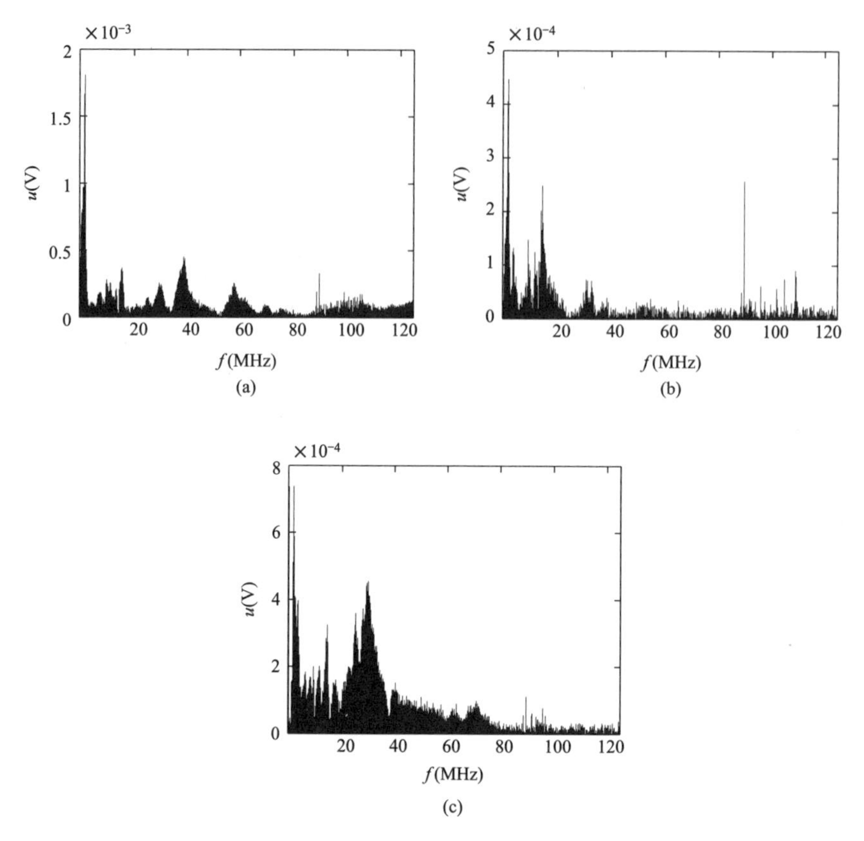

图 2-19　内部气隙放电频谱图

（a）检测阻抗耦合；（b）HFCT 耦合；（c）套管抽头处耦合

检测阻抗处电流脉冲波形参数提取（内部气隙）、HFCT 处电流脉冲波形参数提取（内部气隙）、抽头耦合处电流脉冲波形参数提取（内部气隙）如表 2-19～表 2-21 所示。

表 2-19　　检测阻抗处电流脉冲波形参数提取（内部气隙）

特征量	K_u	S_k	t_r (ns)	t_d (ns)	$t_{50\%}$ (ns)	$t_{10\%}$ (ns)	A_{sy}	I	L	U_{max} (V)
特征值	48.79	4.1365	10	122	70	113	0.0226	29.46	38.98	0.0439

特征量	最大幅值处频率（MHz）	0～30MHz 频域信号平均幅值（V）	30～50MHz 频域信号平均幅值（V）
特征值	1.75	0.1041	0.0808

表 2-20　　HFCT 处电流脉冲波形参数提取（内部气隙）

特征量	K_u	S_k	t_r (ns)	t_d (ns)	$t_{50\%}$ (ns)	$t_{10\%}$ (ns)	A_{sy}	I	L	U_{max} (V)
特征值	14.50	1.5056	18	245	114	214	1.2473	19.22	24.84	0.0061

特征量	最大幅值处频率（MHz）	0～30MHz 频域信号平均幅值（V）	30～50MHz 频域信号平均幅值（V）
特征值	1.75	0.0333	0.0104

表 2-21　　抽头耦合处电流脉冲波形参数提取（内部气隙）

特征量	K_u	S_k	t_r (ns)	t_d (ns)	$t_{50\%}$ (ns)	$t_{10\%}$ (ns)	A_{sy}	I	L	U_{max} (V)
特征值	123.92	7.27	9	122	70	115	0.0315	42.60	54.75	0.0376

特征量	最大幅值处频率（MHz）	0～30MHz 频域信号平均幅值（V）	30～50MHz 频域信号平均幅值（V）
特征值	1.75	0.1043	0.0737

对试验结果进行分析可得出：直流电压下油中电晕放电和沿面放电波形振荡较剧烈，其中电晕放电波形放电峰值较大；内部气隙放电波形幅值较交流情况下较小；从频域方面分析，内部气隙放电的主要频率分量集中在 30MHz 下，频率分量最大处在 5MHz 下；电晕放电和沿面放电波形的主要频率分量广泛分布在 0～20MHz 及 30～50MHz 内，其频率分量最大处在 10MHz 附近。

第二节　变压器耐压试验回路局部放电电流脉冲传播仿真

电力变压器的故障可以产生在绕组中、套管处等多个位置，故障的形式也是各种各样，如局部放电和机械损坏等。变压器中由于绝缘缺陷会产生局部放电，而局部放电源可能存在于变压器绕组的对地绝缘、匝间绝缘、饼间绝缘以及油中和绕组引出线处等多个部位。在对变压器进行局部放电检测时，可选取的检测点通常有铁芯接地线、绕组引出线、套管末屏接地线和中性点接地线以及变压器外壳接地线。

在工程实际中，希望通过对局部放电波形的分析得出局部放电源位置等信息，进而确定变压器绝缘劣化的部位以及程度。从局部放电源到达检测位置的路径是复杂的，放电信号经过变压器的箱体以及绕组等结构到达检测点。绕组等结构必然会对局部放电信号的传播特性产生影响，会对波形产生畸变、幅值衰减以及时延等影响。这些影响与局部放电信号传播的路径和形式有着直接的关系，这就使得根据检测到的放电信号直接进行故障定位存在困难。因此，本节对电力变压器中绝缘缺陷产生的局部放电信号进行了研究，首先分析研究其单个绕组中的信号传播特性，其次建立一台 35kV 变压器耐压试验回路电流脉冲传播的模型，对于多个局部放电源位置、多个检测点得到的信号进行分析比对，仿真分析超宽频带检测获取传感耦合点处局部放电电流脉冲波形的幅值、频率等参数特性。

一、变压器绕组的频率特性

（一）电流脉冲波形的预处理

局部放电信号的预处理主要包括剔除奇异数据和剔除冗长数据两部分。超宽频带采集波形时长设置较大，一个时域波形共由多达 2×10^7 个数据组成，如果直接用来提取特征量，会造成计算量太大，计算时间过长；而且，这些数据中，出现局部放电的时段主要集中在某些数据，也就是波形特征主要集中在这一段，其他部分或者接近于零，或者振荡已基本结束，也就是信号冗余部分，可以去除。所以本节在分析过程中剔除了所采集数据中的冗长数据。

（二）变压器绕组的暂态模型

变压器绕组是局部放电信号传播的主要路径，对于局部放电脉冲信号的波形变化有着直接的影响。首先考虑单个变压器绕组的频率特性，将变压器绕组等效为分布参数网络。采用改进变压器绕组暂态模型［见图 2-20（a）］，其基本的电路单元如图 2-20（b）所示。图 2-20 中的 L、R、C_s、C_g 分别是绕组单位长度上的电感、电阻、纵向电容和对地电容，R_s、R_g 分别为相邻绕组段的绝缘电阻和每段绕组对地的绝缘电阻，每段绕组与相邻绕组间的互感用 M 来描述，L_r 为单位绕组的寄生电感，N 为线圈的单元的数目，$I_1(t)$、$I_2(t)$ …$I_N(t)$ 为流过第 1、2、…、N 个基本单元的脉冲电流信号。

（三）单个变压器绕组的频率特性

影响变压器绕组频率特性的因素很多，在 RLC 等值分布参数模型中体现为等值参数的改变，其与变压器绕组的形式结构、绝缘材料、铁芯材料等均有较大的关联。本部分从电感元件、电容元件的不同角度进行分析比较，分别研究其对于变压器绕组频率特性的影响。考虑到变压器局部放电的检测与容性频带的范围有着直接的影响，两者应进行相应的匹配，故此处着重分析了不同情况下的容性频带的变化。采用如图 2-20 的等值电路，假设 $R=20\Omega$、$L=15.56\text{mH}$、$C_s=47.62\text{nF}$、$C_g=476.2\text{pF}$、$R_s=5\text{G}\Omega$、$R_g=4.76\Omega$、$L_r=10\mu\text{H}$、$M_1=8\text{mH}$、$M_2=4\text{mH}$，$N=10$，在绕组的一端注入正弦交流信号，在绕组的另一端获取检测信号，并对绕组首端至尾端的传递函数进行分析，幅频特性和相频特性如图 2-21 和图 2-22 所示。

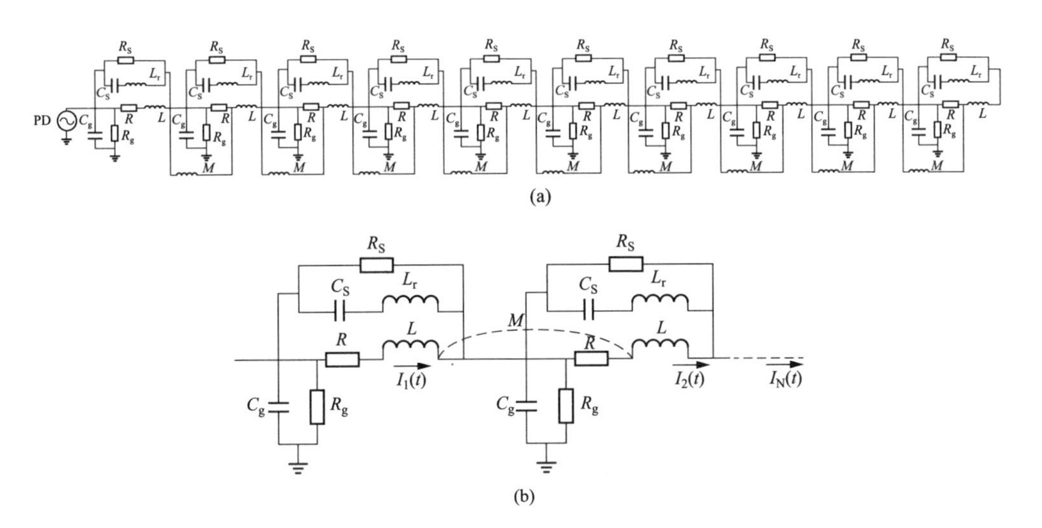

图 2-20　改进变压器绕组模型

（a）改进变压器绕组暂态模型；（b）改进变压器绕组暂态模型基本单元

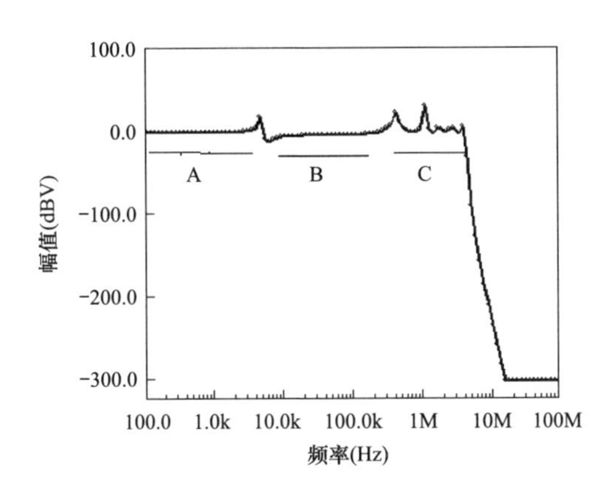

图 2-21　幅频特性

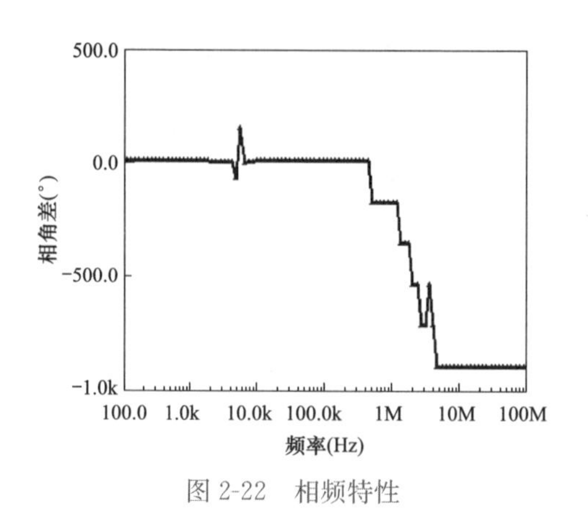

图 2-22　相频特性

如图 2-21 所示，A 为线性传输区域，在该频段内绕组可视为线性传输线；B 为容性频带区，绕组可等效为电容性网络；C 为谐振区。在高频段，信号衰减比较严重，幅值趋近于零。

1. 感性元件对频率特性的影响

变压器绕组的等值网络中，存在着线圈本身的自感 L、相互之间的互感 M 以及寄生电感 L_r 等感性参数，此处分别分析了其对绕组频率特性的影响。

从图 2-23 中可以看出，不同寄生电感值对应的容性频带下限频率相同。在低频段（1～100kHz）范围内，对谐振波峰、波谷的位置变化起主要影响作用的是电感值，同时由于主电感以及纵向电感值远大于寄生电感值，故寄生电感的变化对低频段范围内的谐振峰位置影响较小。不考虑寄生电感时，容性频带仅存在下限频率，不存在上限频率。随着寄生电感值的增大，容性频带的上限频率减小，

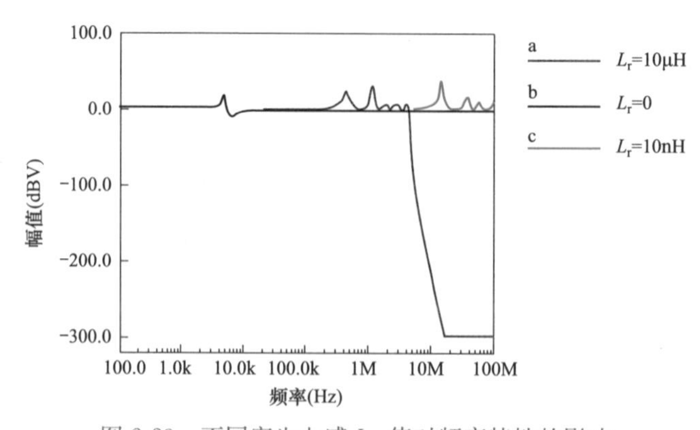

图 2-23　不同寄生电感 L_r 值对频率特性的影响

在高频（>600kHz）条件下，寄生电感本身所代表的集肤效应和邻近效应的增强，故其变化对谐振波峰、谐振波谷位置的影响更加明显。

由图 2-24 可得，随着主电感 L 的增大，容性频带下限频率减小，上限频率不变，容性带宽增加。在实际变压器中，频率较低时，绕组的对地电容及饼间电容所形成的容抗较大，而感抗较小，如果绕组的电感发生变化，会导致其频响特性曲线低频部分的波峰或波谷位置发生明显移动，与仿真得到的结果一致。如果绕组存在匝间或饼间短路的情况，导致电感参数发生改变，此时就会产生如图 2-24 的变化趋势。

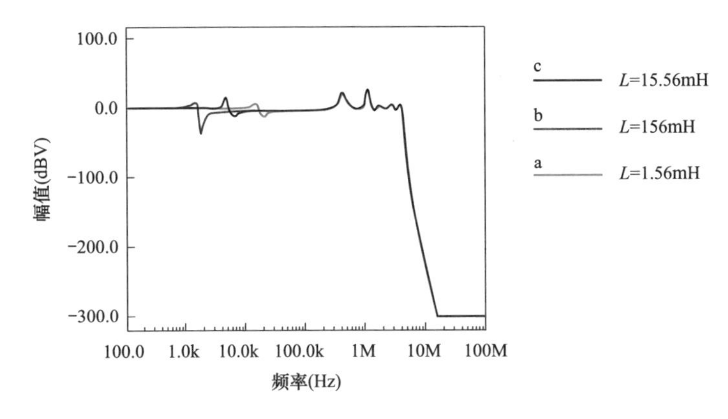

图 2-24　不同主电感 L 值对频率特性的影响

如图 2-25 所示，在本模型中，考虑匝间互感与否对频率特性的影响几乎为零，这与匝间互感效应本身就比较微弱、匝间互感值较小有关。

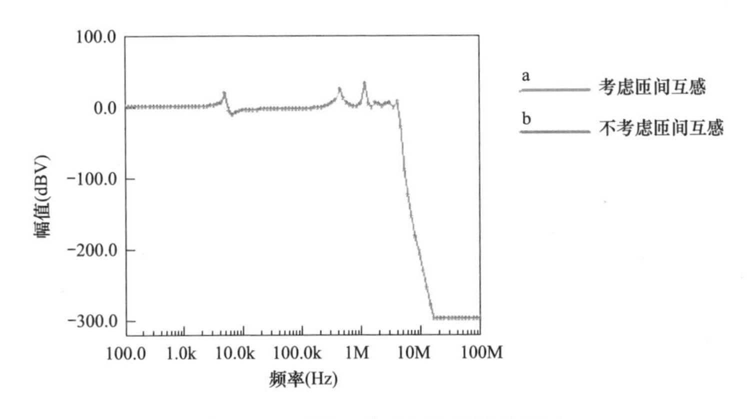

图 2-25　不同互感对频率特性的影响

2. 容性元件对频率特性的影响

变压器绕组中涉及的容性元件较多，通常采用空间因数 α 来表征容性参数的整体影响，定义为

$$\alpha = \sqrt{C'/K'} \tag{2-19}$$

式中：C'为总的对地电容；K'为总的纵向电容。

在低频段范围内，电容参数的改变对谐振波峰、波谷位置的影响有限。随着电容的改变，其低频处的谐振峰位置存在较小幅度的变化。在高频范围内，绕组的感抗增大，基本被饼间分布电容所旁路，故对谐振峰变化的影响程度较低，该频段基本以电容的影响为主，体现在此处模型中，即为随着电容参数的变化，其谐振波峰位置发生明显改变。将绕组的频率特性与绕组电容值之间的关系等效为与空间因数 α 的关系，其规律为：空间因数 α 最大时，容性频带最窄，随着 α 的减小，容性频带逐渐变宽。不同空间因数 α 值对频率特性的影响如图 2-26 所示。

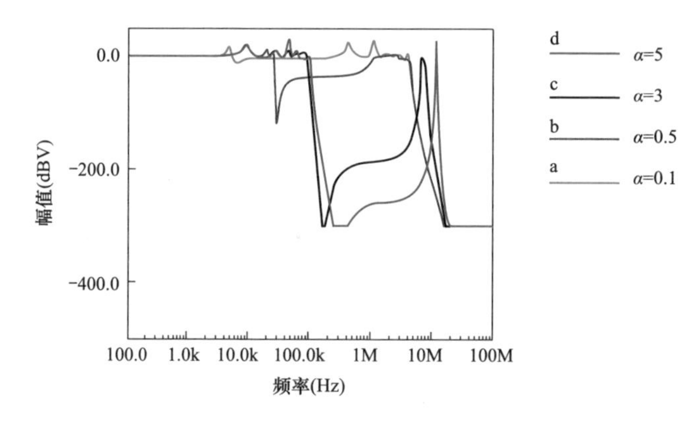

图 2-26　不同空间因数 α 值对频率特性的影响

二、变压器耐压试验回路电流脉冲传播仿真

在单个绕组的基础上，考虑绕组与铁芯等结构之间的电气关系，进行一台35kV 单相双绕组变压器的耐压试验回路电流脉冲传播的仿真分析。该变压器一次侧绕组共 72 饼，每饼 10 匝，以变压器绕组的每饼为基本单元进行建模，等值电路中的电导参数较小，在此处建模不予考虑，主要参数计算结果如表 2-22 和表 2-23 所示。变压器耐压试验回路电流脉冲传播路径分布参数电路模型如图 2-27（a）所

示，其中的基本单元电路模型图如图 2-27（b）所示。

表 2-22　　匝间电容值

线匝编号	1-2	2-3	3-4	4-5	5-6	6-7	7-8	8-9	9-10
匝间电容值（pF）	581.35	573.85	565.15	558.65	550.75	543.45	535.35	528.25	520.15

表 2-23　　其他主要参数值

饼间电容	对地电容	单位长度线匝自感值	单位长度线匝电阻值
188.72 pF	29.55 pF	605.78 μH	7.003Ω

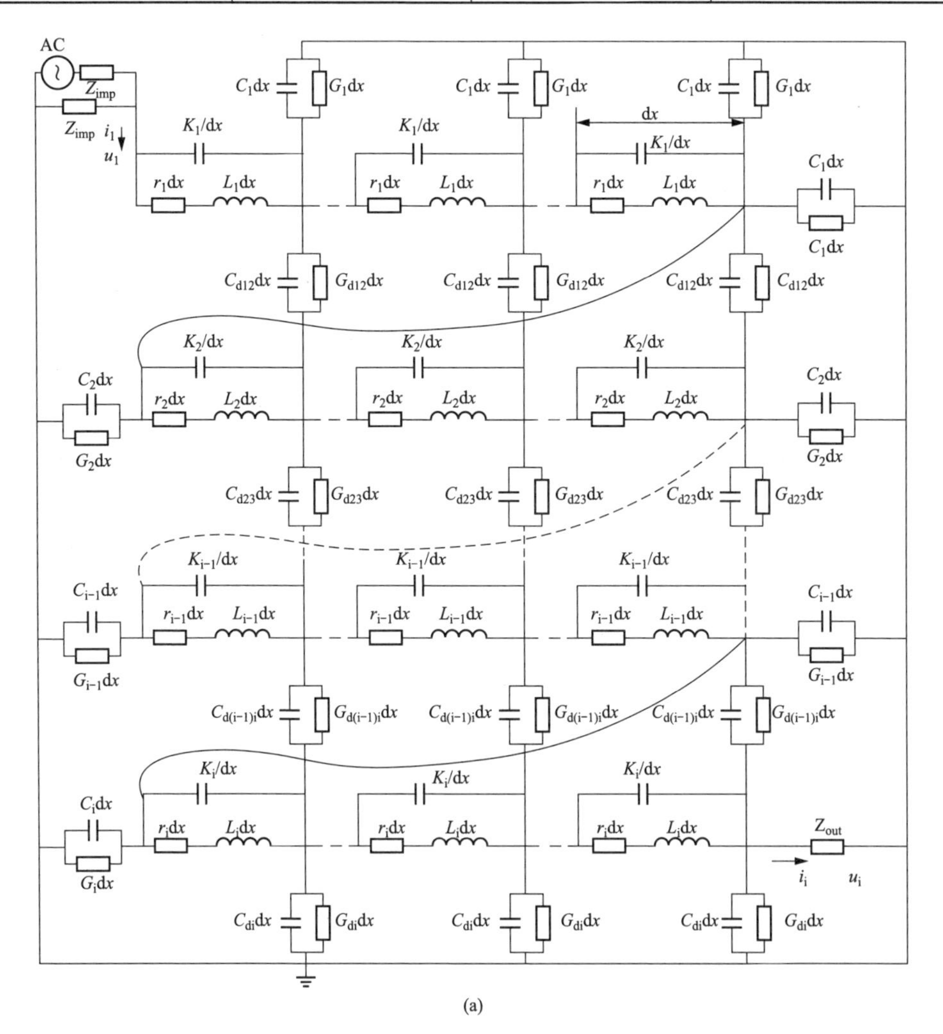

(a)

图 2-27　变压器耐压试验回路电流脉冲传播路径模型（一）

（a）分布参数电路模型

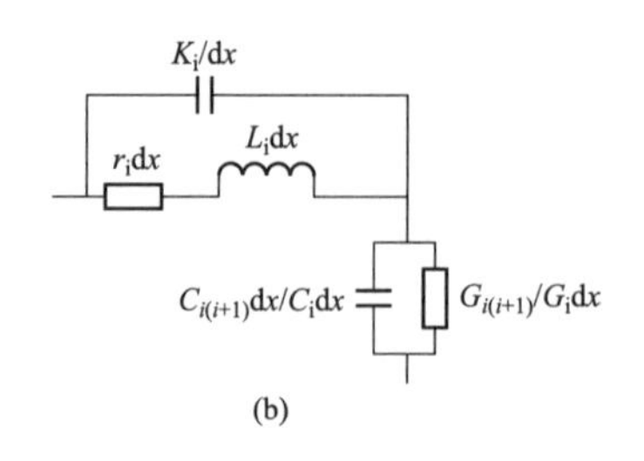

图 2-27 变压器耐压试验回路电流脉冲传播路径模型（二）

（b）基本单元电路模型

L_i—第 i 饼单位长度的计及铁芯涡流效应与层间效应的自感；r_i—第 i 饼单位长度绕组计及导线集肤效应的电阻；K_i—第 i 饼单位长度绕组的匝间电容；C_i—第 i 饼单位长度绕组的对地电容；G_i—第 i 饼单位长度绕组的对地电导；$C_{di(i+1)}$ —第 i 饼与第 $i+1$ 饼之间单位长度绕组的饼间电容；$G_{di(i+1)}$ —第 i 饼与第 $i+1$ 饼之间单位长度绕组的饼间电导；Z_{imp}—测量引线的阻抗；Z_{out}—检测阻抗

对该电力变压器模型的不同部位施加电流脉冲激励，模拟变压器不同位置发生局部放电，电流源激励的时域波形如图 2-28 所示，采用双指数脉冲源模型，上升沿为 5ns，下降沿为 50ns。

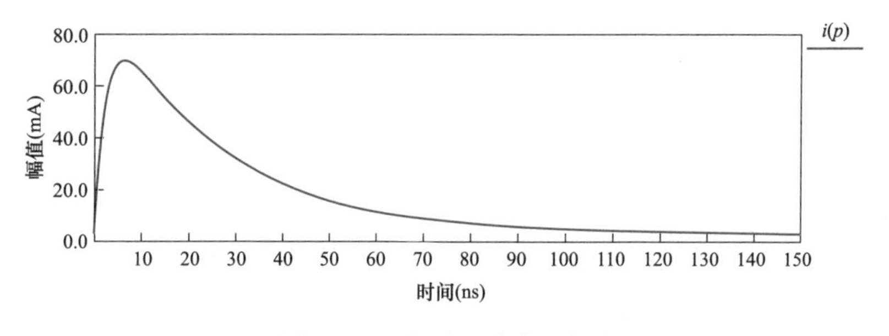

图 2-28 局部放电脉冲源波形

（一）耐压试验回路电流脉冲仿真结果

在变压器绕组第 10 饼的首匝、第 20 饼的首匝、第 37 饼的首匝、第 50 饼的首匝、第 60 饼的首匝分别注入电流脉冲源，分别在铁芯接地线和高压绕组引出线处获取检测信号。

在高压绕组的第 10 匝首端注入局部放电信号时，在铁芯接地线处测得信号的正极性峰值出现在 0.9μs，负极性峰值在 1.3μs 和 1.8μs 出现。由于局部放电源位置更加靠近高压绕组引出线，故高压绕组引出线处的首个峰值出现较早，为 0.2μs，在匝间电容、对地电容的影响下，其波形在 1.5μs 左右出现剧烈的振荡。

高压绕组引出线处测得信号的幅值远高于铁芯接地线处信号幅值。

由于绕组与铁芯以及箱体之间电容的存在，使得在线圈中部 37 饼处注入局部放电信号时，在物理距离相同的两个检测点处得到信号幅值的时间并不相同。局部放电源位置处于绕组的上半部分时，铁芯接地线处测得的信号幅值远大于绕组引出线处。

变压器各检测点的电流波形如图 2-29～图 2-33 所示。局部放电信号在变压器中进行传播，幅值会产生相应的衰减，并且与传播距离存在紧密的联系。

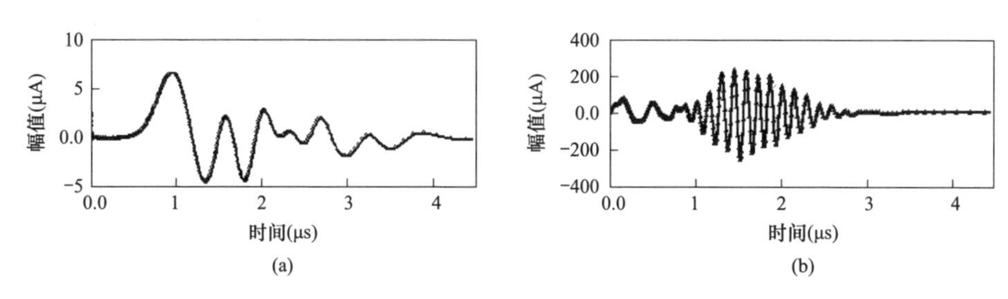

图 2-29　第 10 饼首匝注入激励各检测点的时域波形
（a）铁芯接地线；（b）高压绕组引出线

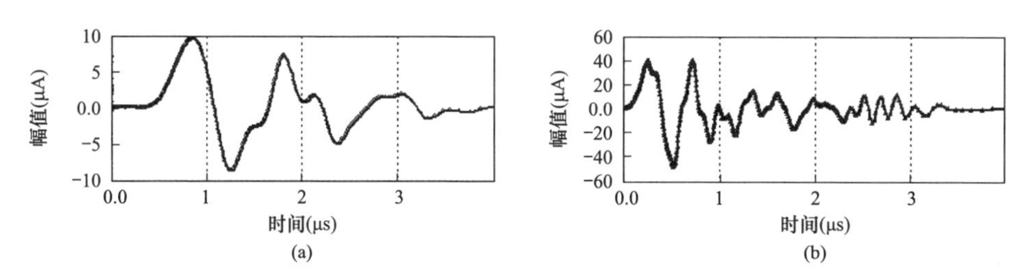

图 2-30　第 20 饼首匝注入激励各检测点的时域波形
（a）铁芯接地线；（b）高压绕组引出线

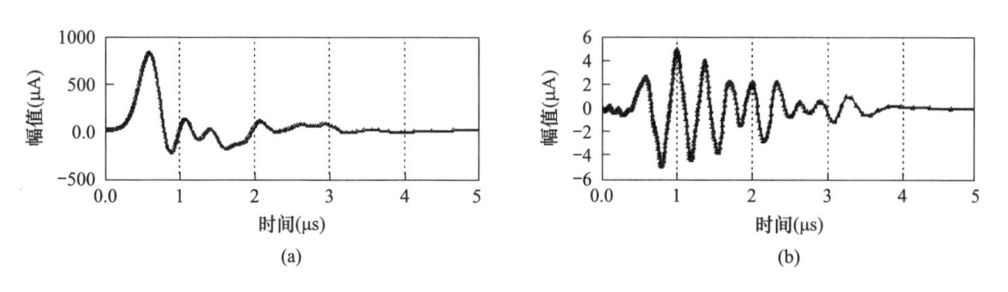

图 2-31　第 37 饼首匝注入激励各检测点的时域波形
（a）铁芯接地线；（b）高压绕组引出线

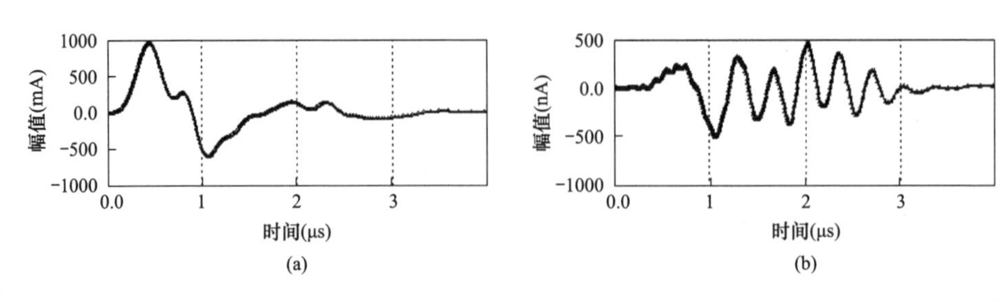

图 2-32 第 50 饼首匝注入激励各检测点的时域波形

（a）铁芯接地线；（b）高压绕组引出线

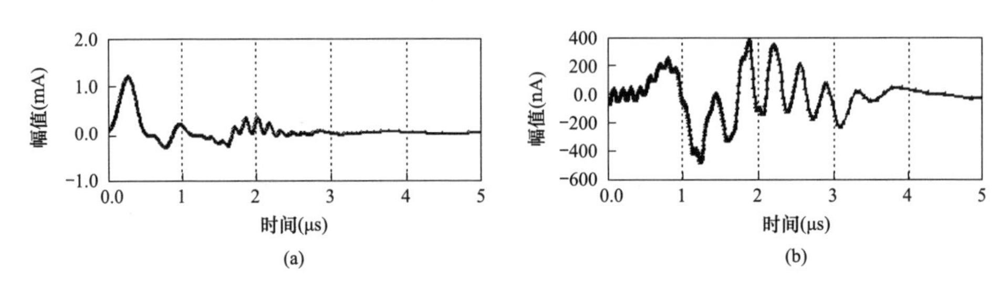

图 2-33 第 60 饼首匝注入激励各检测点的时域波形

（a）铁芯接地线；（b）高压绕组引出线

为了更直观地表现出信号幅值的变化规律，在铁芯接地线处和高压绕组引出线处测得的信号幅值随局部放电源位置的改变（即传播距离的不同）如图 2-34 所示。

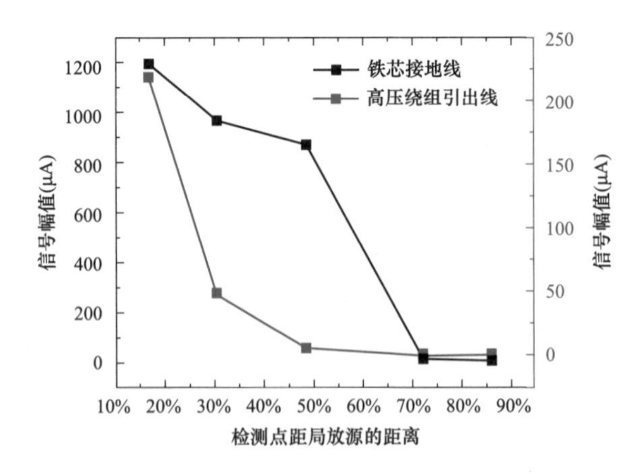

图 2-34 检测点信号幅值与局部放电源位置关系

随着局部放电源位置远离检测点，在检测点处测得的信号幅值逐渐减小。在铁芯接地线处测得的信号幅值受耦合电容的影响较小，信号畸变程度低，在变压器绕组中部发生局部放电时，其信号幅值衰减较小；在高压绕组引出线处测得的局部放电信号幅值受其他耦合电容的影响较大，从图 2-34 中可以看出，局部放电信号的脉冲幅值同放电源与监测点的距离分别近似地服从指数函数分布。

在铁芯接地线处测得的局部放电信号幅值受其他耦合电容的影响较小，电流信号达到最大值的时刻较为清晰，可以视为电流信号传到该检测点的时刻，电流脉冲信号到达该检测点处的时间与信号传播距离的关系如图 2-35 所示。

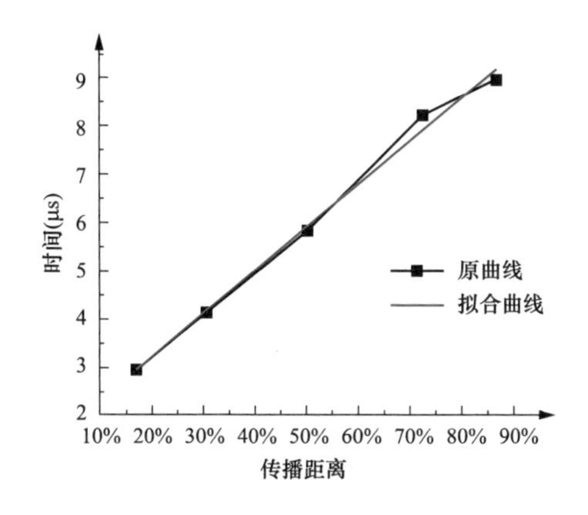

图 2-35 电流脉冲信号到达铁芯接地线检测点处的时间与信号传播距离的关系

在第 10、20、37、50、60 饼的首匝线圈处注入局部放电信号时，局部放电信号到达套管末屏接地线处的时间分别为 9、8.27、5.88、4.12、2.94μs，对电流脉冲信号到达该检测点处的时间与信号传播距离进行拟合，拟合曲线为一次函数曲线，通过其斜率即可计算出局部放电信号在变压器绕组中的传播速度为 1.258×10^{8} m/s。

（二）局部放电源电流脉冲波形的时域特征

由于超宽频带局部放电波形不同于常规电流脉冲法放电谱图，采用时域波形的一阶形状参量和三、四阶特征参量来描述，这些参量包括峰值 U_{max}、脉冲上升时间 t_r、脉冲下降沿时间 t_d、脉冲放电宽度 $t_{50\%}$、视在放电持续时间 $t_{10\%}$、整流平均值 av、标准差 s_t、波形因子 S、波峰因子 C、脉冲因子 I、裕度因子 L、变异系数 cov、峭度 K_u、偏斜度 S_k、不对称度 A_{sy} 等。

1. 局部放电源电流脉冲信号的预处理

局部放电源电流脉冲信号的预处理主要包括剔除奇异数据和剔除冗长数据两部分。奇异数据在仿真过程中不易产生，本部分不予考虑。本部分仿真所采集波形时长设置为 0.1s，采样时间间隔为 1ns，一个时域波形共由 100M 个数据组成，如果直接用来提取特征量，会造成计算量太大，计算时间过长；而且，这 100M 个数据中，出现局部放电的时段主要在 0～50μs 之间的 50000 个数据，也就是波形特征主要集中在这一段，其他部分或者接近于零，或者振荡已基本结束，也就是信号冗余部分，可以去除。所以本部分在分析过程中剔除了所采集数据中的冗长数据。

2. 局部放电源电流脉冲信号的时域特征量提取

对不同检测点所得到的局部放电脉冲波形进行特征提取，表 2-24 列出了不同位置发生局部放电时，在铁芯接地线和高压绕组引出线处检测到的脉冲波形的特征数据。

表 2-24 不同局部放电信号的特征数据

PD 源位置	检测点位置	U_{max}（$\times10^{-6}$，V）	t_r（μs）	t_d（μs）	$t_{50\%}$（μs）	$t_{10\%}$（μs）
第 10 饼首匝	铁芯接地线	6.49	0.89	1.77	0.36	2.80
	高压绕组引出线	218.70	1.28	0.10	0.87	2.57
第 20 饼首匝	铁芯接地线	9.71	0.78	2.20	1.90	3.12
	高压绕组引出线	40.70	0.14	2.14	0.58	2.8
第 37 饼首匝	铁芯接地线	812.23	0.25	1.45	0.29	1.81
	高压绕组引出线	4.90	0.54	2.30	0.84	2.88
第 50 饼首匝	铁芯接地线	940.66	0.22	1.90	0.29	2.21
	高压绕组引出线	0.46	0.16	0.72	1.74	2.36
第 60 饼首匝	铁芯接地线	1149.15	0.24	1.88	0.25	2.21
	高压绕组引出线	0.38	0.18	1.71	1.88	3.83
局部放电源位置	检测点位置	av（$\times10^{-6}$V）	st（$\times10^{-6}$）	S	C	I
第 10 饼首匝	铁芯接地线	1.63	2.32	1.51	4.35	6.55
	高压绕组引出线	50.69	73.83	1.46	6.20	9.03
第 20 饼首匝	铁芯接地线	3.01	4.16	1.42	4.29	6.10
	高压绕组引出线	11.99	17.31	1.45	5.08	7.36
第 37 饼首匝	铁芯接地线	149.33	247.61	1.74	4.07	7.07
	高压绕组引出线	1.33	1.90	1.42	5.14	7.32

续表

局部放电源位置	检测点位置	av（$\times10^{-6}$，V）	st（$\times10^{-6}$）	S	C	I
第50饼首匝	铁芯接地线	240.64	341.24	1.48	4.26	6.30
	高压绕组引出线	0.13	0.19	1.41	5.14	7.26
第60饼首匝	铁芯接地线	223.76	348.28	1.65	3.95	6.52
	高压绕组引出线	0.12	0.16	1.40	5.06	7.08

局部放电源位置	检测点位置	L	cov	K_u	S_k	A_{sy}
第10饼首匝	铁芯接地线	9.69	2.98	3.65	0.50	9.09
	高压绕组引出线	12.40	24.75	4.56	−0.15	1.60
第20饼首匝	铁芯接地线	8.67	4.08	3.06	0.10	4.18
	高压绕组引出线	10.39	11.07	3.82	−0.14	1.00
第37饼首匝	铁芯接地线	11.59	3.15	5.04	1.65	5.51
	高压绕组引出线	10.39	−405.07	3.43	−0.16	0.76
第50饼首匝	铁芯接地线	9.03	3.37	3.52	0.64	5.30
	高压绕组引出线	10.74	57.08	3.27	−0.46	1.34
第60饼首匝	铁芯接地线	9.32	2.82	4.90	1.63	4.21
	高压绕组引出线	9.61	44.46	3.51	−0.48	1.07

第三节　检测带宽和采样率对电流脉冲波形影响分析

为了对实际变压器出厂/现场的交直流耐压试验进行模拟，本节在实验室中搭建了基于变压器及套管的典型缺陷模型的交/直流耐压局部放电试验回路（见图2-36）进行了替代试验，其实物图如图2-37所示。

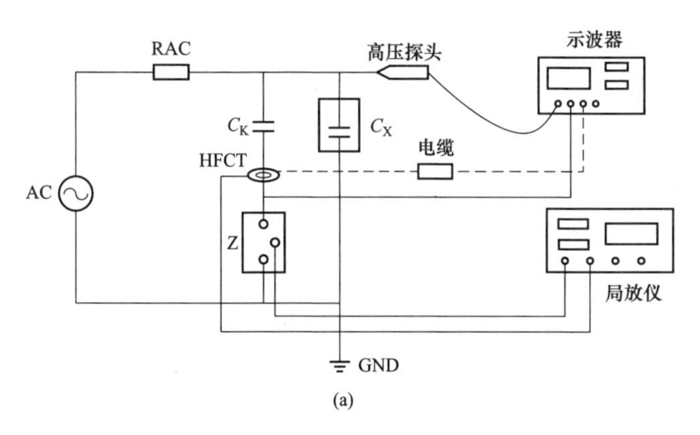

图2-36　变压器交流/直流耐压模拟试验回路图（一）

（a）交流耐压试验回路

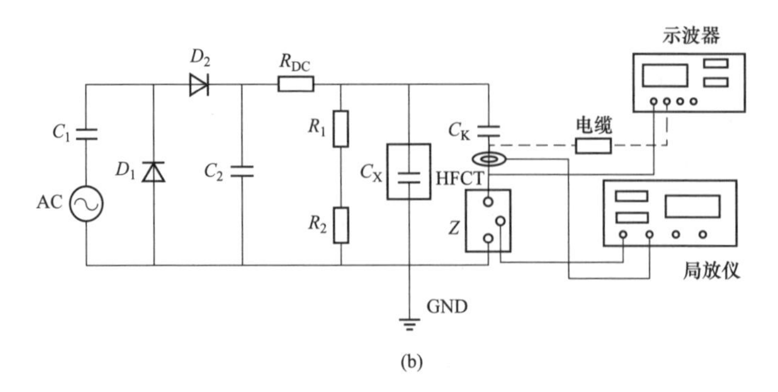

图 2-36　变压器交流/直流耐压模拟试验回路图（二）

（b）直流耐压试验回路

AC—交流源；R_{AC}—交流保护电阻（50kΩ）；R_{DC}—直流保护电阻（5MΩ）；C_X—缺陷模型；C_K—耦合电容（1nF）；C_1、C_2—电容（0.1μF）；D_1、D_2—整流硅堆；Z—50Ω 检测阻抗；HFCT—高频电流传感器

图 2-37　交流/直流耐压试验回路实物图

试验中为了模拟变压器中不同典型绝缘缺陷故障，设置了变压器油纸绝缘电晕放电模型、沿面放电模型和油中气隙放电模型这三种缺陷模型，具体如图 2-2 所示。

一、局部放电源检测试验及波形分析

（一）交流耐压局部放电电流脉冲带宽采样率试验及波形研究

1. 电晕放电模型下的局部放电波形对比

（1）同采样率不同带宽（500MS/s—250MHz、20MHz)。采用示波器不同测量带宽采集并去噪情况下，针板电极发生局部放电时（纸板厚度 1mm），检测阻抗检测得到的电流脉冲波形及其频谱图如图 2-38 和图 2-39 所示。

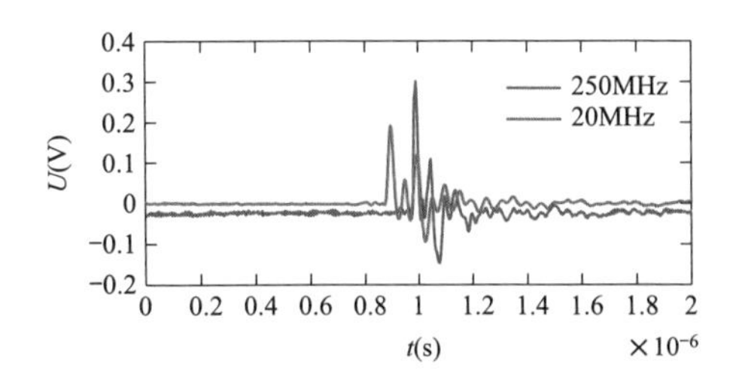

图 2-38　检测阻抗测得脉冲波形
（交流、电晕放电、不同带宽）

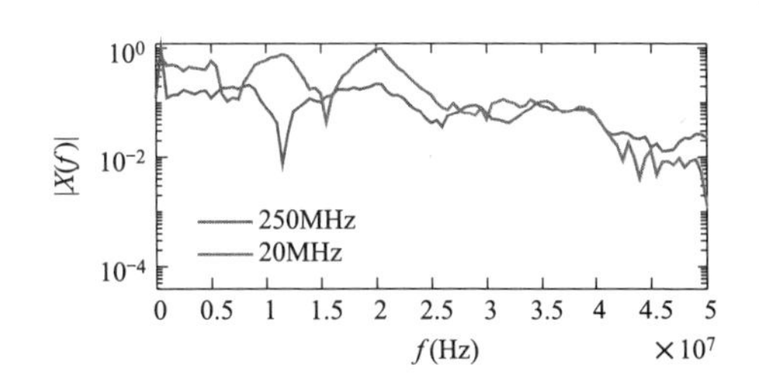

图 2-39　检测阻抗测得电流脉冲频谱图
（交流、电晕放电、不同带宽）

对针板电极发生局部放电时，传感器检测得到的不同带宽电流脉冲波形进行时频域特征提取，结果如表 2-25 所示。

表 2-25　检测阻抗处电流脉冲波形参数提取（交流、电晕放电、不同带宽）

特征量	K_u	S_k	t_r (ns)	t_d (ns)	$t_{50\%}$ (ns)	$t_{10\%}$ (ns)	A_{sy}	I	L	U_{max} (V)
250MHz	55.35	5.65	8	144	14	158	0.0066	16.54	18.09	0.30
20MHz	30.22	3.80	12	262	114	280	4.2569	33.11	67.47	0.19

特征量	最大幅值处频率（MHz）	0～30MHz 频域信号平均幅值（V）	30～50MHz 频域信号平均幅值（V）
250MHz	19.5	0.0052	0.0018
20MHz	20	0.0035	0.0005

（2）同带宽不同采样率（250MS/s、100MS/s—250MHz）。利用示波器不同采样频率采集并去噪情况下，针板电极发生局部放电时（纸板厚度 1mm），检测阻抗检测得到的电流脉冲波形及其频谱图如图 2-40 和图 2-41 所示。

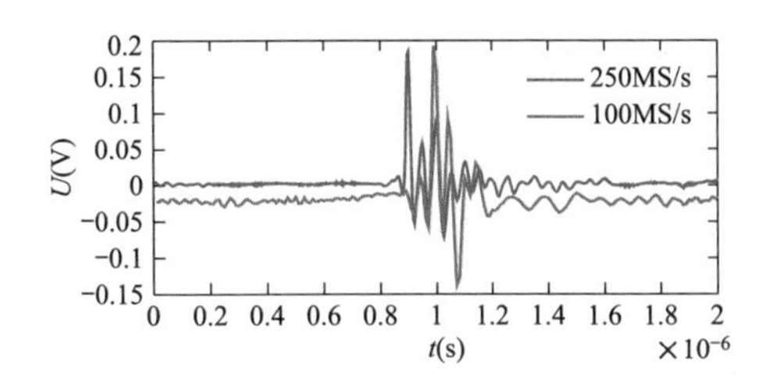

图 2-40　检测阻抗测得脉冲波形
（交流、电晕放电、不同采样率）

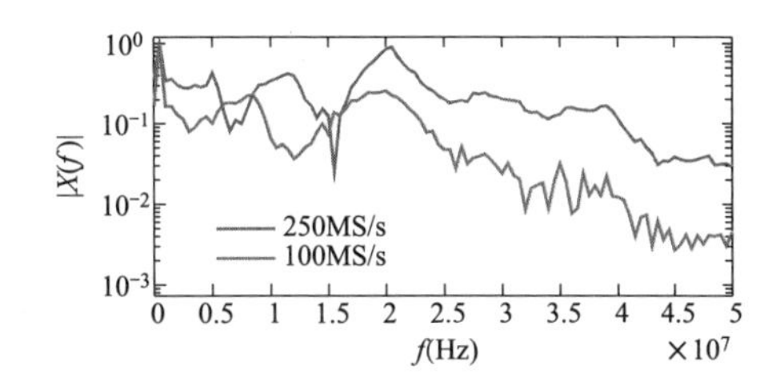

图 2-41　检测阻抗测得电流脉冲频谱图
（交流、电晕放电、不同采样率）

对针板电极发生局部放电时，检测阻抗检测得到的电流脉冲波形进行时频域特征提取。结果如表 2-26 所示。

表 2-26　检测阻抗处电流脉冲波形参数提取（交流、电晕放电、不同采样率）

特征量	K_u	S_k	t_r (ns)	t_d (ns)	$t_{50\%}$ (ns)	$t_{10\%}$ (ns)	A_{sy}	I	L	U_{max} (V)
250MS/s	42.58	4.67	8	256	108	268	22.3046	31.04	46.96	0.19
100MS/s	33.25	3.58	10	160	10	170	0.0091	13.82	15.27	0.19

特征量	最大幅值处频率（MHz）	0～30MHz 频域信号平均幅值（V）	30～50MHz 频域信号平均幅值（V）
250MS/s	20	0.0030	0.0009
100MS/s	19.5	0.0044	0.0004

2. 沿面放电缺陷模型下的局部放电

（1）同采样率不同带宽（500MS/s—250MHz、20MHz）。采用示波器不同测量带宽采集并去噪情况下，沿面放电缺陷发生局部放电时（纸板厚度 1mm），检测阻抗检测得到的电流脉冲波形及频谱图如图 2-42 和图 2-43 所示。

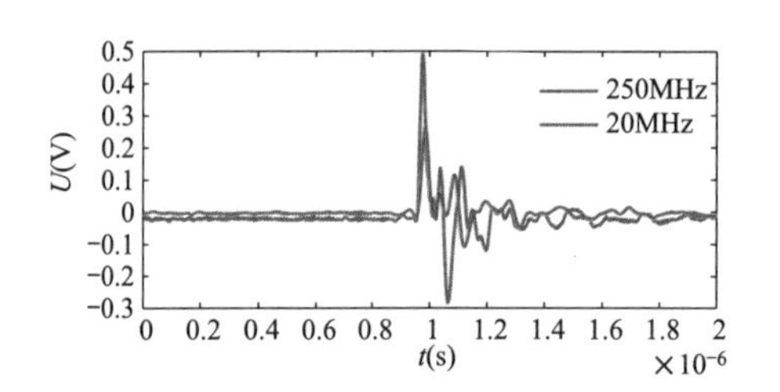

图 2-42　检测阻抗测得脉冲波形（交流、沿面放电、不同带宽）

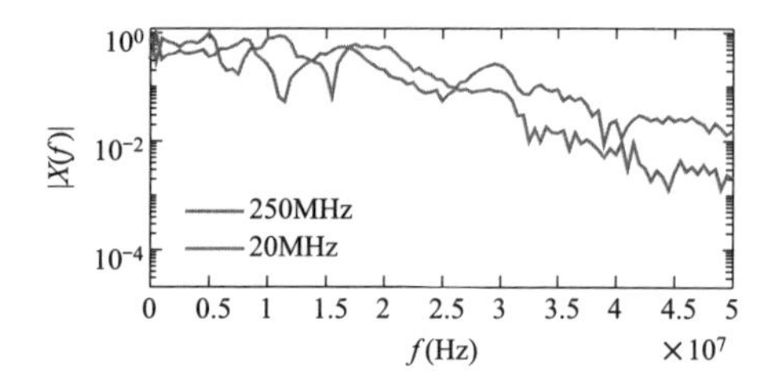

图 2-43　检测阻抗测得电流脉冲频谱图（交流、沿面放电、不同带宽）

对沿面放电缺陷发生局部放电时，检测阻抗检测得到的电流脉冲波形进行时频域特征提取，结果如表 2-27 所示。

表 2-27　传感器处电流脉冲波形参数提取（交流、沿面放电、不同带宽）

特征量	K_u	S_k	t_r (ns)	t_d (ns)	$t_{50\%}$ (ns)	$t_{10\%}$ (ns)	A_{sy}	I	L	U_{max} (V)
250MHz	37.82	3.84	10	142	20	160	0.0451	24.71	31.57	0.49
20MHz	33.38	4.31	18	296	22	322	0.5666	29.34	51.33	0.26

续表

特征量	最大幅值处频率（MHz）	0～30MHz 频域信号平均幅值（V）	30～50MHz 频域信号平均幅值（V）
250MHz	7.5	0.0091	0.0013
20MHz	4.5	0.0048	0.0001

（2）同带宽不同采样率（250MS/s、100MS/s—250MHz）。利用示波器不同采样频率采集并去噪情况下，沿面放电缺陷发生局部放电时（纸板厚度 1mm），检测阻抗检测得到的电流脉冲波形及其频谱图如图 2-44 和图 2-45 所示。

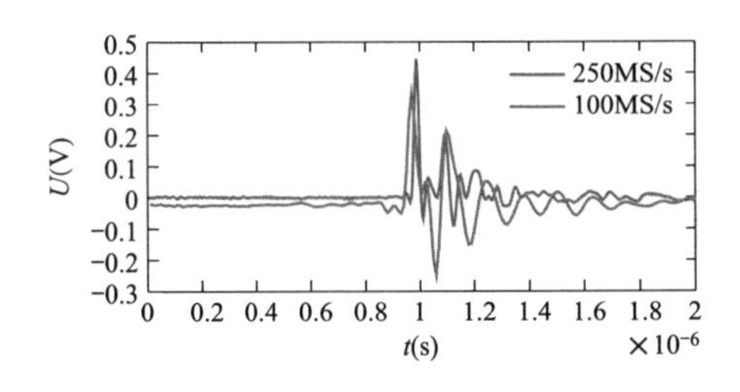

图 2-44　检测阻抗测得脉冲波形（交流、沿面放电、不同采样率）

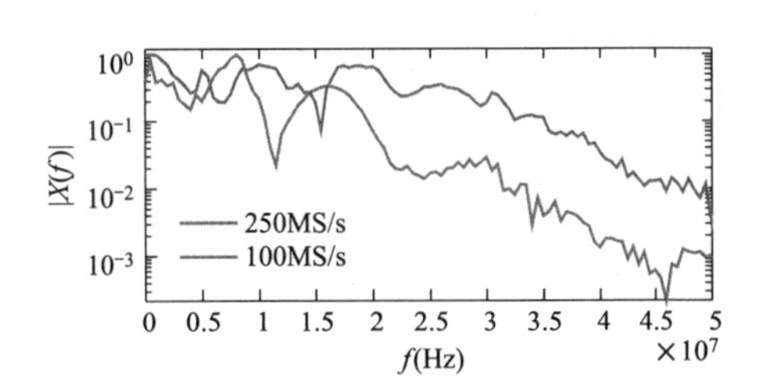

图 2-45　检测阻抗测得电流脉冲频谱图（交流、沿面放电、不同采样率）

对沿面放电缺陷发生局部放电时，检测阻抗检测得到的电流脉冲波形进行时频域特征提取，结果如表 2-28 所示。

表 2-28　测阻抗处电流脉冲波形参数提取（交流、沿面放电、不同采样率）

特征量	K_u	S_k	t_r (ns)	t_d (ns)	$t_{50\%}$ (ns)	$t_{10\%}$ (ns)	A_{sy}	I	L	U_{max} (V)
250MS/s	45.99	5.81	12	232	16	248	4.7270	34.23	72.46	0.44
100MS/s	14.98	2.09	20	290	150	310	0.0744	15.19	18.88	0.33

特征量	最大幅值处频率（MHz）	0～30MHz 频域信号平均幅值（V）	30～50MHz 频域信号平均幅值（V）
250MS/s	7	0.0075	0.0010
100MS/s	7.5	0.0075	0.0006

3. 内部气隙缺陷模型下的局部放电

（1）同采样率不同带宽（500MS/s—250MHz、20MHz）。采用示波器不同测量带宽采集并去噪情况下，板板电极加压下内部气隙缺陷发生局部放电时（纸板厚度 1mm），检测阻抗检测得到的电流脉冲波形及其频谱图如图 2-46 和图 2-47 所示。

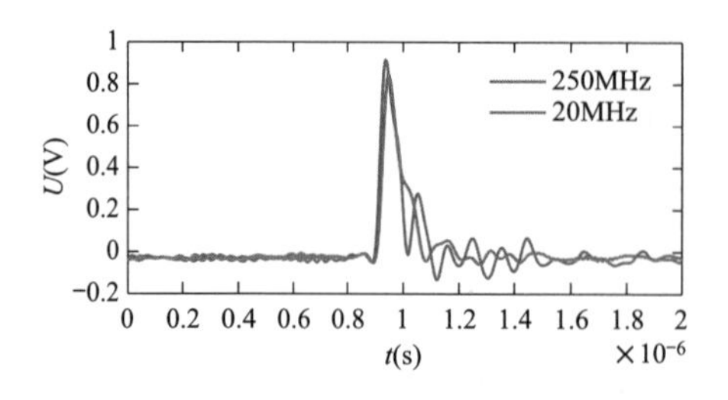

图 2-46　检测阻抗测得脉冲波形（交流、气隙放电、不同带宽）

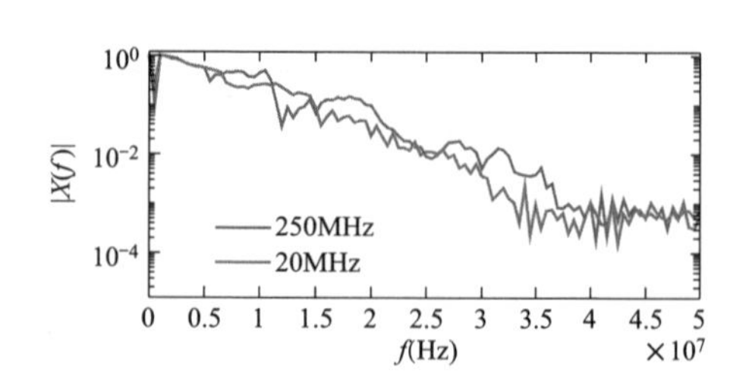

图 2-47　检测阻抗测得电流脉冲频谱图（交流、气隙放电、不同带宽）

对内部气隙缺陷发生局部放电时，检测阻抗检测得到的电流脉冲波形进行时频域特征提取，结果如表 2-29 所示。

表 2-29　检测阻抗处电流脉冲波形参数提取（交流、气隙放电、不同带宽）

特征量	K_u	S_k	t_r (ns)	t_d (ns)	$t_{50\%}$ (ns)	$t_{10\%}$ (ns)	A_{sy}	I	L	U_{max} (V)
250MHz	21.70	4.23	24	136	68	178	0.2376	14.97	20.94	0.91
20MHz	22.58	4.36	26	96	60	140	0.2026	15.67	22.86	0.84

特征量	最大幅值处频率（MHz）	0～30MHz 频域信号平均幅值（V）	30～50MHz 频域信号平均幅值（V）
250MHz	0.5	0.0176	0.00018
20MHz	0.5	0.0151	0.00005

（2）同带宽不同采样率（250MS/s、100MS/s—250MHz）。利用示波器不同采样频率采集并去噪情况下，板板电极加压下内部气隙缺陷发生局部放电时（纸板厚度 1mm），检测阻抗检测得到的电流脉冲波形及其频谱图如图 2-48 和图 2-49 所示。

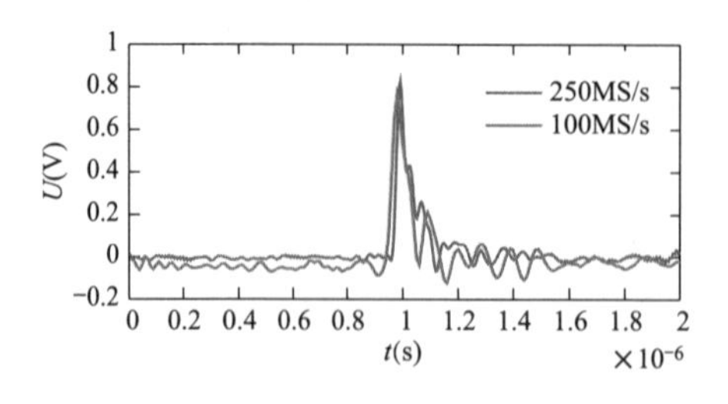

图 2-48　检测阻抗测得脉冲波形（交流、气隙放电、不同采样率）

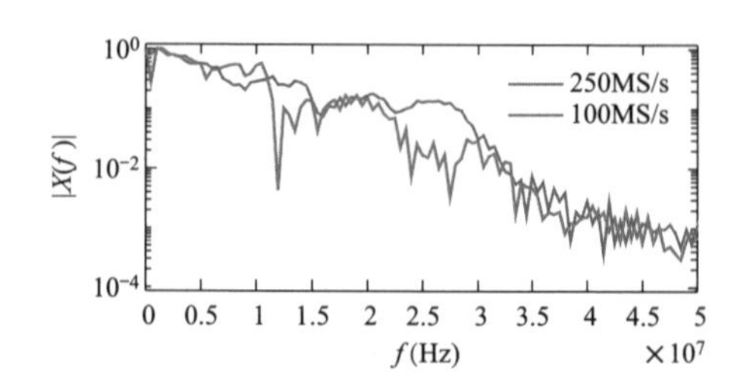

图 2-49　检测阻抗测得电流脉冲频谱图（交流、气隙放电、不同采样率）

对内部气隙缺陷发生局部放电时，检测阻抗检测得到的电流脉冲波形进行时频域特征提取，结果如表 2-30 所示。

表 2-30　检测阻抗处电流脉冲波形参数提取（交流、气隙放电、不同采样率）

特征量	K_u	S_k	t_r (ns)	t_d (ns)	$t_{50\%}$ (ns)	$t_{10\%}$ (ns)	A_{sy}	I	L	U_{max} (V)
250MS/s	29.91	4.92	16	104	48	128	2.2251	24.69	50.84	0.83
100MS/s	22.61	4.22	30	140	50	170	0.1707	13.60	17.59	0.76

特征量	最大幅值处频率（MHz）	0～30MHz 频域信号平均幅值（V）	30～50MHz 频域信号平均幅值（V）
250MS/s	0.5	0.0149	0.00021
100MS/s	0.5	0.0146	0.00018

在以上同为检测阻抗采集的波形中，低带宽下进行采集会对波形的幅值产生较大的衰减，这在局部放电的测量中可能表现为发生的较大放电量局部放电被测量为低放电量局部放电；低采样率下采集则会导致波形发生变化，原本的波形振荡可能在测量后消失，这对波形时域特征的提取会有影响。从波形和频谱图来看，测量带宽对所有放电模型的波形测量都有较大影响；测量采样率对内部气隙放电波形影响较大。

（二）直流耐压局部放电电流脉冲波形分析及试验研究

1. 电晕放电模型下的局部放电波形对比

（1）同采样率不同带宽（250MS/s—250MHz、20MHz）。采用示波器不同测量带宽采集并去噪情况下，针板电极发生局部放电时（纸板厚度 1mm），检测阻抗检测得到的电流脉冲波形及其频谱图如图 2-50 和图 2-51 所示。

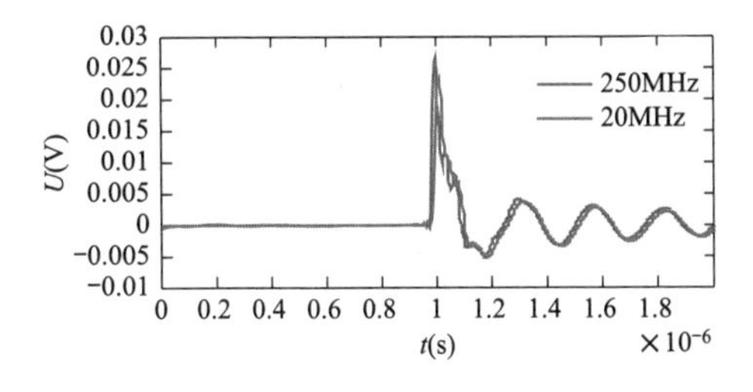

图 2-50　检测阻抗测得脉冲波形（直流、电晕放电、不同带宽）

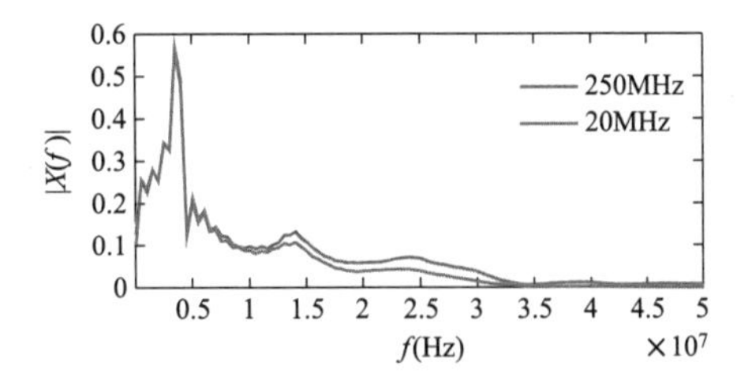

图 2-51　检测阻抗测得电流脉冲频谱图（直流、电晕放电、不同带宽）

对针板电极发生局部放电时，检测阻抗在不同测量带宽下检测得到的电流脉冲波形进行时频域特征提取，结果如表 2-31 所示。

表 2-31　检测阻抗处电流脉冲波形参数提取（直流、电晕放电、不同带宽）

特征量	K_u	S_k	t_r (ns)	t_d (ns)	$t_{50\%}$ (ns)	$t_{10\%}$ (ns)	A_{sy}	I	L	U_{max} (V)
250MHz	21.70	4.23	24	136	68	178	0.2376	14.97	20.94	0.91
20MHz	22.58	4.36	26	96	60	140	0.2026	15.67	22.86	0.84

特征量	最大幅值处频率（MHz）	0～30MHz 频域信号平均幅值（V）	30～50MHz 频域信号平均幅值（V）
250MHz	0.5	0.0176	0.00018
20MHz	0.5	0.0151	0.00005

（2）同带宽不同采样率（250MS/s、100MS/s—250MHz）。采用示波器不同采样频率采集并去噪情况下，针板电极发生局部放电时（纸板厚度 1mm），检测阻抗检测得到的电流脉冲波形及其频谱图如图 2-52 和图 2-53 所示。

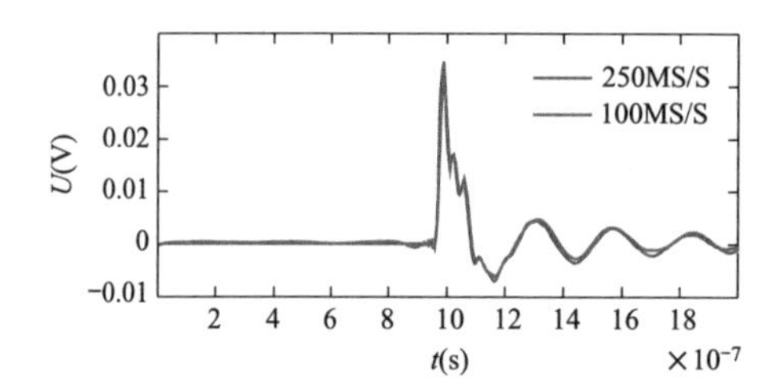

图 2-52　检测阻抗测得脉冲波形（直流、电晕放电、不同采样率）

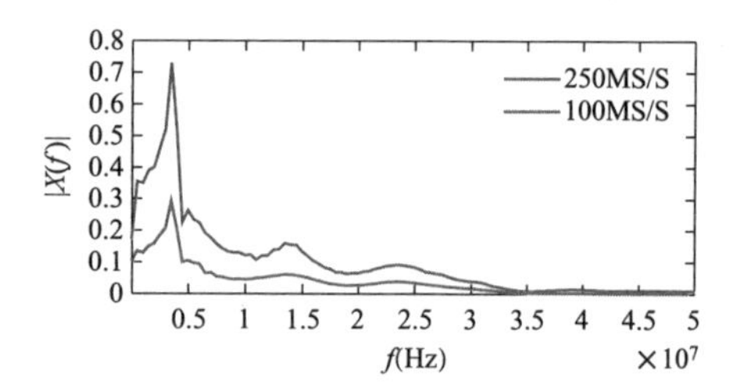

图 2-53　检测阻抗测得电流脉冲频谱图（直流、电晕放电、不同采样率）

对针板电极发生局部放电时，检测阻抗在不同采样率下检测得到的电流脉冲波形进行时频域特征提取，结果如表 2-32 所示。

表 2-32　检测阻抗处电流脉冲波形参数提取（直流、电晕放电、不同采样率）

特征量	K_u	S_k	t_r (ns)	t_d (ns)	$t_{50\%}$ (ns)	$t_{10\%}$ (ns)	A_{sy}	I	L	U_{max} (V)
250MS/s	29.91	4.92	16	104	48	128	2.2251	24.69	50.84	0.83
100MS/s	22.61	4.22	30	140	50	170	0.1707	13.60	17.59	0.76

特征量	最大幅值处频率（MHz）	0～30MHz 频域信号平均幅值（V）	30～50MHz 频域信号平均幅值（V）
250MS/s	0.5	0.0149	0.00021
100MS/s	0.5	0.0146	0.00018

2. 沿面电极缺陷模型下的 PD 波形对比

（1）同采样率不同带宽（250MS/s—250MHz、20MHz）。采用示波器不同测量带宽下采集并去噪情况下，斜针电极加压下沿面放电缺陷发生局部放电时（纸板厚度 1mm），检测阻抗检测得到的电流脉冲波形及其频谱图如图 2-54 和图 2-55 所示。

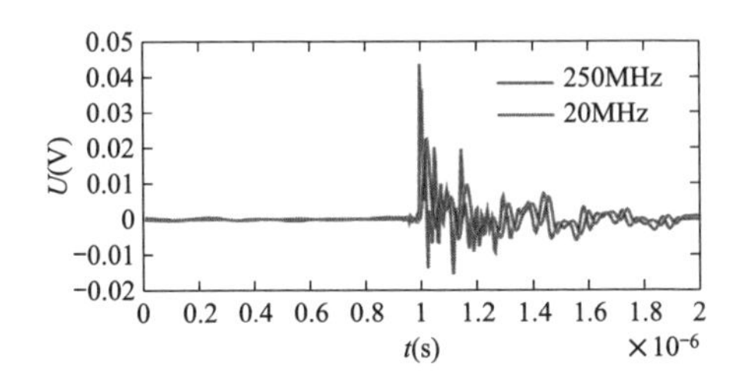

图 2-54　检测阻抗测得脉冲波形（直流、沿面放电、不同带宽）

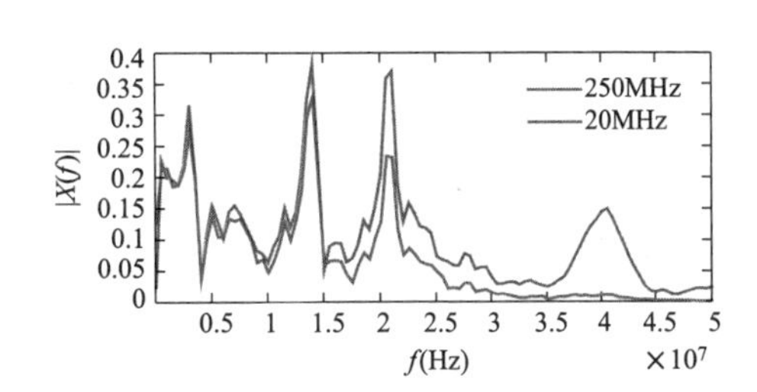

图 2-55　检测阻抗测得电流脉冲频谱图（直流、沿面放电、不同带宽）

对沿面放电电极发生局部放电时，检测阻抗在不同测量带宽下检测得到的电流脉冲波形进行时频域特征提取，结果如表 2-33 所示。

表 2-33　检测阻抗处电流脉冲波形参数提取

特征量	K_u	S_k	t_r (ns)	t_d (ns)	$t_{50\%}$ (ns)	$t_{10\%}$ (ns)	A_{sy}	I	L	U_{max} (V)
250MS/s	43.53	4.79	10	44	12	45	0.43	34.63	70.98	0.04
100MS/s	27.06	3.92	16	72	20	74	3.54	21.00	36.09	0.02

特征量	最大幅值处频率（MHz）	0～30MHz 频域信号平均幅值（V）	30～50MHz 频域信号平均幅值（V）
250MS/s	14	0.1363	0.0511
100MS/s	14	0.1063	0.0064

（2）同带宽不同采样率（250MS/s、100MS/s—250MHz）。利用示波器不同采样频率采集并去噪情况下，斜针电极加压下沿面放电缺陷发生局部放电时（纸板厚度 1mm），检测阻抗检测得到的电流脉冲波形及其频谱图如图 2-56 和图 2-57 所示。

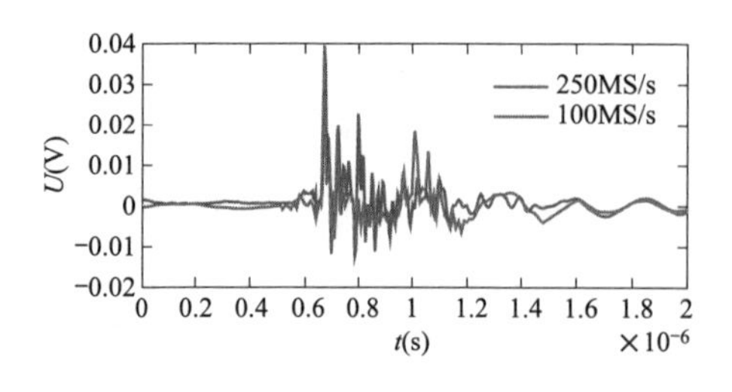

图 2-56 检测阻抗测得脉冲波形
（直流、沿面放电、不同采样率）

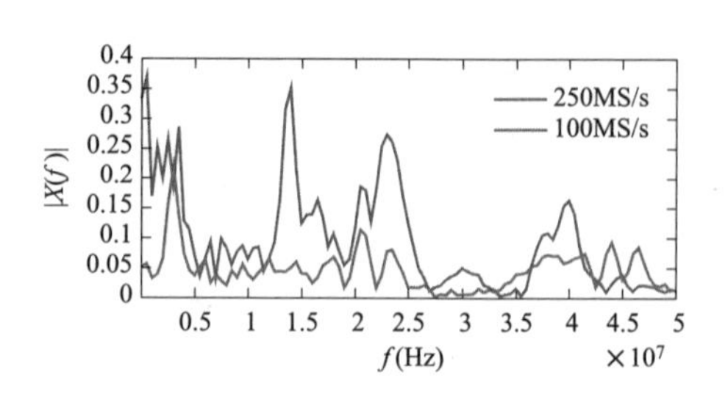

图 2-57 检测阻抗测得电流脉冲频谱图
（直流、沿面放电、不同采样率）

对沿面放电电极发生局部放电时，检测阻抗在不同采样率下检测得到的电流脉冲波形进行时频域特征提取，结果如表 2-34 所示。

表 2-34 检测阻抗处电流脉冲波形参数提取（直流、沿面放电、不同采样率）

特征量	K_u	S_k	t_r (ns)	t_d (ns)	$t_{50\%}$ (ns)	$t_{10\%}$ (ns)	A_{sy}	I	L	U_{max} (V)
250MS/s	27.10	3.48	8	44	13	45	2.48	20.09	27.27	0.04
100MS/s	29.12	4.05	10	50	14	62	1.96	20.27	30.71	0.03

特征量	最大幅值处频率（MHz）	0～30MHz 频域信号平均幅值（V）	30～50MHz 频域信号平均幅值（V）
250MS/s	13.7	0.1301	0.0456
100MS/s	7	0.0591	0.0483

3．内部气隙放电缺陷模型下的 PD 波形对比

（1）同采样率不同带宽（250MS/s—250MHz、20MHz）。采用示波器不同测量带宽采集并去噪情况下，板板电极加压下内部气隙缺陷发生局部放电时（纸板厚度 1mm），检测阻抗检测得到的电流脉冲波形及其频谱图如图 2-58 和图 2-59 所示。

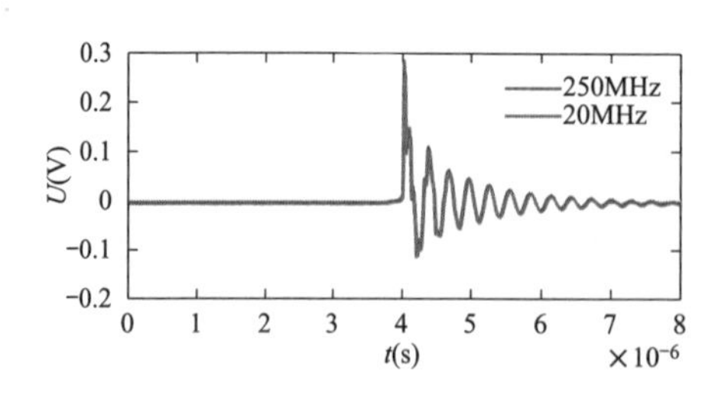

图 2-58 检测阻抗测得脉冲波形
（直流、气隙放电、不同带宽）

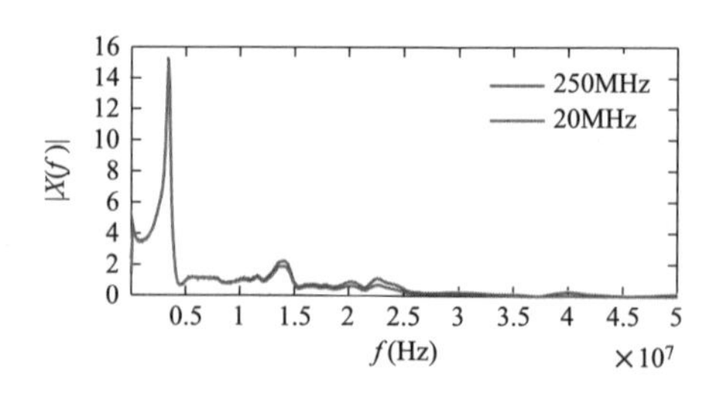

图 2-59 检测阻抗测得电流脉冲频谱图
（直流、气隙放电、不同带宽）

对板板电极加压下内部气隙缺陷发生局部放电时，检测阻抗在不同测量带宽下检测得到的电流脉冲波形进行时频域特征提取，结果如表 2-35 所示。

表 2-35　检测阻抗处电流脉冲波形参数提取（直流、气隙放电、不同带宽）

特征量	K_u	S_k	t_r (ns)	t_d (ns)	$t_{50\%}$ (ns)	$t_{10\%}$ (ns)	A_{sy}	I	L	U_{max} (V)
250MS/s	33.31	3.42	12	125	20	128	2.12	36.98	110.39	0.29
100MS/s	27.93	3.08	20	125	33	128	0.19	29.29	44.75	0.26

特征量	最大幅值处频率（MHz）	0～30MHz 频域信号平均幅值（V）	30～50MHz 频域信号平均幅值（V）
250MS/s	3.3	1.5452	0.1409
100MS/s	3.3	1.3908	0.0367

（2）同带宽不同采样率（250MS/s、100MS/s—250MHz）。利用示波器不同采样频率采集并去噪情况下，板板电极加压下内部气隙缺陷发生局部放电时（纸板厚度 1mm），检测阻抗检测得到的电流脉冲波形及其频谱图如图 2-60 和图 2-61 所示。

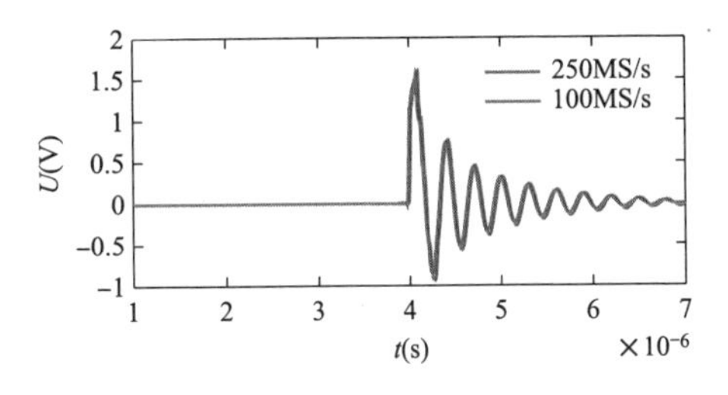

图 2-60　检测阻抗测得脉冲波形（直流、气隙放电、不同采样率）

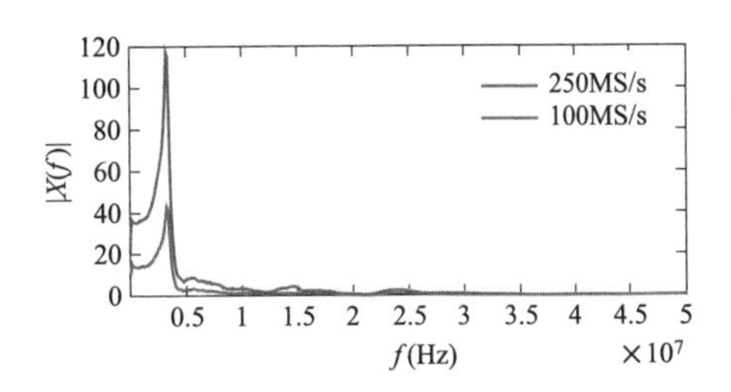

图 2-61　检测阻抗测得电流脉冲频谱图（直流、气隙放电、不同采样率）

对板板电极加压下内部气隙缺陷发生局部放电时，检测阻抗在不同采样率下检测得到的电流脉冲波形进行时频域特征提取，结果如表 2-36 所示。

表 2-36　检测阻抗处电流脉冲波形参数提取（直流、气隙放电、不同采样率）

特征量	K_u	S_k	t_r (ns)	t_d (ns)	$t_{50\%}$ (ns)	$t_{10\%}$ (ns)	A_{sy}	I	L	U_{max} (V)
250MS/s	21.51	2.68	16	152	37	176	2.35	29.72	100.33	1.61
100MS/s	22.12	2.86	24	304	48	324	3.53	30.58	108.16	1.54

续表

特征量	最大幅值处频率（MHz）	0～30MHz 频域信号平均幅值（V）	30～50MHz 频域信号平均幅值（V）
250MS/s	3.25	9.6007	0.3659
100MS/s	3.3	7.9410	1.0006

在直流电压下，电晕放电、沿面放电波形振荡剧烈程度增加，三种典型局部放电类型的频域分量中 30～50MHz 占总频域信号能量的比值相较交流电压下大幅降低，最大幅值处对应频率从高到低为沿面放电、电晕放电、内部气隙放电，使用超宽频带测量对沿面放电波形测量准确度有提升；在采样率方面，对沿面放电波形影响较大，对电晕放电、内部放电波形影响较小。

二、噪声源检测试验及波形分析

由于通信信号、电力电子器件运作等的影响，在实际现场的局部放电测量中会受到来自外界的电磁干扰，并对局部放电的测量结果产生影响。因此，对干扰信号进行波形分析也可以减少将噪声信号误认为局部放电信号的概率，降低噪声对局部放电信号波形测量分析的影响。本节选取放电枪和标定脉冲源两种噪声源来模拟白噪声和周期性窄带干扰，并对其在不同带宽/采样率条件下采集的波形进行了分析。试验回路如图 2-62 所示。

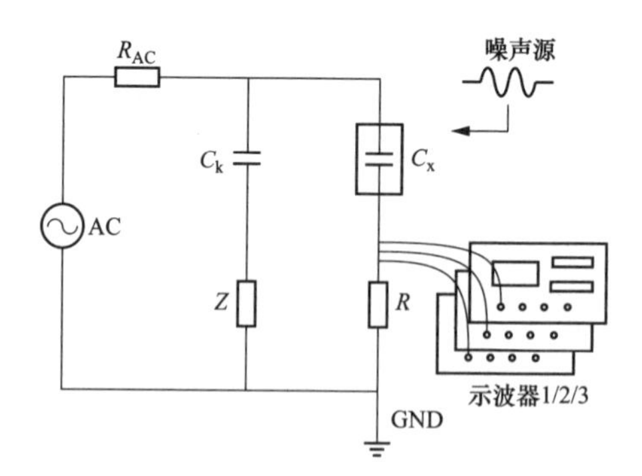

图 2-62　噪声源在不同带宽/采样率测量条件下的试验回路

注：AC 为交流源（但不输出电压），R_{AC}、C_x、Z、C_k、R 同图 2-41（a）；示波器 1/2/3 调节为不同采样率进行噪声源耦合波形的采集。

（一）同采样率不同带宽对噪声源脉冲波形的影响

噪声源波形及其频谱图如图 2-63 和图 2-64 所示。

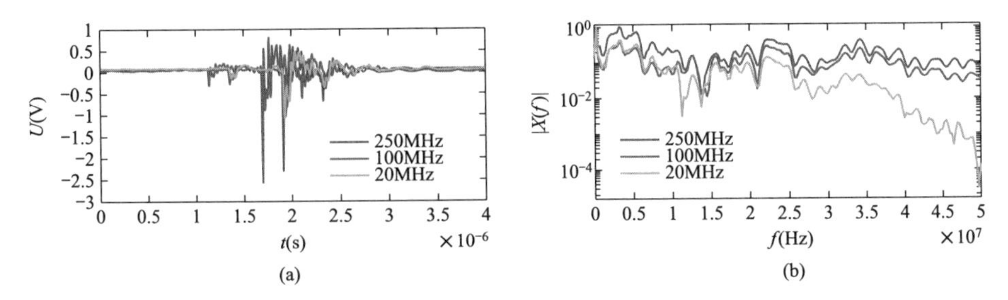

图 2-63　噪声源波形及其频谱图（放电枪-采样率 250MS/s）

（a）示波器采集并去噪后波形；（b）频谱图

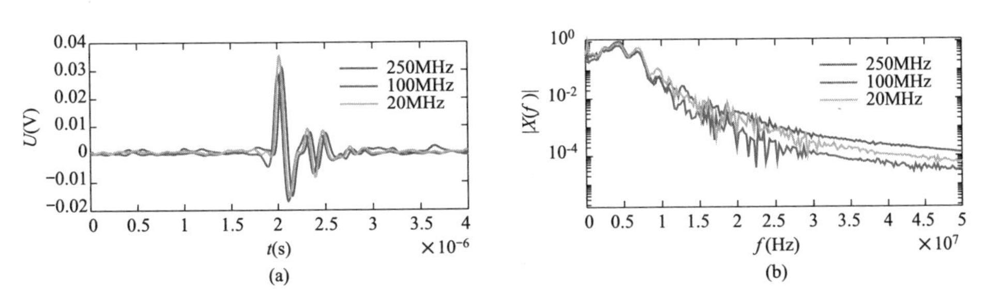

图 2-64　噪声源波形及其频谱图（标定脉冲源-采样率 250MS/s）

（a）示波器采集并去噪后波形；（b）频谱图

它们波形的时域特征如表 2-37 和表 2-38 所示。

表 2-37　　噪声源波形时域特征值（放电枪-采样率 250MS/s）

测量带宽	均方值	上升时间（s）	50%时间（s）	峭度	偏度	裕度因子
20M	0.0146	1.6×10^{-8}	3.72×10^{-7}	21.67	−3.08	21.47
100M	0.0304	3.2×10^{-8}	3.64×10^{-7}	28.72	−3.16	23.26
250M	0.0209	2.8×10^{-8}	3.68×10^{-7}	30.57	−3.48	44.31

表 2-38　　噪声源波形时域特征值（标定脉冲源-采样率 250MS/s）

测量带宽	均方值	上升时间（s）	50%时间（s）	峭度	偏度	裕度因子
20M	2.3×10^{-5}	4.8×10^{-8}	6.8×10^{-8}	29.02	3.80	41.01
100M	1.8×10^{-5}	4.8×10^{-8}	7.6×10^{-8}	23.65	2.69	60.89
250M	2.0×10^{-5}	4.8×10^{-8}	7.2×10^{-8}	27.42	3.54	36.08

（二）同测量带宽不同采样率对噪声源脉冲波形的影响

从脉冲源波形的频谱图来看，标定脉冲源所代表的周期性窄带干扰频谱分量集中在较低的频段，而放电枪所代表的白噪声干扰则在频域中能量分布较平均（现实中的白噪声分布在各个频段上），这也是测量频带对放电枪激发脉冲的测量影响较大的原因。从采样率方面来看，放电枪激发的脉冲波形在采样率较高时会失去平滑性，在整个脉冲波形中充满振荡，这也许是频带和采样频率较高时采集示波器的底噪对波形产生的影响；而相对的标定脉冲源波形频域分量集中在低频段，示波器底噪干扰较低。噪声源波形及其频谱图如图 2-65 和图 2-66 所示。

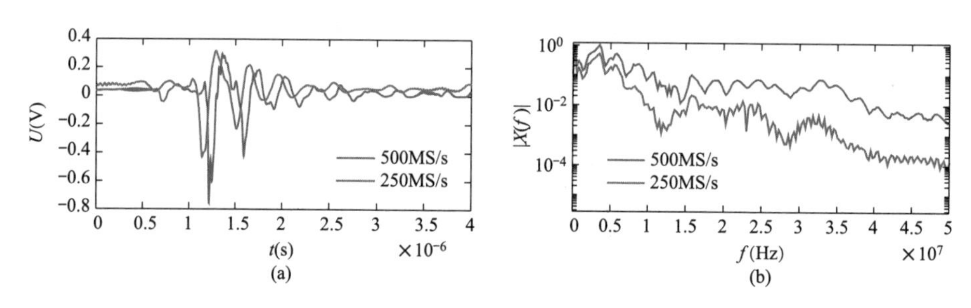

图 2-65　噪声源波形及其频谱图（放电枪-带宽 250MHz）

（a）示波器采集并去噪后波形；（b）频谱图

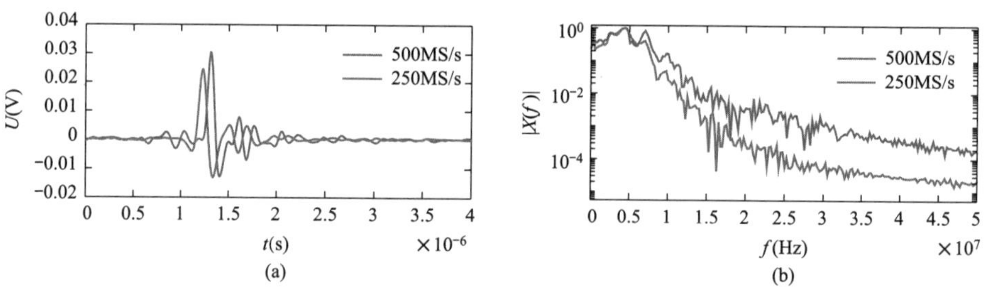

图 2-66　噪声源波形及其频谱图（标定脉冲源-带宽 250MHz）

（a）示波器采集并去噪后波形；（b）频谱图

它们波形的时域特征如表 2-39 和表 2-40 所示。

表 2-39　噪声源波形时域特征值（放电枪-带宽 250MHz）

采样率	均方值	上升时间（s）	50%时间（s）	峭度	偏度	裕度因子
250MS/s	0.0105	3.6×10^{-8}	4×10^{-8}	13.90	−2.23	10.62
500MS/s	0.0120	1.8×10^{-8}	3×10^{-8}	20.73	−3.22	25.48

表 2-40　　噪声源波形时域特征值：(标定脉冲源-带宽 50MHz)

采样率	均方值	上升时间（s）	50%时间（s）	峭度	偏度	裕度因子
250MS/s	1.27×10^{-5}	5.2×10^{-8}	8.0×10^{-8}	25.02	3.10	53.83
500MS/s	1.63×10^{-5}	4.8×10^{-8}	6.8×10^{-8}	30.61	4.04	49.59

参考文献

[1] 阮羚，杜志叶，阮江军，等. 基于多导体传输线模型的局部放电信号沿变压器绕组传播特性研究 [J]. 变压器，2009，46 (4)：34-38.

[2] 成永红，李伟，谢恒. 超宽频带局部放电传感器的研究 [J]. 高电压技术，1998，01：9-11.

[3] 成永红，谢恒堃，李伟，等. 超宽频带范围内局部放电和干扰信号的时频域特性研究 [J]. 电工技术学报，2000，02：20-23.

[4] 王忠东，桂峻峰，谈克雄，等. 局部放电脉冲在单绕组变压器中传播过程的仿真分析 [J]. 电网技术，2003，27 (4)：39-42.

[5] 谢完成，戴瑜兴. 罗氏线圈电子式电流互感器的积分技术研究 [J]. 电测与仪表，2011，48 (5)：10-13.

[6] RAMBOZ J D. Machinable. Rogowski Coil，Design，and Calibration [J]. IEEE Trans. On Instru. & Meas，1996，45 (2)：511-515.

[7] 孙振权，张文元. 电子式电流互感器研发现状与应用前景 [J]. 高压电器，2004，40 (5)：376-378.

[8] 翟小社，林苹，刘光德. Rogowski 线圈在工频电流测量中的应用 [J]. 华北电力大学学报，2002，29 (zl)：145-149.

[9] 巨汉基，朱万华，方广有. 磁芯感应线圈传感器综述 [J]. 地球物理学进展，2010，25 (5)：1870-1876.

[10] 胡涛. 用于变压器在线监测的多功能传感器研究 [D]. 北京：华北电力大学，2016.

[11] MAHONEN P. The Rogowski Coil and The Voltage Divider in Power System Protection and Monitoring [M]. In：CIGRE，Paris，France，1996.

[12] 阮羚，郑重，高胜友，等. 宽频带局部放电检测与分析辨识技术 [J]. 高电压技术，2010，36 (10)：2473-2477.

[13] 王晓蓉，杨敏中，董明，等. 基于神经网络的局部放电脉冲特征参数选择方法 [J]. 电工技术学报，2002，17 (03)：72-76.

[14] 桂峻峰，高文胜，谈克雄，等. 脉冲电流法测量变压器局部放电的频带选择 [J]. 高电压技术，2005，31 (01)：45-46.

[15] 段乃欣，赵中原，邱毓昌，等. XLPE电缆中局部放电脉冲传播特性的实验研究 [J]. 高压电器，2002，38 (04)：16-18.

[16] 廖雁群，惠宝军，夏荣，等. 110kV电缆中间接头及本体典型缺陷局部放电特征分析 [J]. 绝缘材料，2014，47 (05)：60-67.

第三章　交直流耐压试验超宽频带局部放电智能检测和抗干扰技术

超宽频带采集获取的脉冲波形—时间序列，可以使用非线性映射的特征参数提取法进行数据压缩，形成二参数 2D 平面和三参数法 3D 空间，给予直观展示当前序列中是否含有多个脉冲源，从而构建超宽频带检测用脉冲群快速智能聚类和分离技术。在上述基础上，结合现行标准规定的变压器/换流变压器交流、直流耐压局部放电试验程序，可以形成满足工程应用、适用于交直流耐压试验用的局部放电脉冲群智能数据处理和显示技术。

第一节　基于特征参数 2D 平面或 3D 空间的脉冲群快速智能聚类和分离

目前，如图 3-1 所示，大多数检测系统处理局部放电数据的主要流程为：①将峰值—时间序列转换成各种放电谱图；②再对各放电谱图提取统计算子构成放电指纹。

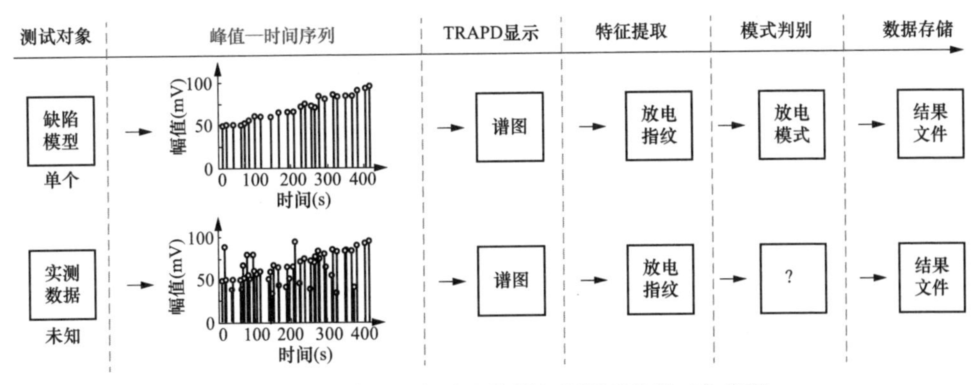

图 3-1　传统直流局部放电检测与识别系统的工作流程

一般情况下，检测系统中样本数据库都是基于单个人工缺陷模型构造的，在获取不同缺陷模型对应的典型放电指纹后，使用人工智能算法训练，建立放电模式判别函数并存储在系统的数据库中。在现场进行实测时，局部放电数据经过上述相同的处理流程后，判别函数给出当前获取数据的放电模式。

然而在对换流变压器绝缘进行在线监测或离线检测时，假定在理想的噪声剔除技术下，基于脉冲峰值—时间序列的检测对于存在多局部放电源时（包含两个），系统获取的局部放电数据将是随机混叠的峰值—时间序列，相应的放电谱图也是随机混叠的。因此，再使用上述方法对局部放电数据进行处理，系统可能无法对实测数据进行准确判别。

在换流变压器的设备绝缘结构中，局部放电脉冲信号经过局部放电源与检测点之间的传输路径所构成的系统是未知的，但该未知系统是确定的。且在短时间内，绝缘老化等其他因素不影响局部放电脉冲信号，局部放电源产生的脉冲信号是“稳定的”。如果使用超宽频带检测（数十兆赫兹及以上），检测阻抗（耦合电阻、罗氏线圈等）获取由同一局部放电源（或同一干扰源）产生的脉冲群在时域波形上具有相似性。此时，如图 3-2 所示，如果将传统的峰值—时间序列检测改为脉冲—时间序列检测，即记录单个电流脉冲及其获取时间点；使用某种数据处理方法将获取的脉冲群进行快速分类（特征提取＋聚类分析），并将具有相似性脉

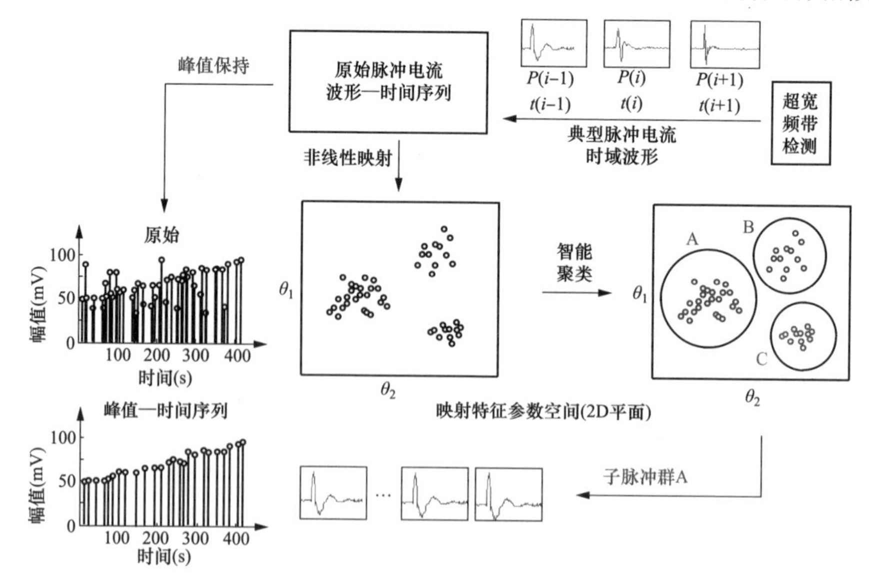

图 3-2　基于超宽频带检测的脉冲群快速智能聚类和分离技术

冲组成的各子类脉冲群转换成相应的峰值—时间序列，进行直流 Q-t 等谱图显示，再按图 3-1 所示流程进行处理，从而与由单个人工缺陷模型构造的放电模式进行对比，与系统数据库中放电模式无关的子脉冲群，可判断为噪声或无效数据。或者，分类结果与加压前后等工况、以及历史数据库数据下进行对比分析，这样，可以对现场存在干扰源工况的多局部放电源进行检测和噪声源分离。使得该系统不仅解决了峰值—时间序列的混叠问题，而且可以对存在干扰的多局部放电源进行分类和放电模式识别。

由上述分析可以得出，基于超宽频带检测的脉冲群快速智能聚类和分离技术由脉冲波形特征参数提取、脉冲群聚类分析和子脉冲群重组与表征三部分组成，如图 3-3 所示。下面对三部分的研究内容进行详细阐述。

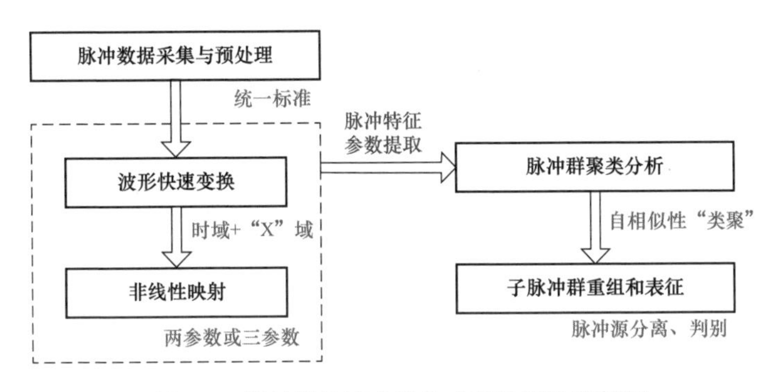

图 3-3　脉冲群快速分类技术的数据处理框图

一、脉冲波形特征参数提取

脉冲波形特征参数提取为将脉冲波形转换为一组（两个或三个）具有明显物理意义或者统计意义的特征参数，并在二维（2D）平面或者三维（3D）空间特征参数谱图上展示，用于直观反映当前脉冲波形—时间序列中包含局部放电源和/或噪声源的数量。

（一）基于非线性映射的一般方法

无论是分类或是识别，特征的选择和提取始终是最关键的问题之一，同时也是最困难的问题之一。对于不同的目标分类或识别问题，需要采用不同的特征选择或提取方法。对一类问题很有效的特征，不一定对其他问题也有效，即根据具体的应用领域选择不同的特征提取方法。局部放电脉冲群以及测量过程中出现的干扰脉冲群，存在极大的不确定性和随机性，因此，无法对该分类问题进行特征参数选择。本节主要研究适用于局部放电脉冲波形的特征参数提取方法，即借助于数学方法进行二次特征提取来表征脉冲波形，从而实现脉冲群的快速分类。

美国锡拉丘兹大学的萨蒙（Sammon）于 1969 年提出的非线性映射方法在很大程度上克服了聚类分析的不足。非线性映射（变换）是一种几何降维的数学方法，即将高维变量综合为少数几个综合变量，使综合指标能够最大限度地表达原来多个指标的信息。在上述基础之上，非线性映射还能够将高维空间的几何图像变成低维空间中的图像，并且变换后仍能近似地保持原来的几何关系。现阶段非线性映射分析的适用范围非常广泛，它只针对数据，并不考虑其类别，因此引入非线性映射对直流局部放电波形进行特征参数提取。图 3-4 给出了局部放电脉冲波形特征参数快速提取的一般方法，其主要思想是将脉冲时域波形和频域波形（DFT[1] 频谱）通过非线性变换函数 θ 进行参数提取，形成 2D 特征参数平面或 3D 特征参数空间。当选择不同的非线性变换函数 θ 时，可以得到不同的特征参数。

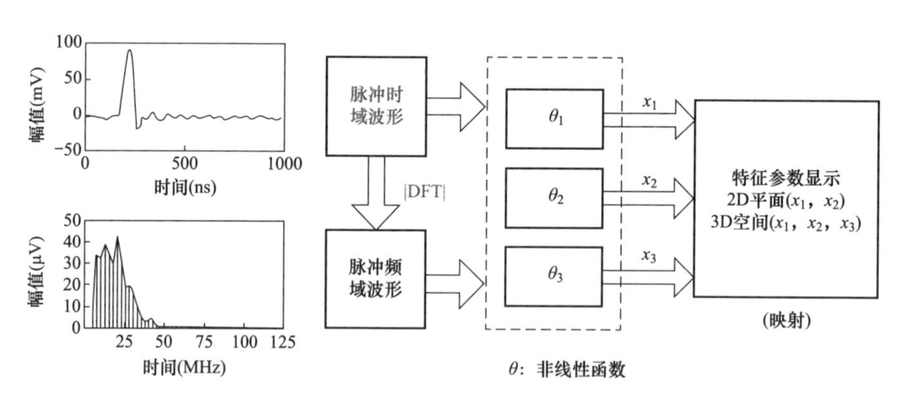

图 3-4　局部放电脉冲波形快速特征提取的一般方法

考虑局部放电数据在线检（监）测中的实时处理，非线性变换 θ 要求满足的特性有：①计算的实时快速性；②与时间记录点无关；③与脉冲的幅值、极性无关；④有一定的物理意义；⑤具有类内聚、类间离的可分离性。

---

[1] DFT：离散傅里叶变换，英文全称为 discrete Fourier transform。

由于目前 PC 机或其他处理器的高性能计算速度，一般算法（变换 θ）均满足特性①；特性②表明变换 θ 只针对脉冲波形数据间的相对时间，不涉及其绝对记录时间；特性③是对交流下局部放电脉冲的要求（由于其极性翻转，同一试验电压下存在两种极性电流脉冲波形），而直流下只具有单极性，因此只需要求与脉冲幅值无关；特性④要求变换 θ 具有一定的物理意义，见下述的时频参数法；特性⑤要求最终形成的特征参数方法具有类内聚、类间离的可分离性，相关的分析方法见类别可分离性判据。

当然，图 3-4 中采用的快速离散傅里叶变换（DFT）也可以寻求其他变换方法替代，比如希尔伯特变换（Hilbert transform，HT）、快速梅林变换（fast Mellin transform，FMT）和小波变换（wavelet transform，WT）等。下面介绍借助于 DFT 用于实现直流局部放电脉冲群快速分类技术的时频散布参数法、时频自相关参数法和时频熵参数法。

（二）时频参数法

1. 时频散布参数法

同时表征脉冲信号 $p(t)$ 时域和频域特征的简单方法是用信号的均值和散布来表示，即把 $|p(t)|^2$ 及其频谱 $|P(f)|^2$ 看作概率密度，观察其均值和标准差来分析信号的时域和频域特征，其相关参数分别定义为

$$\begin{cases} t_0 = \int_{-\infty}^{+\infty} t\,|p(t)|^2 \mathrm{d}t / E_\mathrm{p} \\ f_0 = \int_{-\infty}^{+\infty} f\,|P(f)|^2 \mathrm{d}f / E_\mathrm{p} \\ T^2 = 4\pi\int_{-\infty}^{+\infty} (t - t_0)^2\,|p(t)|^2 \mathrm{d}t / E_\mathrm{p} \\ F^2 = 4\pi\int_{-\infty}^{+\infty} (f - f_0)^2\,|P(f)|^2 \mathrm{d}f / E_\mathrm{p} \end{cases} \tag{3-1}$$

式中：t_0 为信号的时间均值；f_0 为信号的频率均值；T 为信号的时间散布；F 为信号的频率散布；E_p 为信号的能量。

则在时频散布平面内，信号可以用其平均位置（t_0，f_0）和一个面积正比于时间散布和频率散布乘积（$T\times F$）的能量聚集区域表征出来。乘积 $T\times F$ 具有下

限，即 $T\times F\geqslant 1$，这个限制条件就是测不准原理。

对采集获取的单个脉冲波形 $p_j(t)$ 及其 DFT 频谱 $P_j(f)$ 作如下处理

$$\begin{cases} T_0^j=\sum_{i=0}^{n-1} t_i \cdot p_j^2(t_i)/\sum_{i=0}^{n-1} p_j^2(t_i) \\ F_0^j=\sum_{i=0}^{n/2-1} f_i \cdot P_j^2(f_i)/\sum_{i=0}^{n/2-1} P_j^2(f_i) \\ (T_j)^2=\sum_{i=0}^{n-1}(t_i-T_0^j)^2 \cdot p_j^2(t_i)/\sum_{i=0}^{n-1} p_j^2(t_i) \\ (F_j)^2=\sum_{i=0}^{n/2-1}(f_i-F_0^j)^2 \cdot P_j^2(f_i)/\sum_{i=0}^{n/2-1} P_j^2(f_i) \end{cases} \tag{3-2}$$

式中：j 为脉冲群中第 j 个脉冲；n 为脉冲波形的记录点数；t_i 为脉冲波形第 i 点对应时间；f_i 为脉冲波形频谱第 i 点对应频率成分。

利用式（3-2），先计算脉冲波形信号 $p_j(t)$ 的时间均值 T_0^j 和频率均值 F_0^j；再分别求取脉冲波形信号在时域和频域的散布 T_j 和 F_j，这里称之为时间散布和频率散布。由式（3-2）对所有脉冲波形进行特征提取后，即可得到脉冲群在 2D 时频散布参数平面内的特征向量分布图（T_j，F_j），$j=1$，2，…，N，N 为脉冲个数。同样，可以得到脉冲群在 3D 时频散布参数空间内的特征向量分布图（T_j，F_j，TF_j），$j=1$，2，…，N，其中 $TF_j=T_j\times F_j$ 为时频散布积。

2. 时频自相关参数法

PD 脉冲波形 $p(t_k)$，$k=0$，2，…，$n-1$，可视为随机信号，其自相关函数可表示为：

$$r(m)=\sum_{k=0}^{n-1} p(t_k)p(t_{k+m})/n \tag{3-3}$$

对采样点数为 n 的脉冲波形进行自相关计算，可得到对于零点对称的 $2n-1$ 点自相关函数值。对不同的放电脉冲波形，可以选择某些自相关函数值来表征其特征参数，从而用于分类。

同样，对单个脉冲波形 $p_j(t)$ 及其 DFT 频谱 $P_j(f)$ 作如下处理

$$
\begin{cases}
r_t^j(0)=\sum_{k=0}^{n-1} p_j(t_k)p_j(t_k)/n \\
r_f^j(0)=2\sum_{k=0}^{n/2-1} P_j(f_k)P_j(f_k)/n \\
r_t^j(m)=\sum_{k=0}^{n-1} p_j(t_k)p_j(t_{k+m})/r_t^j(0)/n \\
r_f^j(m)=2\sum_{k=0}^{n/2-1} P_j(f_k)P_j(f_{k+m})/r_f^j(0)/n
\end{cases}
\tag{3-4}
$$

式中：m 为延迟量，可取 1 或 2。

式（3-4）先计算脉冲波形信号 $p_j(t)$ 的时域和频域的自相关参数最大值 $r_t^j(0)$ 和 $r_f^j(0)$；再分别求取脉冲波形信号在时域和频域的自相关参数 r_t^j 和 r_f^j，这里称之为时域自相关和频域自相关。由式（3-4）对脉冲群中所有的脉冲波形进行特征提取后，即可以得到脉冲群在 2D 时频自相关参数平面内的特征向量分布图（r_t^j，r_f^j），$j=1$，2，…，N，N 为脉冲个数。同样，可以得到脉冲群在 3D 时频自相关参数空间内的特征向量分布图（r_t^j，r_f^j，r_{tf}^j），$j=1$，2，…，N，其中定义 $r_{tf}^j=r_t^j\times r_f^j$ 为时频自相关乘积。

3. 时频熵参数法

局部放电脉冲信号是非平稳信号，可以求取信息熵对其进行描述。信息熵表征了信源整体的统计特性，是整体的平均不确定性量度。对于某一特定的信源（可理解为信号源），其信息熵唯一，不同的信源，因统计特性不同，其熵也不同。由于著名的香农（Shannon）信息量不能用于可能取负值的某些分布，因此必须引入允许分布为负值的广义信息量，即瑞丽（Renyi）信息量，其定义为

$$
Ri_x^m=\log_2\left[\int_{-\infty}^{+\infty} P^m(x)\,\mathrm{d}x\right]/(m-1) \tag{3-5}
$$

式中：m 为信息量的阶次，$m=1$ 时的一阶 Renyi 信息量退化为 Shannon 信息量。

那么假定脉冲波形 $p_j(t)$ 是时间变量 t 的概率密度分布；而其 DFT 频谱 $P_j(f)$ 是频率变量 f 的概率密度分布，则可以选择变量的信息量作为脉冲波形的特征参数。

再次，对单个脉冲波形 $p_j(t)$ 及其DFT频谱 $P_j(f)$ 也可作如下处理

$$\begin{cases} Ri_t^j(m)=\log_2\left[\sum_{i=0}^{k}(t_i-T_0^j)^m \cdot p_j^m(t_i)/\sum_{i=0}^{k}p_j^m(t_i)\right]/(m-1) \\ Ri_f^j(m)=\log_2\left[\sum_{i=0}^{k/2}(f_i-F_0^j)^m \cdot P_j^m(f_i)/\sum_{i=0}^{k/2}P_j^m(f_i)\right]/(m-1) \end{cases} \tag{3-6}$$

式中：m 为阶数。

式（3-6）同样先计算脉冲波形信号 $p_j(t)$ 的时间均值 T_0^j 和频率均值 F_0^j［见式（3-2）］；再分别求取脉冲波形信号在时域和频域的 m 阶信息量 $Ri_t^j(m)$ 和 $Ri_f^j(m)$，这里称之为时域熵和频域熵。由式（3-6）对脉冲群中所有的脉冲波形进行特征提取后，即可以得到脉冲群在2D时频熵面内的特征向量分布图（Ri_t^j，Ri_f^j），$j=1$，2，…，N，N 为脉冲个数。同样，可以得到脉冲群在3D时频熵空间内的特征向量分布图（Ri_t^j，Ri_f^j，Ri_{tf}^j），$j=1$，2，…，N，其中定义 $Ri_{tf}^j=Ri_t^j\times Ri_f^j$ 为时频熵乘积。

（三）脉冲群仿真分析

1. 脉冲波形模型

由理论和实际工况表明：局部放电电流脉冲信号从局部放电点传播到传感器的过程中会产生很大的衰减和振荡，从而使检测到的波形与局部放电电流脉冲实际波形相差很大。根据IEEE和CIGRE报告，这类信号可以采用如下指数衰减振荡模型来表示。

（1）单指数衰减和单指数衰减振荡波形可表示为

$$P_1(x)=A_1e^{-t/\tau_0}，P_2(x)=A_2e^{-t/\tau_0}\sin2\pi f_{c1}t \tag{3-7}$$

（2）双指数衰减和双指数衰减振荡波形可表示为

$$P_3(x)=A_3(e^{-t/\tau_1}-e^{-t/\tau_2})，P_4(x)=A_4(e^{-t/\tau_1}-e^{-t/\tau_2})\sin2\pi f_{c2}t \tag{3-8}$$

式中：A 为脉冲幅值；τ 为衰减系数；f_c 为振荡频率。

式（3-7）和式（3-8）所示模型的仿真电流脉冲波形如图3-5所示，脉冲A为单指数衰减波形，脉冲B为双指衰减波形，脉冲C为单指数衰减振荡波形。传感器检测获取实际放电源在某一特定条件下产生的脉冲群，其脉冲波形幅值、衰减

系数和振荡频率等都具有一定的随机性（分散性），可通过同时控制参数 A、τ 和 f_c 来进行模拟仿真。本节基于随机模拟法，结合式（3-7）和式（3-8）所示指数衰减模型产生三类仿真脉冲群，分别代表来自于换流变压器内部局部放电源（A）、外部电晕源（B）和随机噪声源（C），从而作为进行参数提取实验的样本数据。

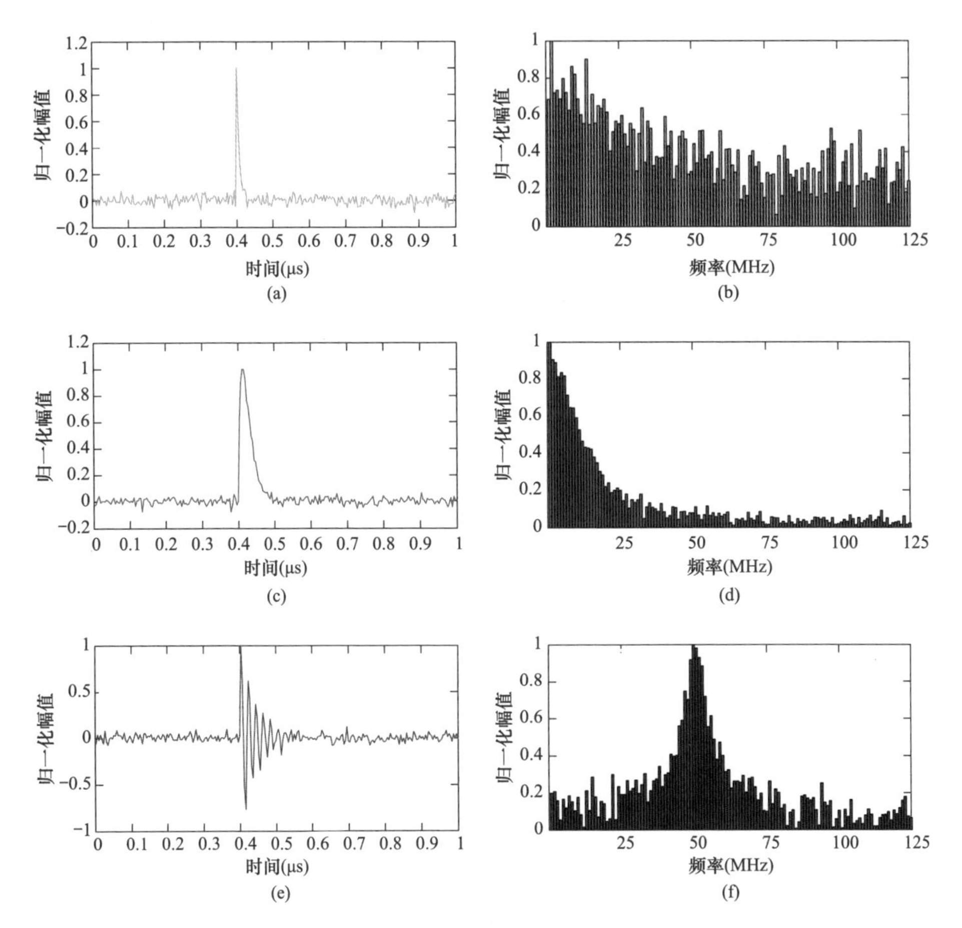

图 3-5　仿真电流脉冲波形信号（采样率 250MS/s）

（a）脉冲 A 时域波形，代表内部局部放电源；（b）脉冲 A 频域波形，代表内部局部放电源；（c）脉冲 B 时域波形，代表外部电晕源；（d）脉冲 B 频域波形，代表外部电晕源；（e）脉冲 C 时域波形，代表随机噪声源；（f）脉冲 C 频域波形，代表随机噪声源

2．基于随机模拟法的仿真脉冲群

随机模拟（random simulation）法，有时也称作随机抽样（random sampling）法。其基本思想是：为了求解数学、物理以及工程技术等方面的问题，将符合一定概率分布的大量随机数作为参数输入数学模型，求出所关注变量的概率

分布，从而了解不同变量对目标变量的综合影响以及目标变量最终结果的统计特性。其基本原理可简单描述如下：假定函数 $y=f(x_1, x_2, \cdots, x_n)$，随机模拟法利用一个随机数发生器生成一组样本值 $(x_{1i}, x_{2i}, \cdots, x_{ni})$，然后按 $y=f(x_1, x_2, \cdots, x_n)$ 的关系式确定函数的值 $y_i=f(x_{1i}, x_{2i}, \cdots, x_{ni})$。反复独立抽样（模拟）多次 $i=1, 2, \cdots, k$，便可得到函数的一组抽样数据 $(y_1, y_2, \cdots, y_k)$。当模拟次数足够多时，便可给出与实际情况相近的函数 y 的概率分布与其数字特征。应用随机模拟方法的前提是：要确定目标变量的数学模型以及模型中各个变量的概率分布。如果确定了这两点，就可以按照给定的概率分布生成大量的随机数，并将它们代入模型，得到大量目标变量的可能结果，从而可以研究目标变量的各种特性。

以双指数衰减振荡波形模型为例，基于随机模拟法的仿真脉冲群生成方法表示为

$$P_4(x)=(A_4+\xi_1)(e^{-t/(\tau_1+\xi_2)}-e^{-t/(\tau_2+\xi_3)})\sin 2\pi(f_{c2}+\xi_4)t \tag{3-9}$$

式中，ξ 为定义在幅值区间 $[a, b]$ 上均匀分布的随机变量，例如，参数 ξ_1 对应的幅值区间 $[a_1, b_1]$ 设置决定与幅值参数 A_1，其他类似，其密度函数定义为

$$f(\xi)=\begin{cases}1/(b-a), & a\leqslant\xi<b\\0, & \text{其他}\end{cases} \tag{3-10}$$

基于随机模拟法，结合式（3-7）和式（3-8）所示模型产生的 4 类加噪仿真脉冲群如图 3-6 所示，加噪仿真脉冲群的信噪比（source-noise ratio，SNR）分布如图 3-7 所示。

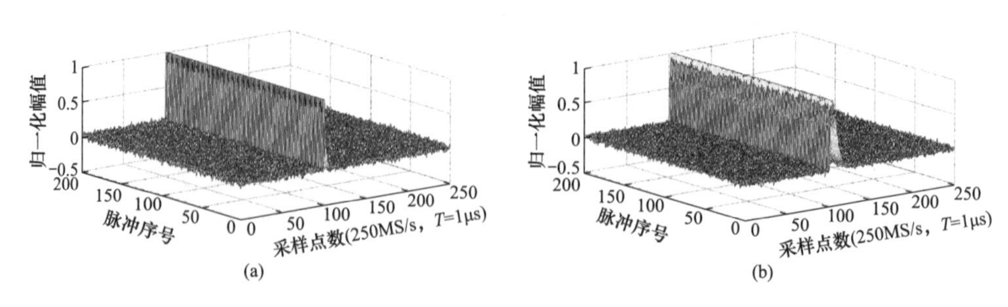

图 3-6 基于随机模拟法的三类加噪仿真脉冲群（一）

（a）类 A 代表内部局部放电源；（b）类 B 代表外部电晕源

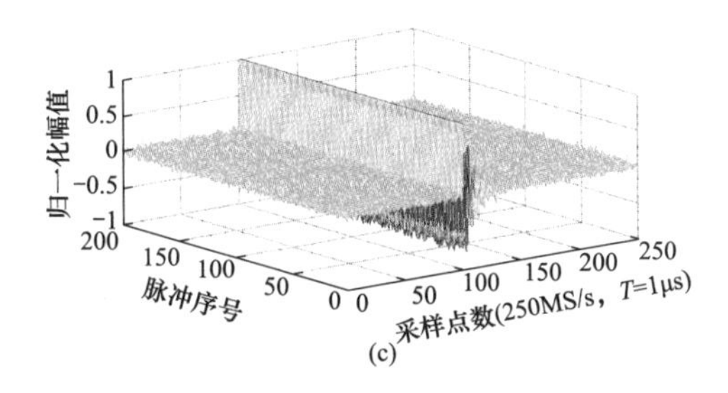

图 3-6 基于随机模拟法的三类加噪仿真脉冲群（二）

(c) 类 C 代表随机噪声源

这里不研究目标变量（仿真脉冲群）的统计特性，而是利用目标变量模拟某一实际直流局部放电源或干扰源可能产生的脉冲群。

图 3-6 所示三类加噪仿真脉冲群（A、B 和 C），分别代表换流变压器内部局部放电源、外部电晕源和随机噪声源。使用基于 2D 特征参数平面和 3D 特征参数空间的时频散布参数法、时频自相关参数法和时频熵参数法，得到相应的特征参数分布如图 3-7 所示。图 3-7 所示直观的数据结构分布，表明该三类加噪仿真脉冲群在相应的特征参数平面上或空间内均是完全可分的——类内距离小、类间距离大。改变式（3-9）和式（3-10）所示模型参数，基于随机模拟法的仿真脉冲群参数提取实验，同样得到了大量的与图 3-7 类似的特征参数分布结果，这里不再给出。该实验结果表明提出的基于 DFT 的时频特征参数快速提取方法具有所期望的分类性能，适合用于构造基于超宽频带检测的脉冲群快速智能聚类和分离技术。

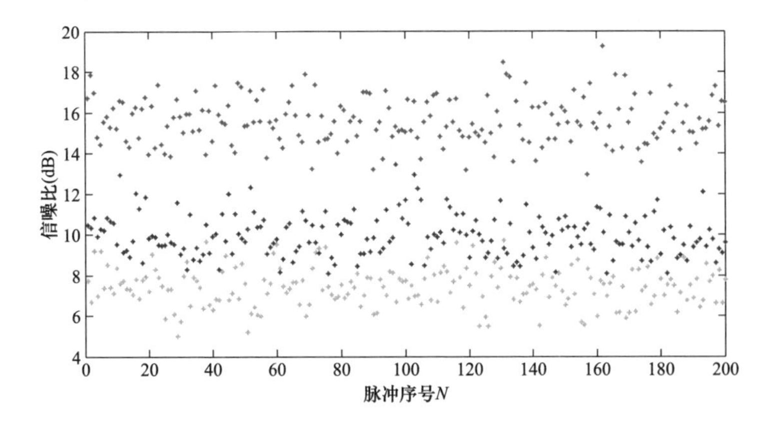

图 3-7 图 3-6 中三类加噪仿真脉冲群的 SNR 分布

3. 特征参数提取方法性能分析

对于同一类特征构成的特征集合 $\{\sigma_i\}[i=1, 2, \cdots, k]$；2D 特征参数提取时，集合元素 $\{\sigma_i\}=(\sigma_{1i}, \sigma_{2i})$；3D 特征参数提取时，集合元素 $\{\sigma_i\}=(\sigma_{1i}, \sigma_{2i}, \sigma_{3i})$]，其类内距离是衡量模式可分性的重要指标之一。类内距离平方定义为该集合内各特征向量间距离均值，即

$$D_{i,j}^2(\{\sigma_i\},\{\sigma_j\})=\sum_{i=1}^{k}\sum_{j=1}^{k}D^2(\sigma_i,\sigma_j)/[k(k-1)] \tag{3-11}$$

式中：$D^2(\sigma_i, \sigma_j)$ 为集合个体 $\{\sigma_i\}$ 和 $\{\sigma_j\}$ 在特征参数 2D 平面上或 3D 空间内的距离。

以 3D 空间为例，$D^2(\sigma_i, \sigma_j)$ 可表示为

$$D^2(\sigma_i,\sigma_j)=(\sigma_{1i}-\sigma_{1j})^2+(\sigma_{2i}-\sigma_{2j})^2+(\sigma_{3i}-\sigma_{3j})^2 \tag{3-12}$$

对于两类特征集合 $\{\sigma_i^1\}(i=1, 2, \cdots, k^1)$ 和 $\{\sigma_i^2\}(i=1, 2, \cdots, k^2)$，其中 $\{\sigma_i^1\}\in$A 类，$\{\sigma_i^2\}\in$B 类，则 A 类和 B 类之间距离的平方定义为

$$D_{i,j}^2(\{\sigma_i^1\},\{\sigma_j^2\})=\sum_{i=1}^{k^1}\sum_{j=1}^{k^2}D^2(\sigma_i^1,\sigma_j^2)/(k^1k^2) \tag{3-13}$$

式中：$D^2(\sigma_i^1, \sigma_j^2)$ 为两类集合个体 $\{\sigma_i^1\}$ 和 $\{\sigma_i^2\}$ 在特征参数 2D 平面上或 3D 空间内的距离，其定义类似于式（3-12）。

仿真脉冲群特征参数提取结果如图 3-8 所示。

由式（3-11）和式（3-13）定义可见，如果某种特征参数提取方法能够使得类间距离较大，类内距离较小，则称这种特征参数提取方法对该类数据样本是较优的。把类内距离和类间距离统一起来，定义可分性测度为

$$J_{\mathrm{A,B}}^{D^2}=\frac{D_{i,j}^2(\{\sigma_i^1\},\{\sigma_j^2\})}{D_{i,j}^2(\{\sigma_i^1\},\{\sigma_j^1\})+D_{i,j}^2(\{\sigma_i^2\},\{\sigma_j^2\})} \tag{3-14}$$

它可作为衡量两类间可分性的一个决定性指标。$J_{\mathrm{A,B}}^{D^2}$ 越大，表示 A 类和 B 类间的可分性越好；$J_{\mathrm{A,B}}^{D^2}$ 越小，表示 A 类和 B 类间的可分性越差。一般情况下，$J_{\mathrm{A,B}}^{D^2}>1$ 表示具有较好的可分性；而 $J_{\mathrm{A,B}}^{D^2}<1$ 则表示可分性较差。

图 3-6 所示三类仿真脉冲群（A、B 和 C）对应图 3-8 所示的 2D 和 3D 特征参数提取实验结果，分别应用类别可分离性判据得到的各特征参数提取方法的性能

指标如表 3-1～表 3-3 所示。

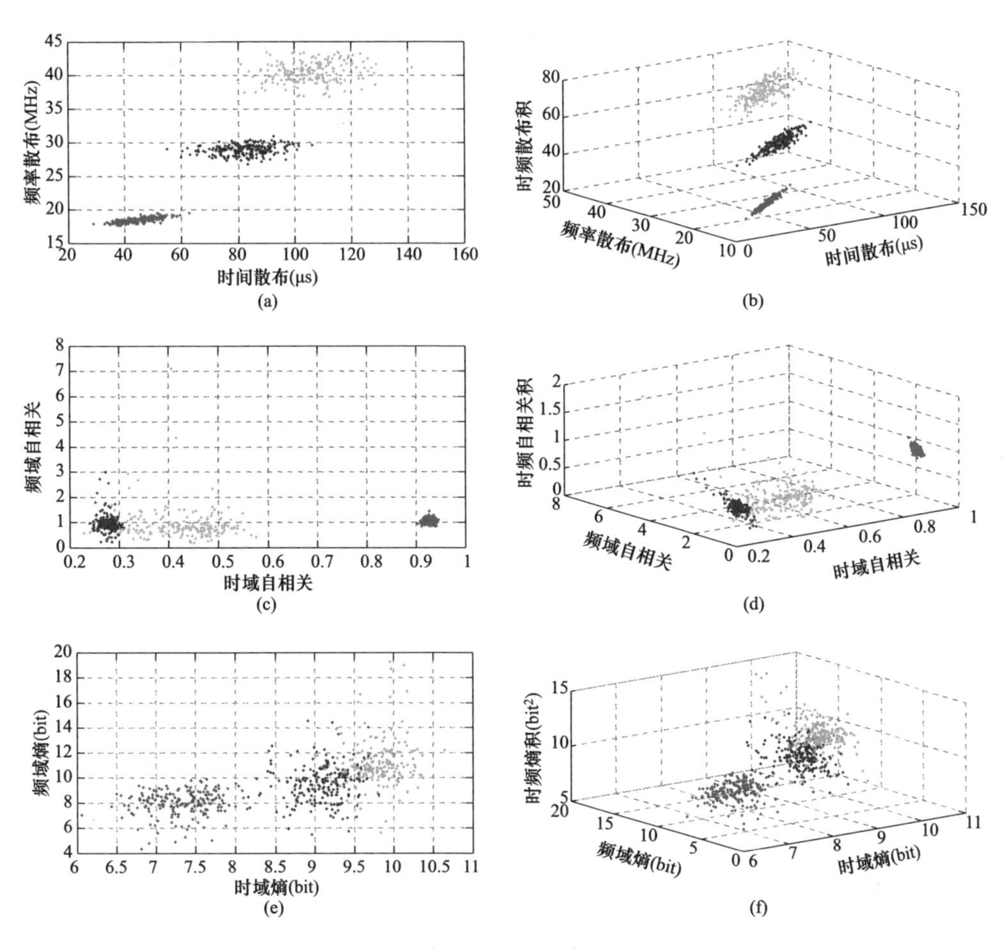

图 3-8　仿真脉冲群特征参数提取结果

（a）2D 时频散布参数分布；（b）3D 时频散布参数分布；（c）2D 时频自相关参数分布；（d）3D 时频自相关参数分布；（e）2D 时频熵参数分布；（f）3D 时频熵参数分布

表 3-1　　时频散布参数法可分性性能指标参数

脉冲群		A（2D，3D）		B（2D，3D）		C（2D，3D）	
类内类间距离	A	2.43	3.464				
	B	43.479	69.566	0.505	0.678		
	C	10.128	16.554	18.457	27.662	1.502	0.678
可分性测度	A			14.814	16.795	2.576	3.997
	B	14.814	16.795			9.196	20.400
	C	2.576	3.997	9.196	20.400		
均值		11.069			13.731		

表 3-2　　时频自相关参数法可分性性能指标参数

脉冲群		A（2D，3D）		B（2D，3D）		C（2D，3D）	
类内类间距离	A	0.949	1.323				
	B	7.538	9.861	1.192	1.596		
	C	2.656	3.646	4.989	6.502	1.174	1.61
可分性测度	A			3.521	3.378	1.251	1.243
	B	3.521	3.378			2.109	2.028
	C	1.251	1.243	2.109	2.028		
均值		2.579			2.216		

表 3-3　　时频熵参数法可分性性能指标参数

脉冲群		A（2D，3D）		B（2D，3D）		C（2D，3D）	
类内类间距离	A	0.676	0.912				
	B	1.69	2.383	0.902	1.264		
	C	1.56	2.089	2.052	2.899	0.781	1.05
可分性测度	A			1.071	1.095	1.071	1.065
	B	1.071	1.095			1.219	1.253
	C	1.071	1.065	1.219	1.253		
均值		1.170			1.138		

表 3-1～表 3-3 所示分析结果均表明基于 2D 特征参数平面和 3D 特征参数空间的时频散布参数法、时频自相关参数法和时频熵参数法均具有较好的可分性，其中 3D 时频散布参数法性能最优，而 2D 时频熵参数法性能略差。

二、脉冲群快速智能聚类和分离

脉冲群聚类分析通常指在脉冲波形—时间序列对应的特征参数谱图上，将脉冲群分组为“自相似的”（即具有“类聚”特性的）若干子脉冲群的分析过程。目标就是在相似的基础上收集数据来分离局部放电源和/或噪声源形成的脉冲波形—时间（相位）序列。通常为了提高聚类分析的准确性，一般采用人工判别确定分类数量的前提下，使用模糊 C 均值（fuzzy-C means，FCM）等无监督聚类分析或人工手动聚类方法。

（一）无监督聚类分析

1. 基于模糊 C 均值聚类

随着计算机的应用和发展，基于目标函数的模糊聚类算法成为广大学者的研究热点，其中非监督的模糊 C 均值（FCM）聚类的理论最为完善，其算法具有高效性和优越性。考虑局部放电脉冲群实用快速分类技术用于直流多局部放电源检测与模式识别系统的研制，以及经过大量交流局部放电实测数据的分类实验，将 FCM 聚类应用于直流局部放电脉冲群的快速分类。

FCM 聚类是通过对目标函数的迭代优化来获取数据集的模糊分类，目标函数为样本到聚类中心的距离平方和，然后采用目标函数进行聚类。其算法为：将样本空间 $P=(p_1, p_2, \cdots, p_N)$ 中的 N 个样本分为 b 类，即

$$R=(r_{ij}),\quad i=1,2,\cdots,N;\ j=1,2,\cdots,b$$

其中，R 为分类结果；r_{ij} 为样本 p_i 对第 j 类的隶属度。

FCM 算法的聚类准则是各样本到各聚类中心的加权距离平方和最小，即求 $O_{FCM}(R, V)$ 的最小值。定义目标函数

$$O_{FCM}(R,V)=\sum_{i=1}^{N}\sum_{j=1}^{b}r_{ij}^{m}d_{ij}^{2} \tag{3-15}$$

$$V=(v_j)$$

$$m\in(1,\infty)$$

式中：V 为聚类中心；d_{ij} 为距离测度，表示样本 p_i 和聚类中心 v_j 之间的距离；m 为影响聚类模糊度的加权指数。

通过对目标函数的迭代来获取对数据集的模糊分类，迭代函数为

$$\begin{cases} v_j=\sum_{i=1}^{N}r_{ij}^{m}p_i\Big/\sum_{i=1}^{N}r_{ij}^{m} \\ u_{ij}=\left[\sum_{k=1}^{b}\left(\dfrac{p_i-v_j}{p_i-v_k}\right)^{\frac{2}{m-1}}\right]^{-1} \end{cases},\quad k=1,2,\cdots b \tag{3-16}$$

在确定聚类数 b 和加权指数 m 的基础上，初始化隶属度矩阵 $U=(u_{ij})$；由式（3-15）求目标函数，确定分类结果 $R^{(n)}$（n 为迭代次数）；计算 $\|R^{(n)}-R^{(n+1)}\|\leqslant\varepsilon$，迭代计算到满足要求为止。

加权指数 m 又称为平滑因子，控制着模式在模糊类间的分享程度。因此，要实现模糊聚类就必须选定一个合适的 m，然而最佳 m 的选取目前尚缺乏理论指导。从聚类有效性的实验研究中得到 m 的最佳选取区间为 [1.5，2.5]，在不做特殊要求下可取区间中值 $m=2$；相关文献给出一个经验范围，即 $1\leqslant m\leqslant 5$，后又

从物理解释上得出 $m=2$ 时最有意义；也有文献从算法收敛性角度着手，得出 m 的最佳取值与样本数目 n 有关的结论，建议 m 的取值要大于 $n/(n-2)$。依据以上的研究结果，本书确定 FCM 聚类算法中的加权指数 $m=2$。

对于处于高维空间中的样本数据，FCM 中的聚类数 b 一般是不可预知的。因此，如何得到最佳聚类数 b 是众多学者所关心的问题。目前，许多学者提出了各种分类准则，如犹他州立大学贝兹德克（Bezdek）提出的准则函数 v_{PC} 和 v_{PE}，东京工业大学的福山（Fukuyama）和关野（Sugeno）的 v_{FS}，韩国科学技术院金大中（Dae-Won Kim）的 v_{OS} 等。他们根据不同的分类准则采用自组织迭代技术或是遗传算法得到最优分类。但在计算时，必须事先设定最大分类数后再利用穷举法选定最佳分类数。显然，穷举法在数据点比较少时是可行的，但当数据点很大时穷举几乎是不可能的，况且如何确定最大分类数至今也没有一般理论依据和实施方法。

针对上述情况，以及提出的脉冲群特征参数提取技术的自身特性（图 3-8 所示处理特征参数提取结果可以显示脉冲群波形的 2D 或 3D 特征向量分布），提出采用人工干预法对脉冲群聚类数 b 进行确定。人工干预确定聚类数 b 的方法即观察 2D 或 3D 的特征向量分布情况，从而确定聚类数 b。由于大量的试验数据表明，提出的脉冲群特征参数提取技术能够使得不同脉冲群的特征分布为类间距离大，而类内距离小。因此，一般情况下，不同类的脉冲群特征向量分布之间会有明显的分界线。据此，可确定聚类数 b，例如图 3-8 所示特征参数分布可确定 $b=3$。

2. 基于竞争学习网络

竞争学习网络（competitive learning network，CLN）是一种无监督神经网络，其映射过程是通过竞争学习完成的。学习过程中，只需向网络提供学习样本，而无需提供目标输出。网络根据输入样本的特性进行自组织映射，对样本进行自动分类。与传统的模式聚类方法相比，它所形成的聚类中心能映射到一个曲面或平面上，并且保持拓扑结构不变。

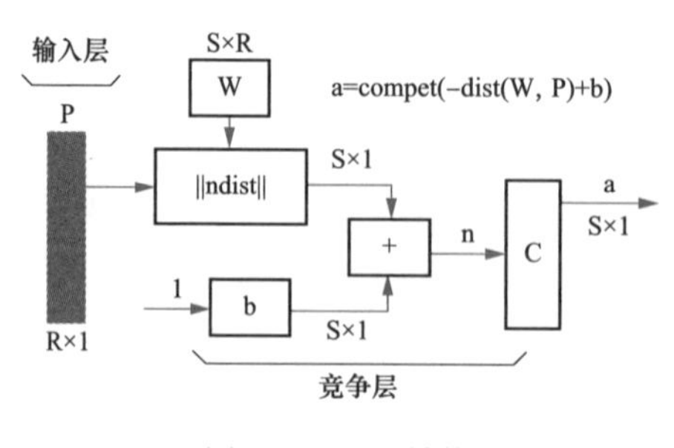

图 3-9　CLN 结构

CLN 结构如图 3-9 所示，其由输入层和竞争层组成。输入层用于接收学习样本，而竞争层次完成对学习样本进行分类。两个层次的神经元进行全互连连接，即一层次的每个神经元与另一层次的每个神经元均连接。在竞争层次中，神经元之间相互竞争，最终只有一个或几个神经元活动，以适应当前的输入样本。接收到的输入值最大的一个神经元为竞争获胜，它被称为激活，其输出值为 1，其余神经元都被抑制，它们的输出值都为 0。竞争胜利的神经元就代表了当前的输入样本的分类模式。竞争网络采用 Kohonen 训练规则。每进行一步竞争学习，就是对竞争层中竞争获胜的神经元相连接的输入权值作一次修正。只有竞争胜利的神经元才修改相应的权值。假设第 i 个神经元对第 j 个输入向量获胜，在学习率 α 下，对应的权值调整公式为

$$ {}_iW(j)={}_iW(j-1)+\alpha[P(j)-{}_iW(j\text{-}1)] \tag{3-17}$$

同上述 FCM 聚类算法一样，CLN 聚类分析同样需要根据局部放电脉冲群在特征参数平面或空间内的分布，人工确定聚类数 b。

（二）人工手动聚类分析

工程技术人员依据 2D 平面上的特征参数分布情况，基于开发的软件算法模块在显示控件上拖拉鼠标设置极限坐标对，直接快速得到所关心区域内包含的子脉冲群。

基于 2D 特征参数平面的人工手动聚类算法如图 3-10 所示。

Step1. 根据 2D 特征参数特征分布 $(\sigma_j^1,\sigma_j^2), j=1,\cdots,N$（$N$ 为脉冲个数）确定聚类数 $b, b\geqslant 1$，聚类数 b 同样可以通过程序的波形回放观测功能确定；

Step2. 人工确定第 i 类分布的一对极限坐标 $(X_{\min}^i,Y_{\max}^i)$ 和 $(X_{\max}^i,Y_{\min}^i)$ 或者 $(X_{\min}^i,Y_{\min}^i)$ 和 $(X_{\max}^i,Y_{\max}^i)$，$i=1,\cdots,b$；

Step3. 获取第 i 类分布的下标 $Cluster^i(k), 1\leqslant k\leqslant N$：

```
For i=1 to b
    p_i = 0
    For j=1 to N
        If σ_j^1 > X_min^i and σ_j^1 < X_max^i and σ_j^2 > Y_min^i and σ_j^2 < Y_max^i Then
            Cluster^i(p_i + 1) = j;  p_i = p_i + 1
        Endif
    Next
Next
```

Step4. 根据下标 $Cluster^i(p_i)$ 对脉冲群 $(Pulse(j), t(j)), j=1,\cdots,N)$ 进行分类并显示；

Step5. 对各子类脉冲群进行 2D 特征参数提取或进行波形回放，对分类结果进行验证。

图 3-10　基于 2D 特征参数平面的人工手动聚类算法

人工确定各子类分布的一对极限坐标方法如图 3-10 所示。图 3-10 所示脉冲群

的 2D 时频散布参数分布明显分为 2 个子类。因此可确定聚类数 $b=2$。图 3-11 中，点 o_{11} 和点 o_{12} 的坐标值可组成一对极限坐标（$X^i_{\min}$，$Y^i_{\max}$）和（$X^i_{\max}$，$Y^i_{\min}$）；而点 o_{21} 和点 o_{22} 的坐标值也可组成一对极限坐标（$X^i_{\min}$，$Y^i_{\min}$）和（$X^i_{\max}$，$Y^i_{\max}$），很明显坐标值不唯一。具体确定时不同类的极限坐标可以共用。

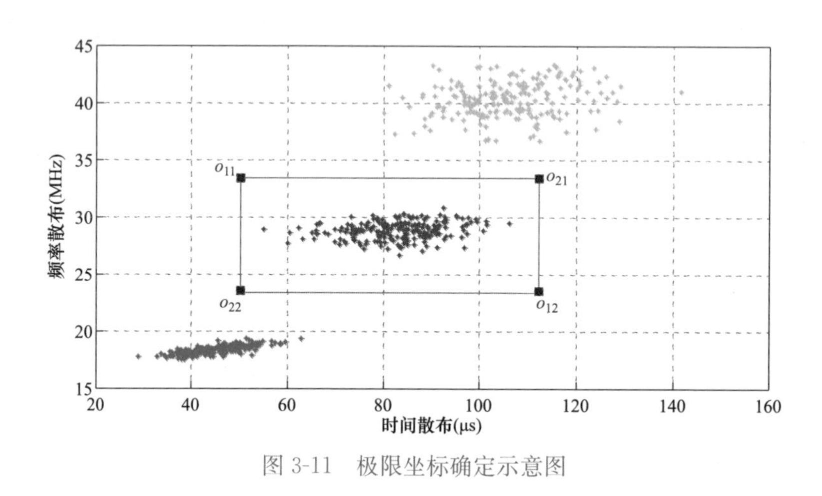

图 3-11　极限坐标确定示意图

第二节　适用于交直流耐压试验用的局部放电脉冲群智能数据处理和显示

一、交直流耐压局部放电试验数据处理需求

目前，变压器/换流变压器交流、直流耐压局部放电试验主要相关的、在执行中的国家标准、行业标准及国网企业标准如表 3-4 所示。

表 3-4　截至目前已颁布的变压器/换流变压器局部放电测试技术标准汇总

类型	标准名称	试验方法、场所	试验对象及加压
国家标准	GB/T 7354《高电压试验技术　局部放电测量》	电流脉冲法，现场或实验室 超宽频带局部放电测量，仅给出了简单描述	电气设备，交流耐压、直流耐压
	GB/T 1094.3《电力变压器　第 3 部分：绝缘水平、绝缘试验和外绝缘空气间隙》	GB/T 7354 的电流脉冲法，现场或实验室	GB/T 1094.1 规定的电力变压器，交流耐压
	GB 18494.2《变流变压器　第 2 部分：高压直流输电用换流变压器》	GB/T 7354 的电流脉冲法，现场或实验室	高压直流输电用三相和单相油浸式变压器，交流耐压、直流耐压

续表

类型	标准名称	试验方法、场所	试验对象及加压
行业标准	DL/T 417《电力设备局部放电现场测量导则》	GB/T 7354 的电流脉冲法，现场或实验室	变压器，交流耐压
	DL/T 1243《换流变压器现场局部放电测试技术》	GB/T 7354 的电流脉冲法，现场	±800kV 及以下换流变压器，交流耐压、直流耐压
	DL/T 1275《1000kV 变压器局部放电现场测量技术导则》	GB/T 7354 的电流脉冲法，现场	1000kV 交流特高压变压器，交流耐压
	DL/T 1999《换流变压器直流局部放电测量现场试验方法》	GB/T 7354 的电流脉冲法，现场	±800kV 及以下单相换流变压器，直流耐压
国网企标	Q/GDW 11218《±1100kV 换流变压器交流局部放电现场试验导则》	GB/T 7354 的电流脉冲法，现场	±1100kV 换流变压器，交流耐压

表 3-4 中 GB/T 7354 定义了局部放电的术语和有关的被测参量，规定了使用的试验回路、测量回路、通用的模拟及数字测量方法，并给出了校准方法及对校准仪器的要求、试验程序、区分局部放电和外界干扰的准则。因此，该标准适用于电气设备、组件或系统在频率 400Hz 及以下的交流电压试验或直流电压试验时产生的局部放电测量。

GB/T 7354 规定的电流脉冲法局部放电检测（见图 3-12）可分为宽带和窄带测量两种，也是表 3-4 中其他标准执行参照的方法，即所谓的常规电流脉冲法，其宽带检测法的下限检测频率 f_1 为 30～100kHz，上限检测频率 $f_2 \leqslant$1MHz，检测频带 Δf 宽度为 100～900kHz，具有脉冲分辨率高、信息相对丰富的优点，但信噪比低；窄带检测法的频带宽度 Δf 较小，一般为 9～30kHz，中心频率 f_m

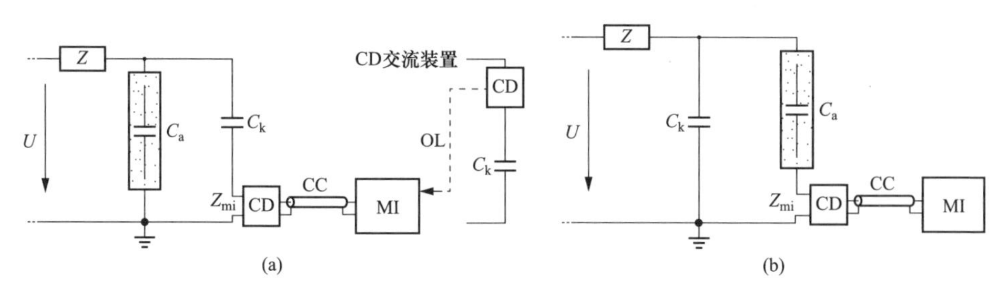

图 3-12　电流脉冲法局部放电试验检测回路示例（一）

（a）耦合装置与耦合电容器串联；（b）耦合装置与试品串联

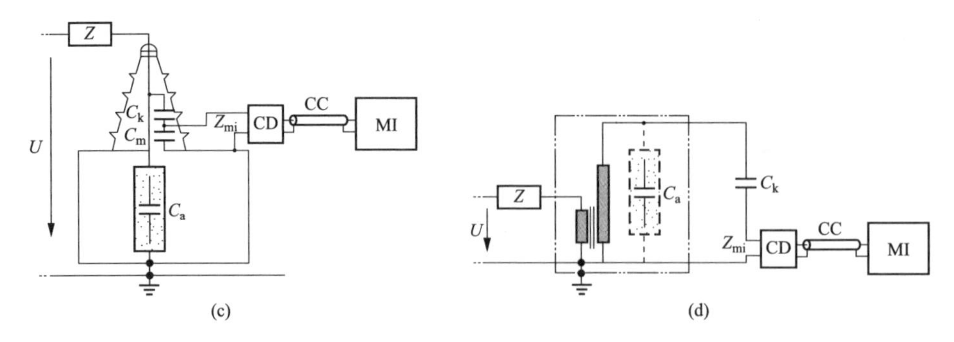

图 3-12　电流脉冲法局部放电试验检测回路示例（二）

(c) 在套管抽头上测量；(d) 测量自激试品

U—高压电源；Z—滤波器；C_a—试品；C_k—耦合电容；Z_{mi}—测量系统的输入阻抗；

CD—耦合装置；CC—连接电缆；MI—测量仪器；OL—光连接

为 50kHz～1MHz，具有灵敏度高、抗干扰能力强的优点，但脉冲分辨率低、信息不够丰富的缺点。

GB/T 7354 中 5.5 超宽频带局部放电测量仪的定义：用非常宽频带示波器或选频仪器（例如频谱分析仪）配上合适的耦合装置来测量局部放电。本章将目前基于电流脉冲、检测频带数十兆赫兹及以上的高频法/宽带法/超宽频带法检测局部放电的方法统称为“超宽频带电流脉冲法”，用以区别现行广泛使用的常规电流脉冲法。

下面对涉及的变压器/换流变局部放电试验电压、记录及要求进行详细讨论。

（一）国家标准规定的试验电压、时间及要求

1. 交流试验局部放电

GB/T 1094.3 对带有局部放电测量的感应电压试验（IVPD）的试验持续时间和频率进行了规定：除非另有规定，当试验电压频率等于或小于 2 倍频额定频率时，对于 U_m＞800kV 的变压器，其增强电压下的试验时间应为 300 s。当试验频率超过两倍额定频率时，试验时间（单位为 s）应为：120×(额定频率/试验频率)，但不少于 15s(≤800kV)；600×(额定频率/试验频率)，但不少于 75s(＞800kV)。

试验顺序为（见图 3-13）：

(1) 在不大于 $0.4U_r/\sqrt{3}$ 的电压下接通电源。

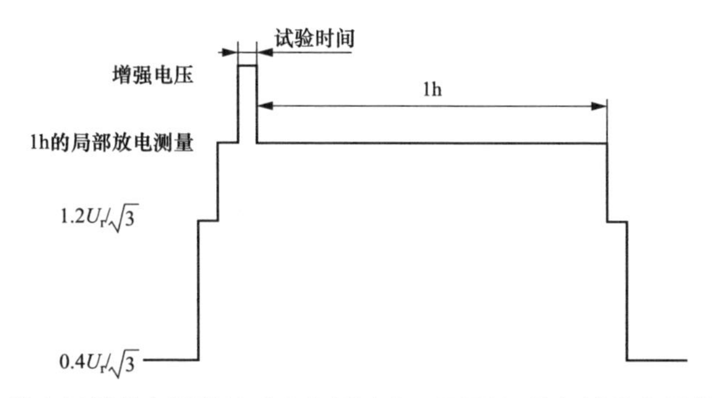

图 3-13　带有局部放电测量的感应电压试验（IVPD）施加试验电压的时间顺序

（2）试验电压升高至 $0.4U_r/\sqrt{3}$，进行背景局部放电测量并记录。

（3）试验电压升高至 $1.2U_r/\sqrt{3}$，保持至少 1min 以进行稳定的局部放电测量，测量并记录局部放电水平。

（4）试验电压升高至 1h 的局部放电测量，保持至少 5min 以进行稳定的局部放电测量，测量并记录局部放电水平。

（5）电压上升至增强电压，保持时间按上述规定。

（6）之后立刻不间断地将电压降至 1h 的局部放电测量电压，测量并记录局部放电。

（7）保持 1h 的局部放电测量电压至少 1h，并进行局部放电测量；在 1h 内每隔 5min 测量并记录局部放电水平。

（8）1h 的局部放电测量最后一次完毕后，降低电压至 $1.2U_r/\sqrt{3}$，保持至少 1min 以进行稳定的局部放电测量；测量并记录局部放电水平。

（9）试验电压降至 $0.4U_r/\sqrt{3}$，并进行背景局部放电测量并记录。

（10）试验电压降至 $0.4\times U_r/\sqrt{3}$ 以下，切断电源。

综述上述，整个周期内至少应能在一个测量通道连续观测到局部放电水平。

按照 GB/T 7354 规定的方法进行局部放电测量，试验合格判据：如果试验开始和结算时测得的背景水平均没有超过 50pC，则试验方为有效。如果满足下列所有判据，则试验合格：

（1）试验电压不产生突然下降。

（2）在 1h 局部放电试验期间，没有超过 250pC 的局部放电量记录。

（3）在 1h 局部放电试验期间，局部放电水平无上升的趋势，在最后 20min 局部放电水平突然持续增加。

（4）在 1h 局部放电试验期间，局部放电水平的增加量不超过 50pC。

（5）在 1h 局部放电测量后电压降至 $1.2U_r/\sqrt{3}$ 时，测量的局部放电水平不超过 100pC。

如果（3）或（4）项的判据不满足，则可以延长 1h 周期测量时间，如果在后续的连续 1h 周期内满足了上述条件，则可认为试验合格。

GB 18494.2 中外施交流电压耐受试验，采用 50Hz/60Hz 的频率，试验持续时间 1h。局部放电测量按 GB/T 1094.3 附录 A 的适用部分进行，测量仪器按 GB/T 7354 的规定。允许的局部放电最大值不超过 500pC。感应电压试验按 GB/T 1094.3（包括规定的局部放电量限值）进行短时或长时感应交流电压试验。

2. 直流试验局部放电

GB/T 7354 在附录 A（资料性附录）给出了直流电压试验期间局部放电试验结果的评估。具体内容为：局部放电试验结果的评估应在恒定试验电压水平下，对记录到的每个局部放电脉冲的视在电荷 q 与时间的关系来进行（见图 3-14）。确定连续局部放电脉冲之间的时间间隔是非常最要的，推荐的分辨时间为 2ms。

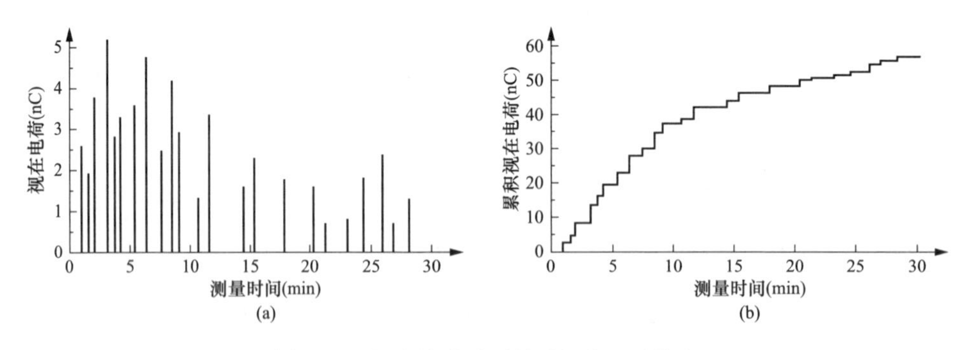

图 3-14　视在脉冲随测量时间的显示模式

（a）单个 PD 脉冲的视在电荷；（b）累计视在电荷

如果能显示时间期间的局部放电脉冲数 m 与超过阈值水平的视在电荷幅值的关系，还可以获得关于局部放电特性的附加信息，如图 3-15 所示。该图是图 3-14 所示的局部放电脉冲序列推导计算出来的。而且，展示在视在电荷幅值规定限值

内出现的脉冲数 m 有助于评估直流电压试验时局部放电活动规律。

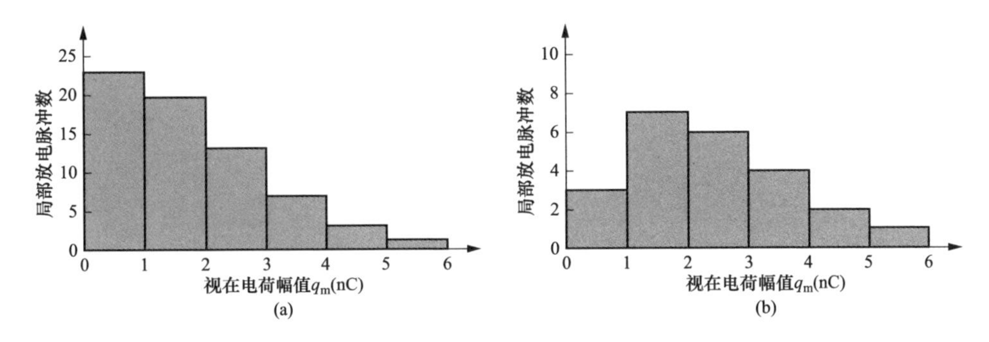

图 3-15 局部放电脉冲数 m 与视在电荷范围的柱状图

(a) 超出视在电荷幅值 q_m 限值的局部放电脉冲数 m；

(b) 不同视在电荷幅值 q_m 范围内的局部放电脉冲数 m

GB 18494.2 要求使用正极性电压，试验电压应在 1min 内升至规定的水平并保持 120min，此后，电压应在 1min 内降低至零。在整个外施直流电压耐受试验过程中，应进行局部放电量测量。

局部放电测量按 GB/T 1094.3 附录 A 的适用部分进行，测量仪器按 GB/T 7354 的规定。验收准则为：如果在试验的最后 30min 内，记录到不小于 2000pC 的脉冲数不超过 30 个，且在试验的最后 10min 内，记录到不小于 2000pC 的脉冲数不超过 10 个，则应认为此试验结果通过验收，不需要继续进行局部放电试验。如果此条件未满足，则可以将试验延长 30min。延长 30min 的施压只允许进行一次，当在此 30min 内的不小于 2000pC 的脉冲数不超过 30 个，且在最后 10min 内的不小于 2000pC 的脉冲数不超过 10 个，则应认为该项试验合格。

（二）电力行业及国网企业标准规定的试验电压、时间及要求

DL/T 417 规定的变压器现场局部放电试验的加压时间及步骤参照 GB/T 1094.3，如图 3-16 所示。①试验电压升到 U_3 下进行测量，保持 5min。②然后试验电压升到 U_2，保持 5min。③接着试验电压升到 U_1，试验时间（感应耐压时间单位为 s）应为：120×(额定频率/试验频率)，但不少于 15s(≤800kV)；600×(额定频率/试验频率)，但不少于 75s(>800V)。④最后电压降到 U_2 下再进行测量，保持 30min/60min。

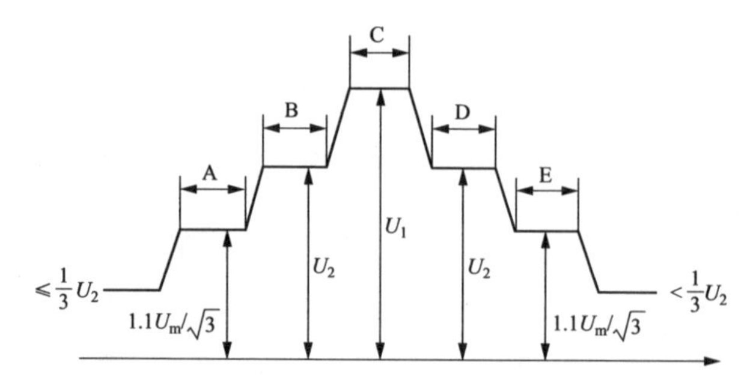

图 3-16　变压器局部放电试验的加压时间及步骤（GB/T 1094.3）

当在感应耐压试验同时进行局部放电测量时，U_1 值即为感应耐压试验值，当仅作为局部放电试验时，U_1 则为预加电压。

其他要求：

（1）试验前，记录所有测量电路上的背景噪声水平，其值应低于规定的视在放电量的 50%；在整个试验时间内应连续观察放电波形，并按一定的时间间隔记录放电量 Q。

（2）放电量的读取，以相对稳定的最高重复脉冲为准，偶尔发生的较高的脉冲可忽略，但应做好记录备查。

（3）整个试验期间试品不发生击穿，在 U_2 的第二阶段时间内，所有测量端子测得的放电量 Q，连续地维持在允许的限值内，并无明显地、不断地在允许限值内增长的趋势，则试品合格。

（4）如果放电，偶尔曾超出允许限值，但之后又下降并低于允许的限值，则试验应继续进行，直到 30min/60min 的期间内局部放电量不超过允许的限值，试品才合格。

DL/T 1243 对±800kV 及以下换流变压器现场的交流耐压、直流耐压局部放电进行规定，其中交流局部放电试验电压及时间同图 3-16 所示，在施加试验电压的整个期间应监测局部放电量，相关的要求为：

（1）在整个试验过程中，都需注意观测局部放电量的变化，并要求背景噪声水平应不大于 100pC。

（2）偶然出现的高幅值局部放电脉冲可以不计。

（3）在每隔任意时间的任何时间段中的连续放电电荷量，在阀侧及网侧均应不大于300pC，并局部放电不出现稳定的增长趋势，局部放电试验电压没有明显下降。

DL/T 1243对直流电压下的局部放电试验规定为：

（1）直流局部放电试验仅在阀侧绕组进行。试验时，不能预加电压。试验电压按出厂试验电压的85%（或按合同规定值）施加，持续时间为90min。

（2）应使用专业的直流局部放电测试仪。在测量时，不仅要求测量局部放电，还需要记录固定时间内的脉冲个数。试验期间，直流电压不应有较大波动。

（3）试验过程中进行直流局部放电测量，在最后30min内，超过2000pC的放电脉冲次数应不超过30个，在最后10min内，超过2000pC的放电脉冲数应不超过10个。

DL/T 1275规定了1000kV交流特高压变压器的现场交流局部放电试验，带有局部放电测量的绕组连同套管的长时感应电压试验，规定如下：

（1）试验和判断方法按现行国家标准GB/T 1094.3的有关规定执行。

（2）现场试验程序图同图3-16所示，局部放电测量应符合GB/T 7354的相关规定。

（3）试验电压不发生突然下降。

（4）在交接试验中，在电压U_2的长时试验期间，主体变压器1000kV端子、500kV端子和110kV端子的局部放电量的连续水平分别应不大于100pC、200pC和300pC；调压补偿变压器110kV端子局部放电的连续水平应不大于300pC。

（5）在预防性试验中，在电压U_2的长时试验期间，主体变压器1000kV端子、500kV端子和110kV端子的局部放电量的连续水平分别应不大于300pC、300pC和500pC；调压补偿变压器110kV端子局部放电的连续水平应不大于500pC。

（6）在电压U_2下，局部放电量不呈现持续增加的趋势，偶然出现较高幅值的脉冲以及明显的外部电晕放电脉冲可以不计入。

（7）在$1.1U_m/\sqrt{3}$，视在电荷量的连续水平应不大于100pC。

DL/T 1999对±800kV及以下单相换流变压器的现场直流耐压局部放电试验进行规定。相关内容为：

（1）直流局部放电测试仪定义。用于直流电压下检测、记录和统计局部放电的数字式局部放电测试仪器，其应满足 GB/T 7354 的要求，且应至少 2 个独立通道，具有脉冲局部放电量和脉冲数量自动统计功能，具有局部放电信号连续存储和播放功能，且连续存储时间不小于 150min。

（2）试验电源应使用正极性电压。试验时，不能预加电压。试验电压按出厂试验电压的 85%（或按合同规定值）施加。

（3）试验程序如图 3-17 所示。

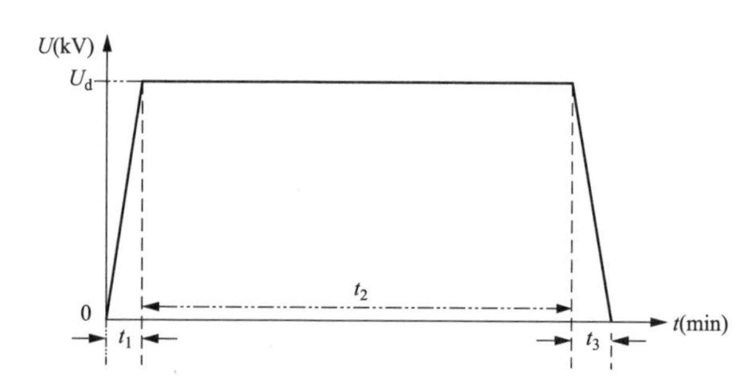

图 3-17　变压器直流局部放电试验程序（DL/T 1999）

U_d—试验电压；t_1—升压时间；t_2—持续试验时间；t_3—降压时间

1）接通试验电源后，应平稳匀速而且连续加压至试验电压值，不允许对换流变压器绝缘结构预先施加较低的电压。升压时间 t_1 应不大于 1min。升压过程中应监测直流发生器输出电流变化，出现电流值突然增大或减小等异常现象时，应立即停止试验，查明原因。

2）电压升至规定的水平后保持，同时进行局部放电检测。持续时间 t_2 为 90min。试验过程中，电压波动应不超过±3%（算术平均值）。当试验回路设备和被试换流变压器发生外部闪络、放电、异响、电流突然变化等异常时，应立即停止试验，查明原因。

3）试验完成后，应快速降低电压。降压时间 t_3，应不大于 1min。待电压测量装置示值接近“零”时，方可进行放电和接地。

注意，若根据合同规定现场需按出厂试验标准进行此试验，试验电压及时间应按照 GB/T 1849.2 的要求。

直流局部放电的测量及试验结果判断：

（1）对被试阀侧绕组套管端部注入 2000pC 方波进行校准，并在 1000pC 验证其线性度。

（2）接通试验电源时，应记录通道的背景噪声水平。在 50%试验电压下，检测的脉冲水平应不大 1000pC，否则应采取抑制干扰脉冲的措施。在持续试验时间 t_2 期间，应记录每个 10min 内的脉冲个数、对应幅值和极性。

（3）在试验的最后 30min 内，记录到不小于 2000pC 的有效放电脉冲数应不超过 30 个，且在最后 10min 内，不小于 2000pC 的有效放电脉冲数应不超过 10 个。如果此条件未满足，则可以将试验延长 30min。延长 30min 的试验只允许进行一次，在此 30min 内，不小于 2000pC 的有效放电脉冲数应不超过 30 个，且在最后 10min 内，不小于 2000pC 的有效放电脉冲数应不超过 10 个。

DL/T 1999 在附录 C（资料性附录）中还给出了换流变压器直流局部放电测量干扰识别方法，该基于双通道检测的方法及接线图（见图 3-18）为：直流局部放电的特征参数是视在放电量和脉冲个数，且直流局部放电的脉冲个数取决于油纸绝缘材料的电气时间常数，其数值远低于交流局部放电脉冲的周期重复时间。在实际测量时，由于直流局部放电脉冲呈现的随机性，无相位参考，重复率低，因此不能完全采用交流局部放电测量时的脉冲鉴别方法。但直流局部放电脉冲与所施加的直流电压极性有关，采用极性判断方法将被试设备内部的局部放电信号与外部干扰区分开来，是解决现场试验的主要技术手段。

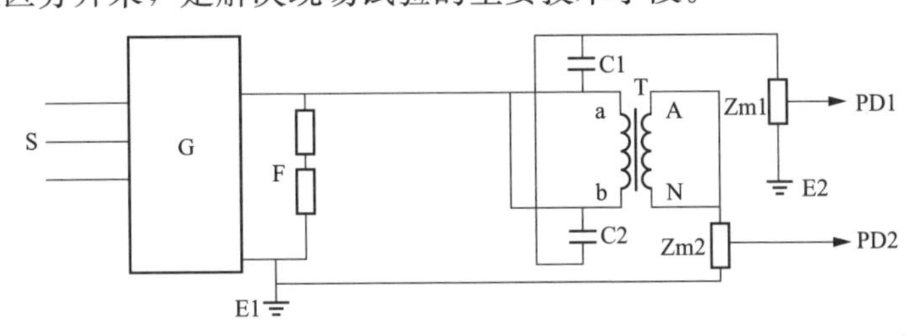

图 3-18　采用极性判别识别外部脉冲的换流变压器直流局部放电测量接线图

S—交流电源；G—高压直流发生器；F—高压直流发生器配备的直流分压器；T—被试换流变压器；E1—地网；E2—套管末屏附近的接地点；C1、C2—被试换流变压器阀侧套管电容；Zm1、Zm2—检测阻抗；PD1、PD2—直流 PD 测试仪的测量通道和辅助通道

外部干扰由引线窜入变压器内部，其传输回路一路经过套管末屏接地线汇入大地，另一路则经过网侧绕组、铁芯等接地部位的接地线汇入大地。而换流变压器内部放电的传输回路可以由放电点经套管末屏、大地、铁芯接地到放电点构成回路。所以，外部干扰在套管接地线和铁芯接地线上产生的电流极性相同，而变压器内部放电在套管接地线和铁芯接地线上产生的电流极性相反。

Q/GDW 11218 是在总结±500kV、±800kV 直流输电工程中大量开展的换流变压器现场 PD 试验工作的基础上，针对±1100kV 直流工程换流变压器局部放电试验特点进行编制的。其中交流局部放电试验电压及时间同图 3-16 所示，在施加试验电压的整个期间应监测局部放电量，相关的要求为：

（1）测量应在换流变压器网侧和阀侧同时进行。

（2）接到每个所用端子的测量通道都应用校准方波进行校准，并应同时记录各通道之间的视在传输比。

（3）校准方法按 GB/T 7354 和 DL/T 417 的有关规定进行。以对称加压接线方式为例，对接到所用绕组端子的测量通道进行多端校准，并记录视在传输比，如表 3-5 所示。

表 3-5　多端校准和视在传输比测定

顺序	校准部位	校准脉冲	通道测量值			视在传输比		
			网侧 A	阀侧 a	阀侧 b	网侧 A	阀侧 a	阀侧 b
1	网侧 A	Q_0	Q_0	—	—	1	K_{aA}	K_{bA}
2	阀侧 a	Q_0	$K_{Aa}Q_0$	Q_0	—	K_{Aa}	1	K_{ba}
3	阀侧 b	Q_0	$K_{Ab}Q_0$	$K_{ab}Q_0$	Q_0	K_{Ab}	K_{ab}	1
4	网侧 A	Q_0	Q_0	$K_{aA}Q_0$	$K_{bA}Q_0$	1	K_{aA}	K_{bA}
5	阀侧 a	Q_0	$K_{Aa}Q_0$	Q_0	$K_{ba}Q_0$	K_{Aa}	1	K_{ba}

（4）测量局部放电时，应同时记录通道的背景噪声水平，网侧绕组线端对应测量通道的背景噪声水平不应大于 100pC，否则应采取合适的抑制干扰的措施。在整个试验过程中，应注意观察局部放电量的变化。在试验时间段 A、B、E 期间，应各读取并记录；在试验时间段 D（见图 3-16）的整个期间，应连续地观察局部放电水平，并每隔 5min 记录一次。由外部干扰引起或者偶然出现的高幅值脉

冲可不计入背景噪声水平及局部放电测量读数。

（5）试验合格标准：①局部放电试验电压不产生突然下降；②在 U_2 电压下长时试验期间，网侧绕组局部放电量的连续水平不大于 300pC；③在 $1.1\times U_m/\sqrt{3}$ 电压下，视在电荷量的连续水平不大于 100pC；④局部放电电荷量水平不出现稳定的增长趋势；⑤试验后换流变压器绝缘油色谱分析应正常，并与试验前结果无明显差异。

（三）交直流耐压局部放电试验数据处理需求总结

根据上述国家、电力行业及国网企业标准规定的试验电压、时间及要求，并结合实际要求，形成的交直流耐压局部放电试验数据处理需求汇总表如表 3-6 所示。

表 3-6　　交直流耐压局部放电试验数据处理需求汇总表

试验数据处理需求	交流局部放电	直流局部放电	参考依据
数据采集装置局部放电通道数	≥3	≥2	根据表 3-4 所示所有标准
数据采集装置电压通道数	1	1	表 3-4 所示所有标准，采集记录分压器的低压侧电压信号
采样率	250MS/s		/
检测带宽	50MHz		
采样精度	不小于 12bit		
脉冲分辨率	不低于 1μs		GB/T 7354
工作模式	脉冲触发，记录电流脉冲波形及其对应时刻和电压值，波形长度可以设置为 1μs、2μs、3μs、4μs 和 5μs $Pulse_j(p_j(i), t_j, U_j)$, $j=1, 2, \cdots, n$; $i=1, 2, \cdots, m$ n—电流脉冲波形的个数；m—每个电流脉冲波形的点数，与采样率成正比		表 3-4 所示所有标准，包含：每个脉冲放电量、脉冲个数
记录时间长度	不小于 150min	不小于 150min	GB/T 1094.3 DL/T 1999 （在试验开始前至试验结束按照上述工作模式采集电流脉冲波形—时间序列） 注：在设备完成接线后，没有加压前的背景噪声源记录时间一般较这两个时间短

续表

试验数据处理需求	交流局部放电	直流局部放电	参考依据
脉冲群分离（局部放电源与干扰源）	总体（未分离）、分离后的子脉冲群按谱图显示 注：仅是算法处理后显示，所有脉冲群数据均存储成数据文件		/
谱图显示	李莎月（椭圆）图、PRPD、幅值趋势（$Q-t$）	幅值趋势 $Q-t$、$\sum Q-t$、$N-Q_m$、$N-(\geqslant Q_m)$ 等由 Q_j，t_j，$j=1$，2，…，n 推导的各种关系图	表 3-4 所示所有标准
数据存储和追溯	试验前至试验结束的数据文件回调，每个文件的脉冲群出现次序播放（试验局部放电检测历史回放）		/

二、脉冲群智能数据处理和显示

（一）Measurement Studio 介绍

Measurement Studio 是为 Visual Studio. NET 和 Visual Studio 6.0 环境提供的一个集成式套件，包括各种常用的测量和自动化控件、工具和类库。Measurement Studio 带有的 ActiveX 和 . NET 控件、面向对象的测量硬件接口、高级的分析库、科学的用户界面控件、测量数据网络化、向导、交互式代码设计器和高扩展性类库等功能，极大地减少了应用程序开发时间。

Measurement Studio 提供了一系列与 Visual Studio. NET 环境紧密结合的 . NET 控件，专门为科学家和工程师建立虚拟仪器系统而设计。利用 Measurement Studio，可以从交互式向导里配置插入式数据采集设备、GPIB 仪器和串口设备，也可以从中生成 Visual Basic. NET 或 Visual C＃. NET 源代码。利用科学用户界面控件，可以在属性页面或收藏编辑器里交互地配置图表、旋钮、仪表、标尺、表盘、容器、温度计、二位开关和 LED 灯等。此外，Measurement Studio 还提供了强大的网络组件，这样就可以轻松地通过互联网在应用程序之间共享实时测量数据了。

Measurement Studio 的类库和用户界面控件设计成能使自定义最大化。通过把 Measurement Studio 基本类库作为可扩展性的基础，可以轻松地继承类库并且扩展类库，从而创建自定义的类库和控件，例如一个自定义的图表或专有的 I/O 总线通信。此外，用户界面控件能够完全自定义绘图、点和线的类型以及图表边界。布尔（Boolean）控件允许类型和行为扩展。对于硬件自定义，可以轻松地从 GPIB、VISA 或 DAQ 界面中创建自定义的硬件接口，同时使用稳定的 Measurement Studio 硬件基本类库。总之，可以实现精确测量、交互式配置、数据采集和仪器控制等功能。

1. 精确测量

Measurement Studio 能够确保虚拟仪器的精确测量。通过提供稳定的硬件接口，可以使用灵活的模块化硬件设备所具有的全部功能，这些设备利用了商业技术中最新创新，例如具有极高竞争力和性价比的处理器、存储器和 A/D。与使用厂商定义的独立仪器（很难或不可能自定义）相比，使用软件和模块化硬件设备，可以获得更高性能和更精确的仪器。使用灵活的软件（如 Measurement Studio）来定义高性能的硬件可以帮助建立非常有竞争力的解决方案，不仅在短期内减少了成本，而且从长期来看，通过软件而具有足够的灵活性来适应不断变化的需要。

例如，Measurement Studio 数据采集界面具有一个类似向导的交互式界面，DAQ 助手，可用来选择采样速率、触发、计时、时钟选择、缩放、信号类型和其他稳定性配置，同时也提供了最佳单点采集和多线程性能。与以前的数据采集界面相比，这些新的优化将性能提高了 10～20 倍。Measurement Studio 和 I/O 硬件驱动之间的紧密结合提供了最有效的方式来完成进行测量所需的采集和仪器应用，并且极大地减少了开发时间。

2. 交互式配置

Measurement Studio 使用交互式测量工具来简化数据采集和仪器连接的操作。DAQ 助手和仪器 I/O 助手都是常用的 .NET 设计器，包括对测量任务配置、测试和编程的逐步引导，自动生成自定义的底层代码。利用 DAQ 助手，可以快速配置数据采集任务，包括自定义计时、标度和触发等而无需编程。利用仪器 I/O 助手，可以直接与 GPIB、以太网、USB、串行总线和 VXI 仪器通信。可以使用这个交互式向导来对仪器控制系统设计原型、快速进行测量、自动解释数据、生成代码，甚至开发简单的仪器驱动。

3. 数据采集和仪器控制

无论使用何种设备采集数据——GPIB、以太网、或串口仪器、插入式 DAQ 设备、PXI 测量模块、嵌入式自动化设备、模块化仪器或图像采集设备——Measurement Studio 都提供了与开发语言匹配的高层界面。可以选择 Visual Basic、Visual C#或 Visual C++来建立高速、设备无关的测量和自动化应用，而且 Measurement Studio 提供了 ActiveX 和 .NET 控件、工具和面对对象的类库来帮助更高效的实现。

本章节在介绍变压器交直流耐压试验局部放电智能检测系统配置和脉冲群智能数据处理和显示流程设计后，利用 Measurement Studio 编制了算法模块，用以验证交直流耐压试验用的局部放电脉冲群智能数据处理和显示技术。为交直流耐压试验局部放电智能检测系统中软件的开发打下基础。

（二）变压器交直流耐压试验局部放电智能检测系统配置

图 3-19 所示为基于交直流耐压局部放电试验数据处理需求汇总表以及与上述

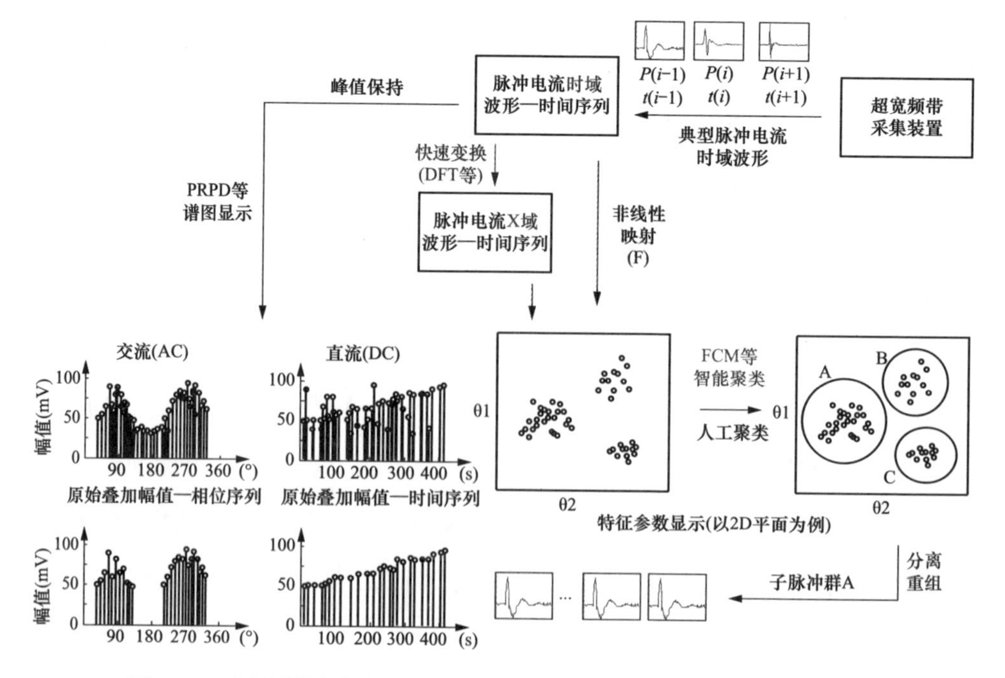

图 3-19 “变压器交直流耐压试验局部放电智能检测系统配置”技术方案

超宽频带检测用脉冲群快速智能聚类和分离技术形成的“变压器交直流耐压试验局部放电智能检测系统配置”技术方案的主要结构示意。下面主要介绍分超频宽带采集装置的相关性能参数及工作模式，其他部分见“脉冲群智能数据处理和显示流程设计”。

超频宽带采集装置采用自行研发，4 通道（3 个脉冲＋1 个电压），脉冲通道采样率 250MS/s、50MHz 模拟带宽、12-bit 分辨率、32MS 存储深度以及±1mV～±25V 输入量程；电压通道采样率 250MS/s、50MHz 模拟带宽、32MS 存储深度以及±1mV～±25V 输入量程。系统检测传感器可以使用带宽大于 50MHz 的罗氏线圈或检测阻抗，超频宽带采集装置 3 个脉冲通道接局部放电传感器，而电压通道与分压器低压臂相接，记录当前试验电压信号。脉冲通道前端接入 10kHz～50MHz 的带通滤波器，滤除低频干扰和无用的高频信号，输入阻抗为 50Ω，与信号传输电缆良好匹配。下面对超频宽带采集装置工作时的参数设置进行简述。

采集装置工作时，参数设置如下：脉冲波形采集长度设置为 40 个点、100 个点、…、200 个点，分别对应脉冲记录时间长度为 1～5μs，用于适应不同长度的电流脉冲波形；3 个局部放电通道为触发通道，触发类型（上升沿或下降沿）根据直流电压极性设置（当传感器与试品串接时，触发类型与直流电压极性相同；而当传感器与耦合电容串接时，触发类型与直流电压极性相反）；触发阈值即为采集局部放电电流脉冲波形的最小峰值（可以根据交流局部放电试验或直流局部放电试验的放电量进行设置，如表 3-7 所示）。

表 3-7　　交直流耐压局部放电试验脉冲触发预置设置表

试验数据处理需求	交流局部放电	直流局部放电	阈值设置
GB/T 1094.3	背景水平均没有超过 50pC； 没有超过 250pC 的局部放电量记录； 局部放电增加量不超过 50pC； PD 水平不超过 100pC； 允许的 PD 最大值不超过 500pC	/	交流局部放电最小检测量为 50pC，阈值按 80% 可设置为 40pC
GB 18494.2	/	不小于 2000pC 的脉冲数	直流局部放电最小检测量为 2000pC，阈值按 80% 可设置为 1600pC

续表

试验数据处理需求	交流局部放电	直流局部放电	阈值设置
DL/T 417	局部放电量不超过允许的限值	/	/
DL/T 1243	背景噪声水平应不大于100pC； 偶然出现的高幅值局部放电脉冲可以不计； 阀侧及网侧均应不大于300pC； 并且局部放电不出现稳定的增长趋势	超过2000pC的放电脉冲次数	交流局部放电最小检测量为100pC，阈值按80%可设置为80pC
DL/T 1275	交接/预防性试验：1000kV、500kV和110kV端子局部放电量连续水平应不大于100/300pC、200/300pC和300/500pC；调压补偿变压器110kV端子局部放电连续水平不大于300/500pC； 在局部放电电压下，局部放电量不呈现持续增加的趋势； 偶然出现较高幅值的脉冲以及明显的外部电晕放电脉冲可以不计入	/	交流局部放电最小检测量为100pC，阈值按80%可设置为80pC
DL/T 1999	/	在50%试验电压下，检测的脉冲水平应不大1000pC； 不小于2000pC的有效放电脉冲数	直流局部放电最小检测量为1000pC，阈值按80%可设置为800pC
Q/GDW 11218	背景噪声水平不大于100pC；外部干扰引起或者偶然出现的高幅值脉冲可不计入背景噪声水平及局部放电测量读数； U_2阶段网侧绕组局部放电量的连续水平不大于300pC； A和E阶段（见图3-16）视在电荷量的连续水平不大于100pC；局部放电量水平不出现稳定的增长趋势	—	交流局部放电最小检测量为100pC，阈值按80%可设置为80pC

注 阈值设置可以根据现场实际情况往下调整。

（三）脉冲群智能数据处理和显示流程设计

由上述可知，超宽频带数据采集装置工作模式为：脉冲触发，记录电流脉冲波形及其对应时刻和电压值，波形长度可以设置为1μs、2μs、3μs、4μs和5μs，表达式为

$$Pulse_j(p_j(i), t_j, U_j),\quad j=1,2,\cdots,N; i=1,2,\cdots,k \tag{3-18}$$

式中：j为第j个脉冲；N为电流脉冲波形的总个数；k为每个电流脉冲波形的点

数，即脉冲波形由 k 个点组成，其与采样率成正比。

4 个通道，电压通道采集电压信号 U_j，3 个脉冲通道在设置的触发阈值后，超宽频带数据采集装置将采集获取电流脉冲—时间序列 $Pulse_j$，其可能为局部放电信号，也可能含有随机干扰源信号。根据图 3-19 所示，下面对设计的相应的脉冲群智能数据处理和显示流程（见图 3-20）进行阐述。

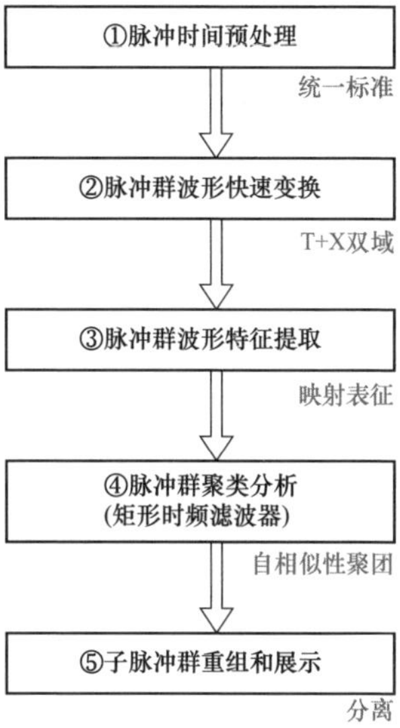

①脉冲时间预处理

统一标准

②脉冲群波形快速变换

T+X双域

③脉冲群波形特征提取

映射表征

④脉冲群聚类分析（矩形时频滤波器）

自相似性聚团

⑤子脉冲群重组和展示

分离

图 3-20　脉冲群智能数据处理和显示流程

1. 脉冲数据预处理

使得采集装置获取的原始电流脉冲波形（原始信号）形成具有统一标准且易处理的脉冲—时间序列。

为了便于后续脉冲群的快速变换及快速分类，软件模块对超宽频带检测获取单个电流脉冲波形的幅值—时间序列做如下预处理：

$$p_j(t)=\begin{cases}a_0,a_1,\cdots,a_i,\cdots,a_{k-1}\\0,\Delta t,\cdots,\Delta t(i-1),\cdots\Delta t(k-1)\end{cases}\tag{3-19}$$

式中：a_i 为第 i 个点对应的幅值（单位为 mV 或 pC）；Δt（$i-1$）为第 i 个点对应的时间（Δt 为采样时间间隔）。

式（3-19）使得在数据存储时，无需存储单个电流脉冲波形对应的时间信息（其由采样率和记录点数决定），而只需要存储其幅值信息和触发时间点（时刻）。

2. 脉冲群波形快速变换

利用现有的具有一定物理意义的快速变换（例如 FFT），形成脉冲的另一种 X 域波形，与脉冲 T 域波形对应。

以 FFT 为例，对脉冲波形 $p_j(t)$ 进行快速变换，可得

$$P_j(f)=\begin{cases}M_0,M_1,\cdots,M_i,\cdots,m_{k/2-1}\\0,\Delta f,\cdots,\Delta f(i-1),\cdots\Delta f(k/2-1)\end{cases}\tag{3-20}$$

$$f_s=k\Delta f$$

$$\Delta f=1/\Delta t$$

式中：M_i 为第 i 个点对应的幅值（单位为 mV 或 pC）；$\Delta f(i-1)$ 为第 i 个点对应的频率分量，f_s 为采样率。

同一脉冲源不同记录点数（sample）下的 T 域和 F 域波形处理效果见图 3-21。

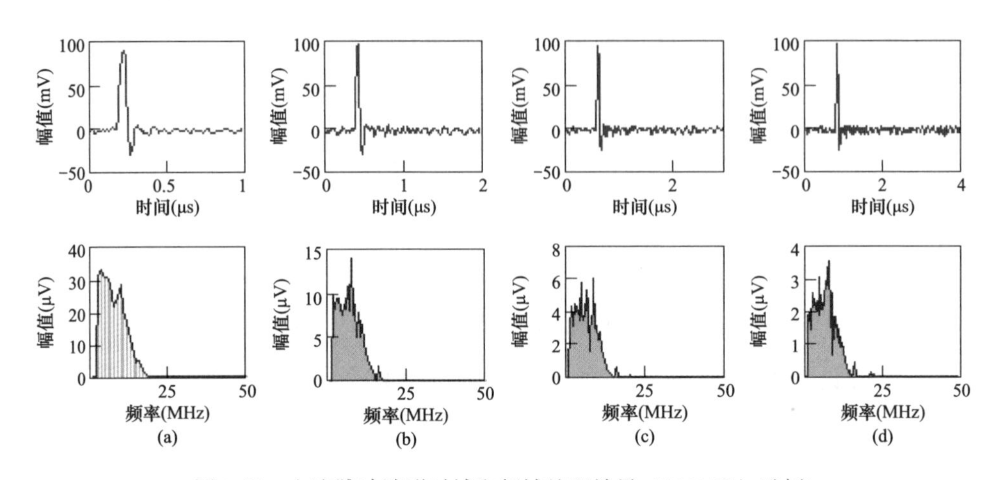

图 3-21　电流脉冲波形时域和频域处理效果（100MS/s 示例）

(a) 1μs；(b) 2μs；(c) 3μs；(d) 4μs

3. 脉冲群波形特征提取

利用非线性映射（F 函数）实现 T 域和 X 域波形的特征参数提取，映射成脉冲群的 2D 平面参数分布或 3D 空间参数分布。

在实际应用中，由于获得的脉冲波形序列其特征参数比较复杂，往往不是 [0，1] 区间中的数，因此在无监督聚类分析前，需要把各个原始特征参数标准化。以等效 TF 特征参数提取方法中的等效 T 宽 T_j($j=1$，2，…N，N 为脉冲总个数）处理为例，T 表示为

$$T=\sum_{j=1}^{N} T_j/N,\ \sigma_T^2=\sum_{j=1}^{N}(T_j-T)^2/(N-1) \tag{3-21}$$

式中：T 为 N 个特征参数 T_j 的平均值；σ_T^2 为 N 个特征参数 T_j 的标准差。

然后各数据的标准化值 T_j'，可表示为

$$T_j'=(T_j-T)/\sigma_T \tag{3-22}$$

这样得到的标准化数据 T_j' 还不一定在 [0，1] 闭区间内。为了把标准化数据压缩到 [0，1] 闭区间，再采用极值标准化公式，即

$$T_j^{new}=[T_j'-\min(T_j')]/[\max(T_j')-\min(T_j')] \tag{3-23}$$

4. 脉冲群聚类分析

基于 2D 平面或 3D 空间参数分布，进行无监督聚类或人工手动聚类，形成子脉冲群的 2D 平面或 3D 空间参数分布。其中人工手动聚类技术可以转化成矩形时频滤波器，具体描述如图 3-22 所示。

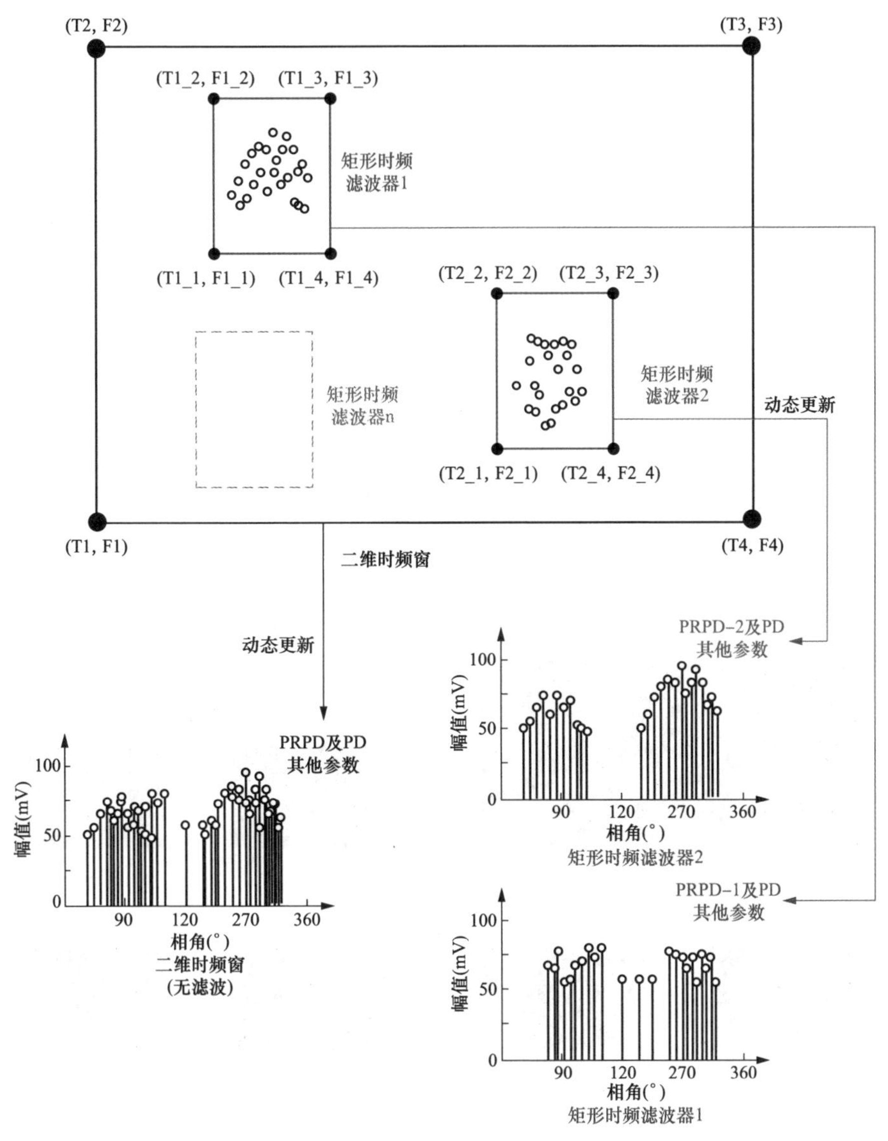

图 3-22 矩形时频滤波器应用方法示例

该矩形时频滤波器基于人工手动聚类技术，工程技术人员对 2D 平面上的特征参数分布情况，基于开放的软件算法模块在控件上拖拉鼠标键盘设置包含欲关心的子脉冲群，软件根据坐标值生产矩形时频滤波器，滤除该矩形时频滤波器之外的所有脉冲，并以 PRPD（交流下）或 TARPD（直流下）动态显示该矩形时频滤波器内的子脉冲群数据。可以根据实际情况设置多个矩形时频滤波器以满足工程应用需求。

5. 子脉冲群重组和展示

对各子脉冲群进行软件峰值保持，形成峰值—时间序列，生成 PRPD 谱图（交流）或 TARPD 图等（直流），为试验操作人员对试验过程数据的把控和判断提供直观依据❶。

（四）聚类分析和矩形时频滤波器算法模块开发验证

本节利用 Measurement Studio 编制了算法模块，用以验证交直流耐压试验用的局部放电脉冲群智能数据处理和显示技术。为后续交直流耐压试验局部放电智能检测系统中软件的开发打下基础。

1. 特征参数提取

图 3-23 和图 3-24 为 Measurement Studio 编制的软件界面以及加载实验室模拟 2 个绝缘缺陷和随机背景噪声共计 3 个脉冲源工况下的特征参数提取算法模块验证示例。图 3-23（a）为记录原始脉冲群，即混有噪声源的脉冲波形—时间（相

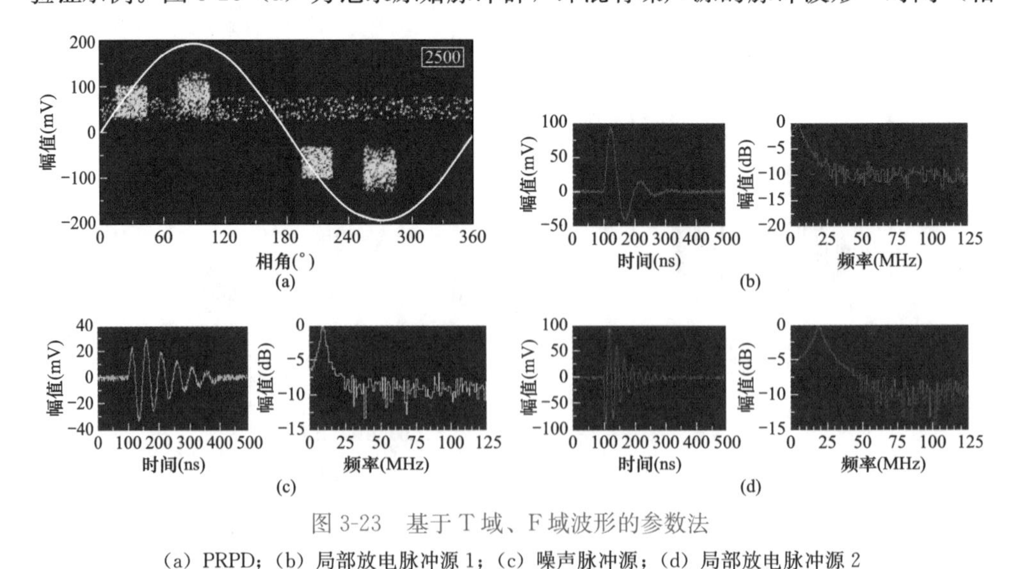

图 3-23　基于 T 域、F 域波形的参数法

（a）PRPD；（b）局部放电脉冲源 1；（c）噪声脉冲源；（d）局部放电脉冲源 2

❶ 考虑后期耐压数据追溯和多次试验的对比分析的需求，$Pulse_j$ 原始数据从试验加压前至试验电源切除后全部保存。

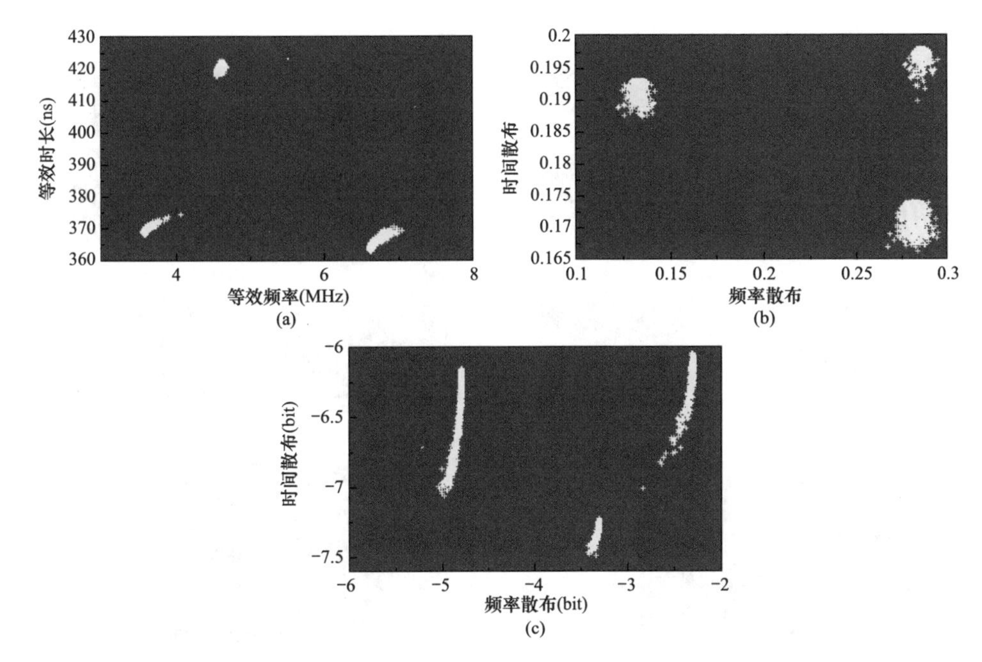

图 3-24　基于 T 域、F 域波形的参数法特征提取结果

(a) TF 图谱；(b) 标准化后的 TF 图谱；(c) 极值标准化后的 TF 图谱

位）序列；图 3-23（b）～（d）均为脉冲时域波形和频域波形。

图 3-24 所示结果表明算法可以进行实际脉冲波形—时间序列的特征参数提取，以及图 3-4 所示方法在工程应用上的可行性[1]。

2. 聚类分析

图 3-25 中脉冲波形特征参数快速提取方法选择等效 TF 参数法，可以看出 3 个脉冲源在该 2D 特征参数平面上具有很好的可分性。利用 FCM 智能聚类算法的分类结果，如图 3-25（a）所示，分为 3 个子脉冲群；图 3-25（b）为子脉冲群 1（噪声源，相位具有随机性），图 3-25（c）和 3-25（d）为子脉冲群 2 和 3（局部放电源，相位具有尖端放电和悬浮放电的相位分布特性）。

图 3-26（a）为利用人工手动聚类技术的分类结果，随意进行了 3 次聚类；图 3-26（b）依旧包含 2 个脉冲源，而图 3-26（c）和图 3-26（d）则分别仅包含 1 个脉冲源。

---

[1] 根据 Measurement Studio 编制效果以及前特征参数提取的要求，后续软件算法模块均基于 T 域、F 域波形的参数法进行开发软件模块。

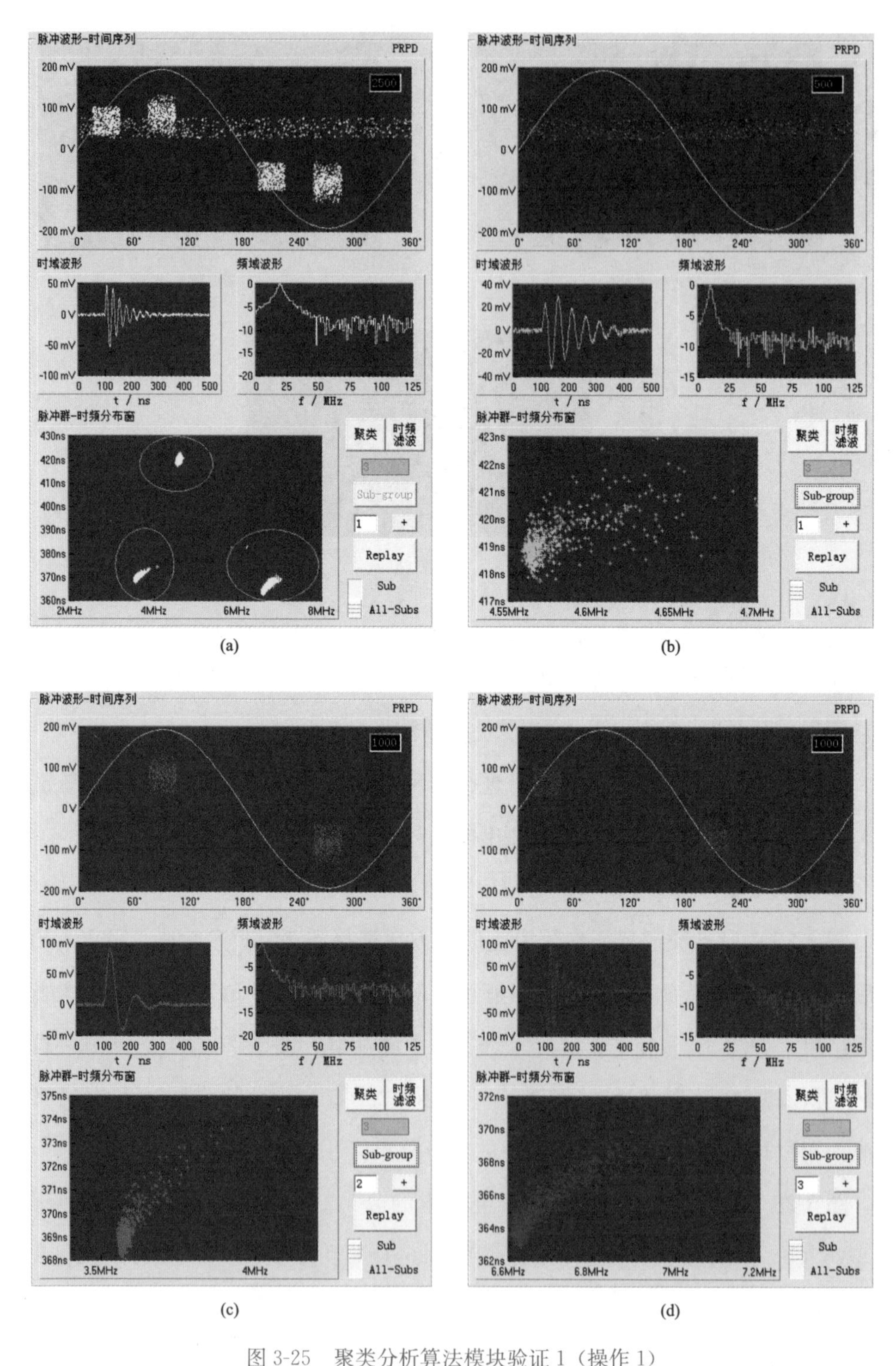

(a)

(b)

(c)

(d)

图 3-25　聚类分析算法模块验证 1（操作 1）

（a）原始数据（聚类 $b=3$）；（b）子脉冲群 1；（c）子脉冲群 2；（d）子脉冲群 3

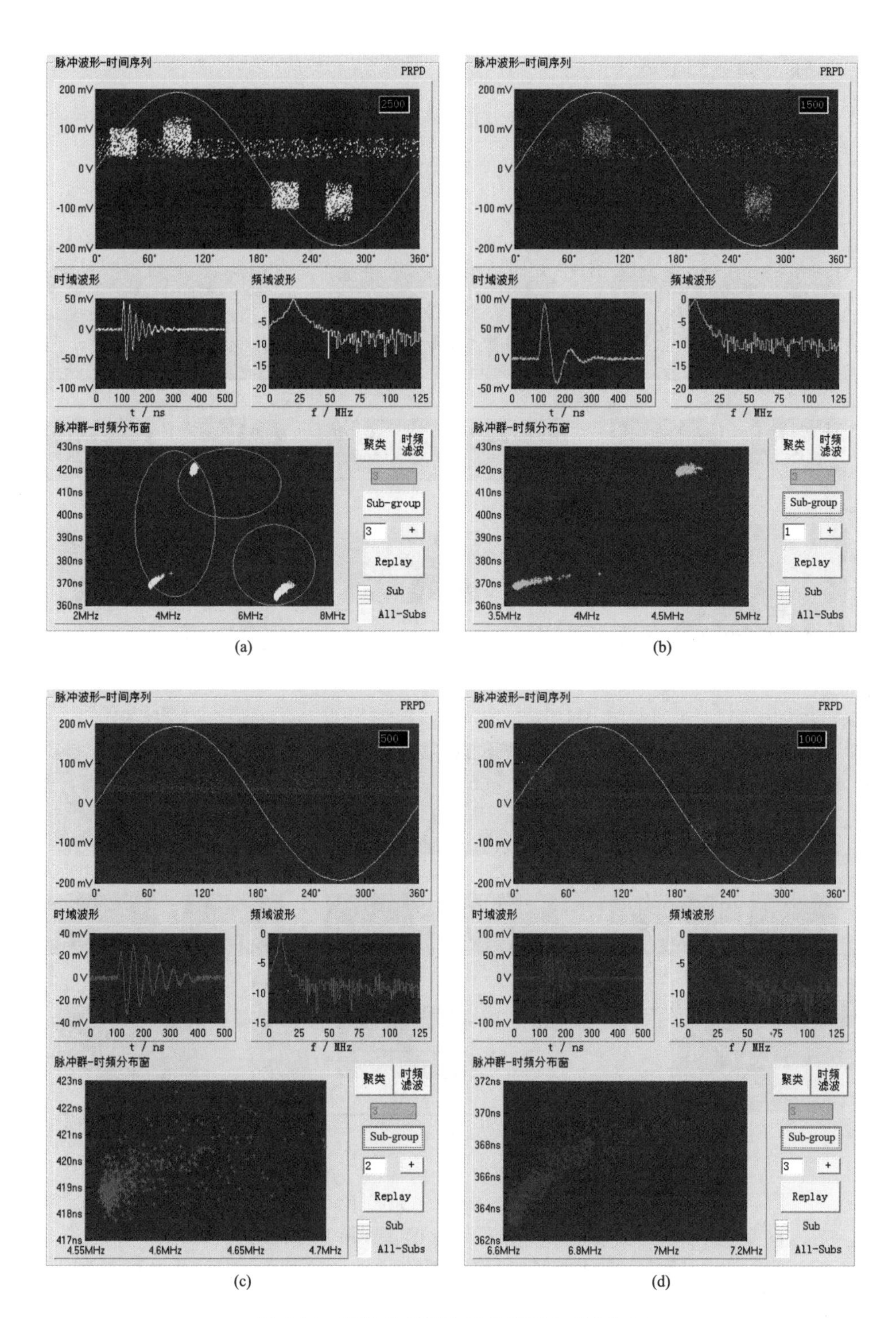

图 3-26 聚类分析算法模块验证 1（操作 2）

（a）原始数据（聚类 $b=3$）；（b）子脉冲群 1；（c）子脉冲群 3；（d）子脉冲群 4

3. 矩形时频滤波器

图 3-27 为图 3-22 所示矩形时频滤波器应用方法的算法验证 1，即交流下的应用。软件模块实现了随意手动设置 2 个矩形滤波器下的动态滤波。

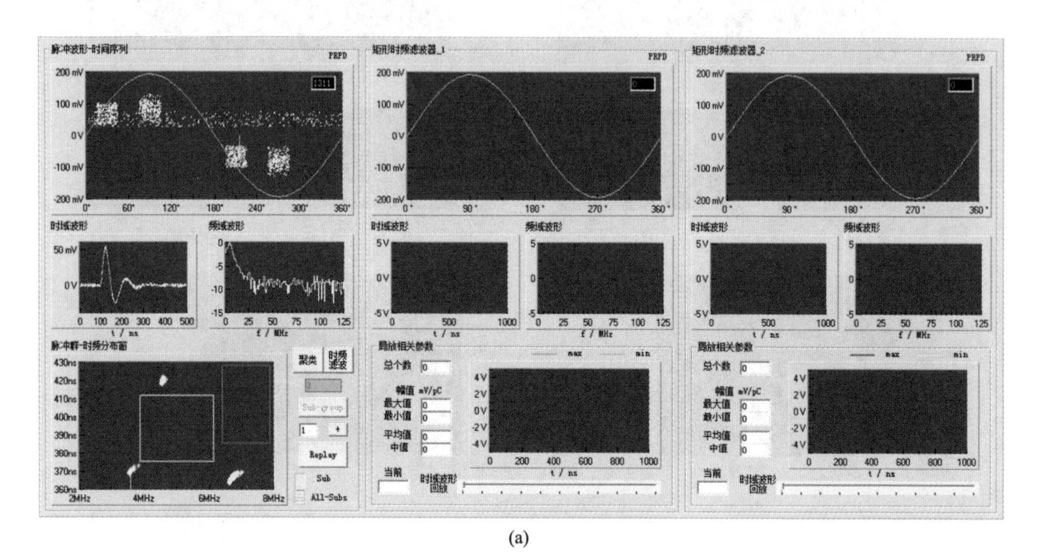

(a)

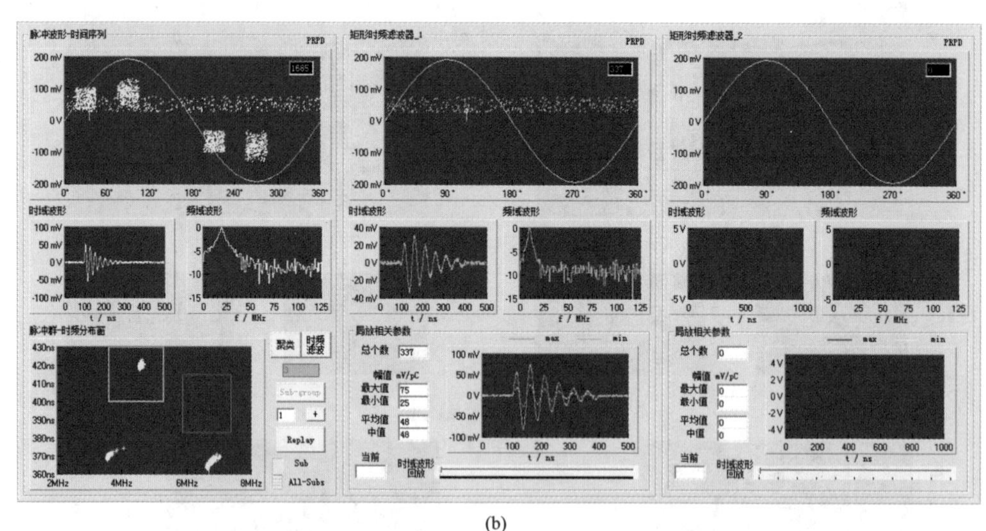

(b)

图 3-27 矩形时频滤波器算法验证（交流下）（一）

(a) 随意在二维时频窗上布置了 2 个时频滤波器，滤波器 1 和滤波器 2 中均无脉冲群；

(b) 布置了 2 个时频滤波器，滤波器 1 动态关联相位无序的背景噪声源、滤波器 2 中无脉冲群

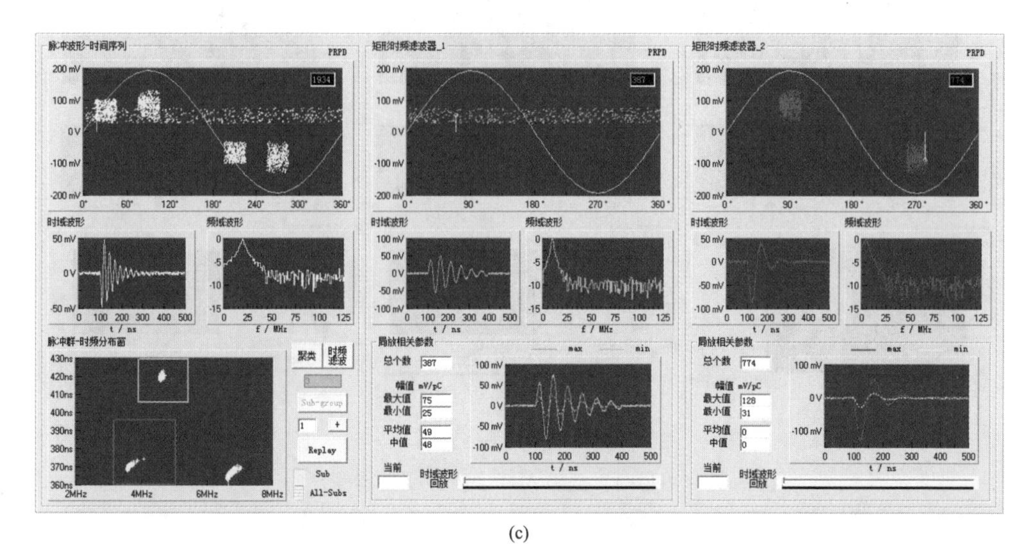

(c)

(d)

图 3-27　矩形时频滤波器算法验证（交流下）（二）

（c）布置了 2 个时频滤波器，滤波器 1 动态关联相位无序的背景噪声源、滤波器 2 动态关联相位有序即集中于 90°和 270°的局部放电源；

（d）布置了 2 个时频滤波器，滤波器 1 动态关联相位有序即集中于 90°和 270°的局部放电源、滤波器 2 动态关联相位有序即集中于 30°和 210°的局部放电源

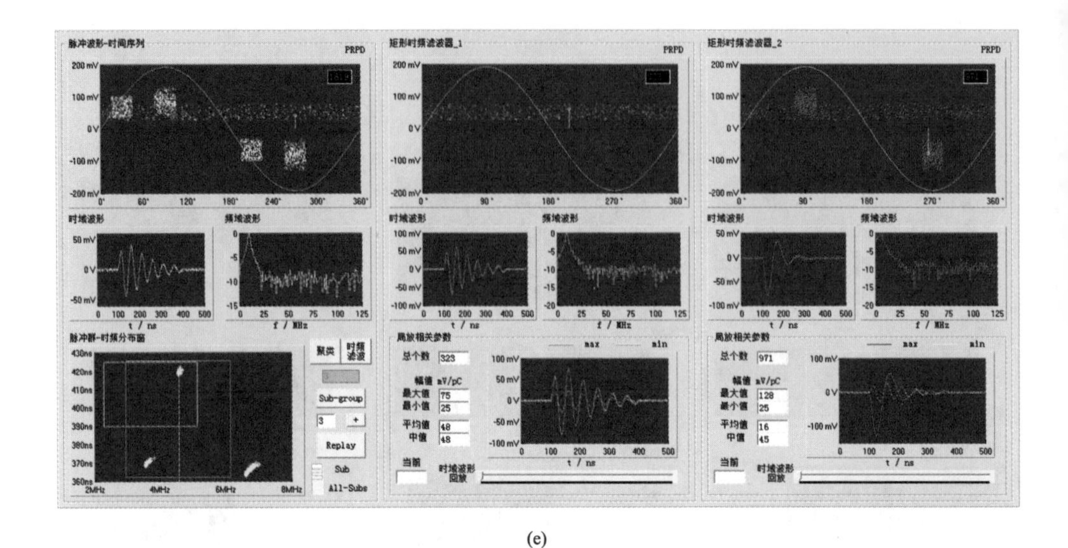

(e)

图 3-27　矩形时频滤波器算法验证（交流下）（三）

（e）矩形时频滤波器_1 包含子脉冲群 1、矩形时频滤波器_2 包含子脉冲群 1 和子脉冲群 2

图 3-28 为图 3-22 所示矩形时频滤波器应用方法的算法验证 2，即直流下的应用。同样，软件模块实现了随意手动设置 2 个矩形滤波器下的动态滤波。图 3-28（a）实现了矩形时频滤波器_1 无数据、矩形时频滤波器_2 中包括子脉

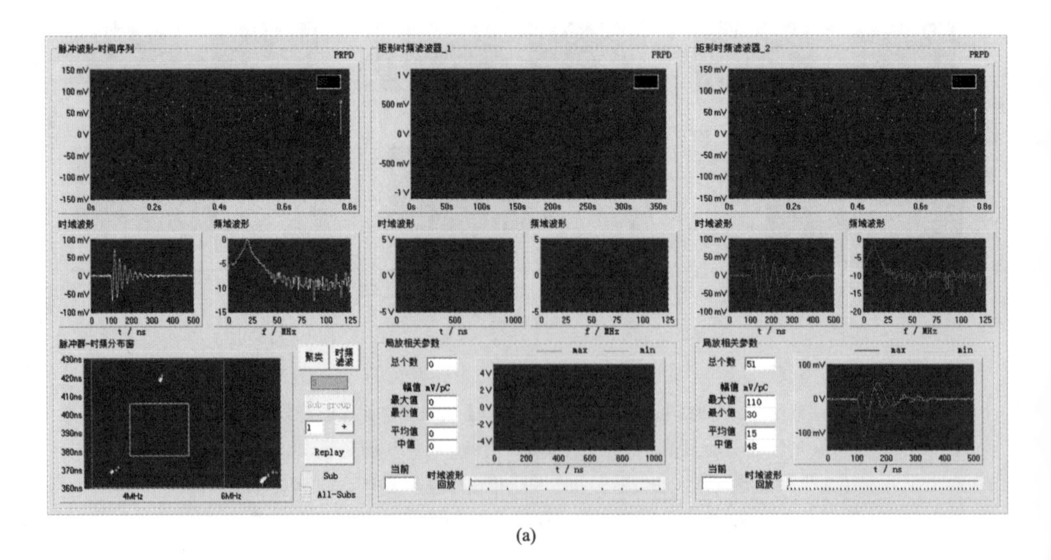

(a)

图 3-28　矩形时频滤波器算法验证（直流下）（一）

（a）矩形时频滤波器_1 无数据、矩形时频滤波器_2 中包括子脉冲群 1 和子脉冲群 2

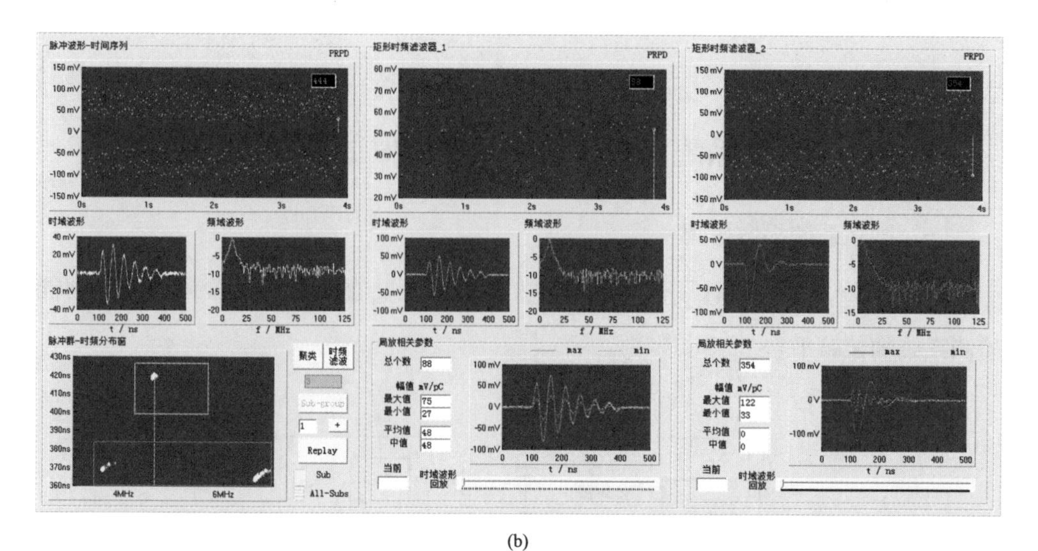

(b)

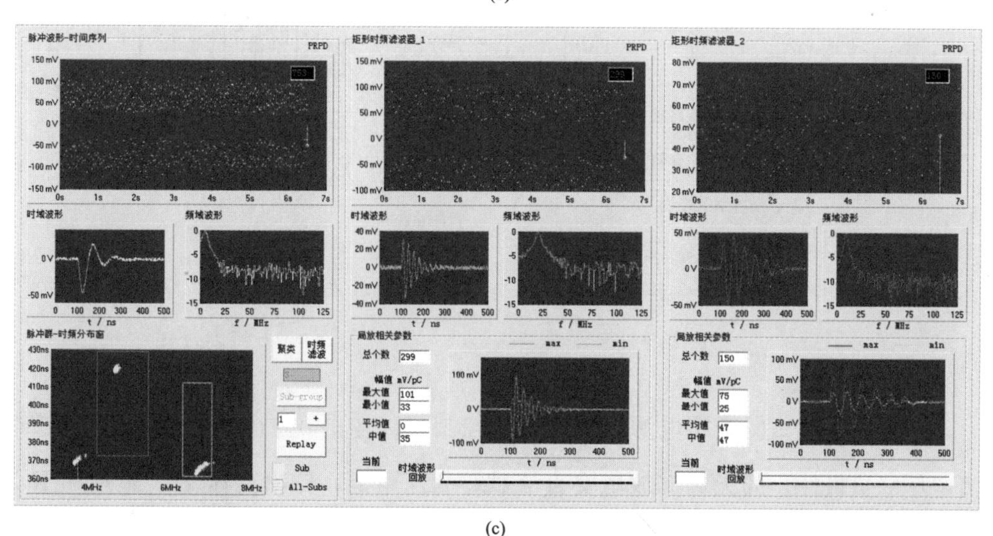

(c)

图 3-28 矩形时频滤波器算法验证（直流下）（二）

（b）矩形时频滤波器_1 包含子脉冲群 1、矩形时频滤波器_2 包含子脉冲群 2 和子脉冲群 3；

（c）矩形时频滤波器_1 包含子脉冲群 3、矩形时频滤波器_2 包含子脉冲群 1

冲群 1 和子脉冲群 2 的滤波功能；图 3-28（b）实现了矩形时频滤波器_1 包含子脉冲群 1、矩形时频滤波器_2 包含子脉冲群 2 和子脉冲群 3 的滤波功能；图 3-28（c）实现了矩形时频滤波器_1 包含子脉冲群 3、矩形时频滤波器_2 包含子脉冲群 1 的滤波功能。

第三节　交直流耐压试验局部放电智能检测系统平台搭建和干扰模拟试验

一、试验系统平台搭建

如图 3-29 所示，设计了采用双脉冲发生器验证交直流耐压试验局部放电智能检测系统的试验平台。

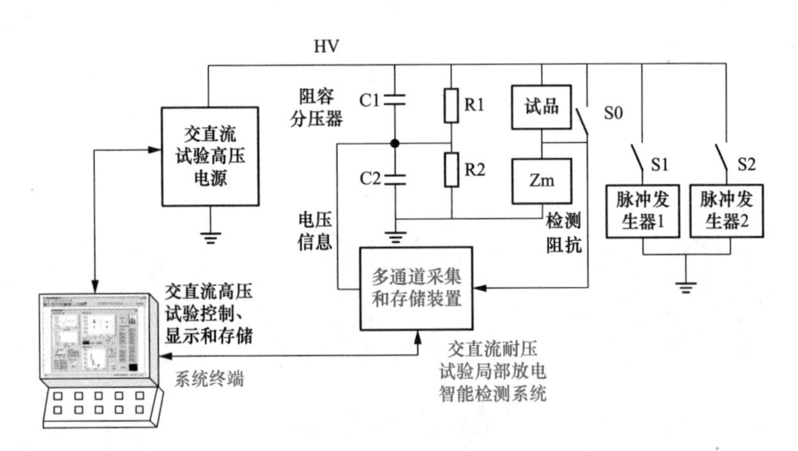

图 3-29　采用脉冲发生器验证脉冲群分离技术的试验系统

其中：

（1）交直流试验高压电源，通过程序控制可以输出 0～100kV 交流电压或直流电压（负极性）的无局部放电交直流试验高压电源，输出高压 HV 施加在 RC 阻容分压器和试品，即缺陷模型上。四个缺陷模型为：交流下模拟 PD 源，沿面缺陷（PDIV 22kV）、悬浮缺陷（PDIV 18kV）；直流下模拟 PD 源，沿面缺陷（PDIV －27kV）、悬浮缺陷（PDIV －23kV）。

（2）RC 阻容分压器，采用阻容并联式分压器，电压等级为 100kV，AC 精度为 1.0%、DC 精度为 0.5%。

（3）试品采用两个可以更换的、产生沿面放电或悬浮放电的缺陷模型，通过开关 S0 在试验回路里面投退。

（4）检测阻抗由无感电阻并联保护装置组成，阻值取为 100Ω，检测灵敏度为 0.5pC，测量 3dB 带宽 10kHz～50MHz，满足 250MS/s 超宽频带法以及进行脉冲波形—时间（相位）序列检测的性能要求。

（5）开关 S1 和 S2，在试验回路中投入或退出 2 个脉冲发生器，即 S1 控制脉冲发生器 1（脉冲发生器 1：10pC、100pC 和 1000pC 三挡，100Hz 发生频率）、S2 控制脉冲发生器 2（脉冲发生器 2：1pC、2pC、5pC、10pC、20pC、30pC、40pC、50pC、70pC、100pC 十挡，100Hz 发生频率）。选择电流脉冲法局部放电检测系统的校准脉冲发生器（参数性能满足计量标准 JJF 1616《电流脉冲法局部放电测试仪校准规范》），可以产生模拟局部放电源、稳定的脉冲波形—时间（相位）序列施加在试品两端上。

为了验证所述“超宽频带检测用脉冲群快速智能聚类和分离技术”后，再开发多通道采集和存储装置以及相应的软件，这里先设计和搭建了基于高速示波采集卡单通道工作模式的交流/直流局部放电检测系统，如图 3-30 所示，对应的检测软件如图 3-31 所示。图 3-31 所示的检测软件为交直流耐压试验局部放电智能检测系统的数据分析软件。

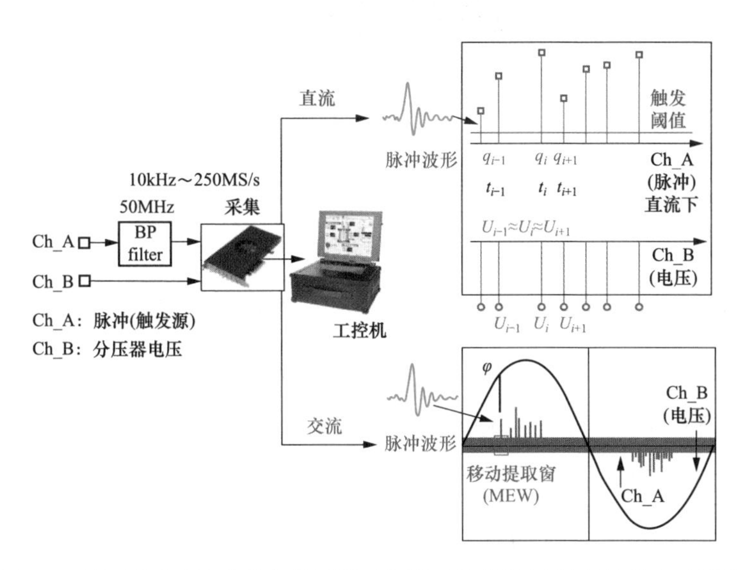

图 3-30　基于高速示波采集卡单通道工作模式的交流/直流局部放电检测系统

（一）直流局部放电检测模式

图 3-30 所示为直流局部放电超宽频带检测系统的主要结构示意（同轴电缆、匹配电阻等均省略），高速示波采集卡采用 PCIE-1425-x8。检测系统设置 2 个通

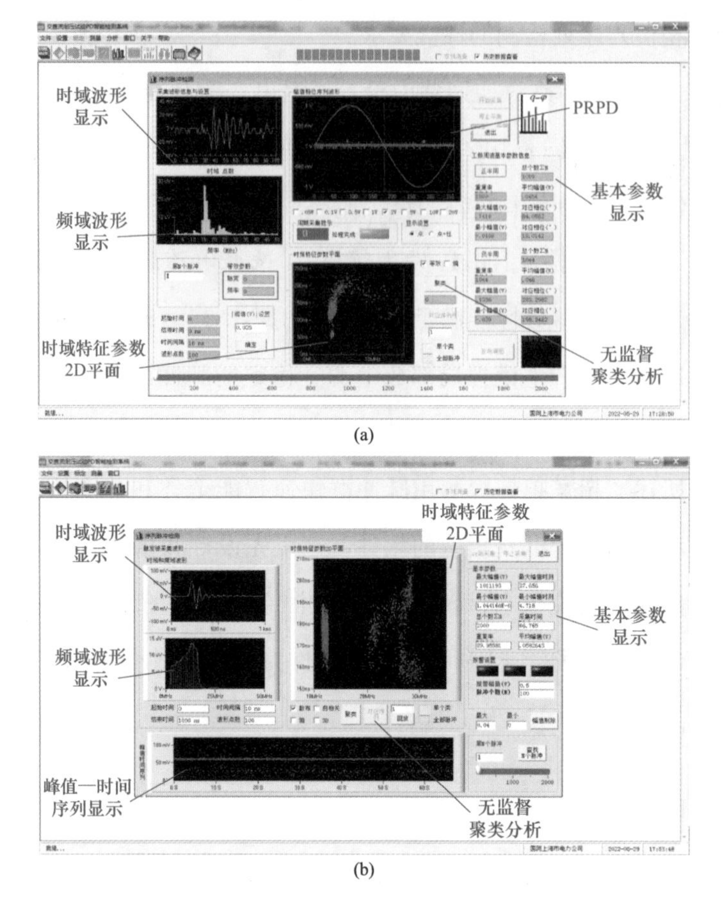

图 3-31　图 3-30 所示对应的测量软件

（a）交流单通道；（b）直流单通道

道，Ch_A 接局部放电耦合阻抗 Zm，而 Ch_B 与分压器低压臂相接，可记录当前直流试验的电压信号。Ch_A 前端接入 10kHz ～ 50MHz 的带通滤波器，滤除工频干扰和无用的低频信号，输入阻抗为 50Ω，与信号传输电缆良好匹配。下面对检测系统工作时的参数设置进行简单描述。

其中，PCIE-1425-x8 采集卡产品指标：支持 2/4 通道同步采集，支持多卡同步扩展；14bit 转换精度，DC 耦合，板载 4GB DDR3 存储器；输入电压 ±250mV、±500mV、±1V、±2V；阻抗为 50Ω；支持 GPS 秒脉冲输入，支持外参考时钟，外采样时钟；支持数字采集、模拟采集、混合采集；支持多种触发，外部触发，通道触发，混合触发等，可设置灵活的触发条件；PCIe x8 Gen2 数据传输接口，连续传输率 2.5Gbit/s；FPGA 支持自定义逻辑开发，接口简单。

检测系统工作时，采集卡参数设置如下：Ch_A 采样率 250MS/s，采集长度可人为设置为 250 点、500 点、…、1250 点，分别对应脉冲记录波形时间长度 1～5μs，用于适应不同持续长度的电流脉冲波形；Ch_A 为触发通道，触发类型（上升沿或下降沿）根据直流电压极性设置（当传感器与试品串接时，触发类型与直流电压极性相同；而当传感器与耦合电容串接时，触发类型与直流电压极性相反）；采集卡触发阈值即为采集局部放电电流脉冲波形的最小峰值。

由于 Ch_B 采集的直流电压信号近似为稳恒值（$U_{i-1} \approx U_i \approx U_{i+1}$），不对直流局部放电分类和判别等相关工作提供有效信息，因此检测系统实际工作时一般可设置为仅 Ch_A 工作。在设置一个略大于背景噪声的触发阈值后，检测系统将采集获取脉冲群即脉冲波形—时间序列，其可能为局部放电信号，也可能包含其他未知随机干扰源信号。

（二）交流局部放电检测模式

同样，图 3-30 给出了交流局部放电脉冲宽带检测系统主要结构：高速示波采集卡采用 PCIE-1425-x8，Ch_A 接局部放电耦合阻抗 Zm，而 Ch_B 则作为触发源，与分压器低压臂相接。Ch_A 采集前端接入 10kHz～50MHz 的带通滤波器，滤除工频干扰和无用的高频信号。系统工作时，采集卡参数设置如下：Ch_A 采样率 250MS/s，采集长度为 5MS；通道 1 为触发通道，上升沿触发，触发电平为 0V。这样，通道 0 采集数据的时间为 5M/(250MS/s)＝20ms，为一个工频周期。采集获取数据点的相位信息 φ 如图 3-30 中所示，起始点和结束点分别对应为工频电压初始和结束相位。

系统在 Ch_A 检测获取的 5M 个点数据中，如图 3-30 所示，可以使用设置某一阈值的移动提取窗（moving extraction window，MEW）进行局部放电脉冲群提取。MEW 的长度可设置为 250（1μs）、500（2μs）和 1000（4μs）等，从而满足不同脉冲波形长度的要求。MEW 脉冲提取效果如图 3-32 所示。局部放电脉冲信号的相位信息可通过计算获取，即

$$\varphi(i) = 360i/5M, \quad i = 0, 1, \cdots, 5M-1 \tag{3-24}$$

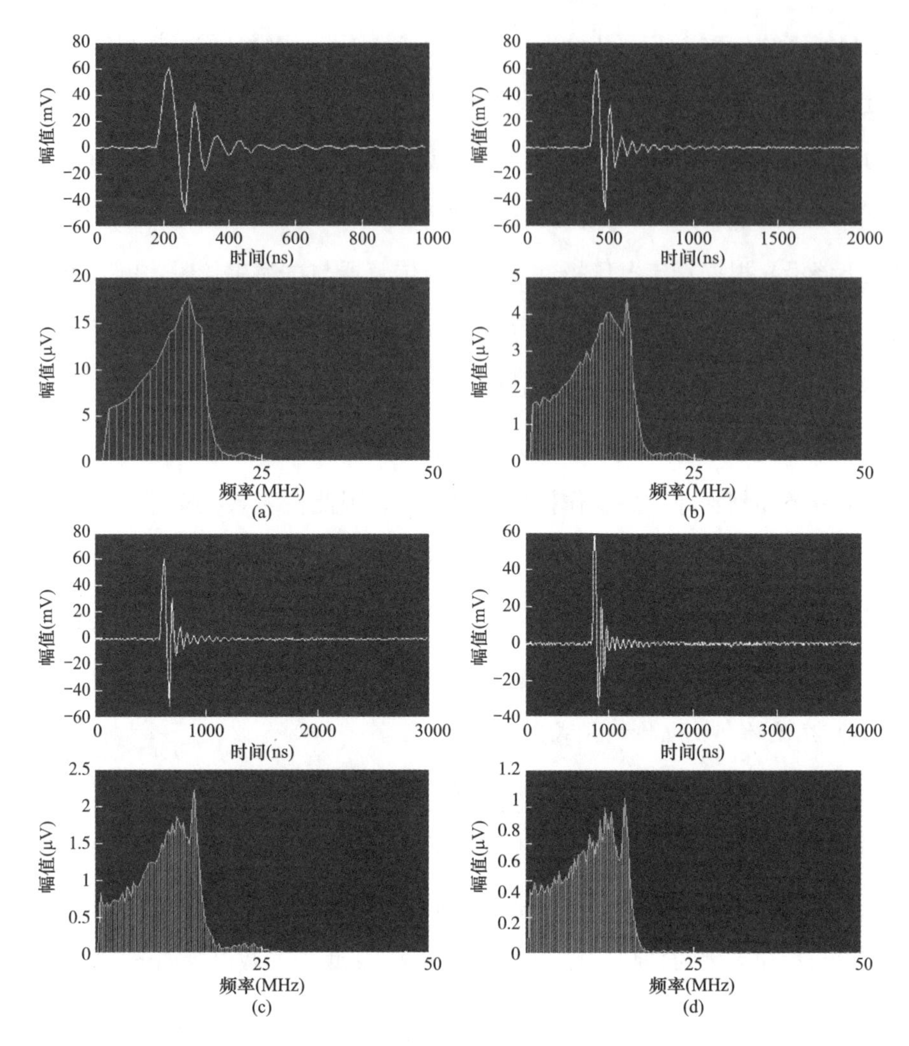

图 3-32 不同记录时长下的同一个脉冲源采集的时域波形比对

(a) 1μs；(b) 2μs；(c) 3μs；(d) 4μs

单个脉冲对应的相位以其最大幅值点对应的 $\varphi(i)$ 来近似并记录存储。由式（3-24）决定的相位分辨率足以满足基于 PRPD 放电谱图进行模式识别的要求。

$2M$ 个点数据中脉冲提取完毕后，即一个处理周期完毕。系统将会被下一个试验工频电压的零相位触发，从而进行下一个周期的信号采集。采集卡采集长度可以设置为 16MS，这样采集一次数据，将处理 8 个工频周期的局部放电数据。在系统处理 100 个工频周期以后，将获取足够多的局部放电脉冲数，可以进行统计分析。

二、干扰模拟试验

（一）脉冲量—幅值校核试验

1. 试验说明

利用两个脉冲发生器，基于图 3-29，在合上 S0 后分别合上 S1 或 S2 开展 2 次放电量—幅值核查试验。

核查试验 1：选用可产生放电量分别为 10pC、100pC 和 1000pC 的电流脉冲波形。系统获取相应放电量下的对应电压幅值以及典型脉冲波形。其中，对应电压幅值为检测系统记录的相应放电量下 1000 个电流脉冲波形的平均峰值电压值，用于分析在 10～100pC、100～1000pC 下，放电量与对应电流脉冲波形的峰值电压幅值的关系。

核查试验 2：选用可产生放电量分别为 1pC、2pC、5pC、10pC 和 100pC 等不同的电流脉冲波形。同样，对应电压幅值为检测系统记录的相应放电量下 1000 个电流脉冲波形的平均峰值电压值，用于分析在 2～100pC 下，放电量与对应电压幅值的关系。

2. 试验结果

核查试验 1 选用可产生放电量分别为 10pC、100pC 和 1000pC 的电流脉冲波形。检测系统获取相应放电量下对应电压幅值以及典型脉冲波形如图 3-33（a）和图 3-34 所示。其中，对应电压幅值为检测系统记录相应放电量下 1000 个电流脉冲波形的平均峰值电压值。分析可以得出，在 10～100pC、100～1000pC 下，放电量与对应电流脉冲波形的峰值电压幅值有良好的线性关系。

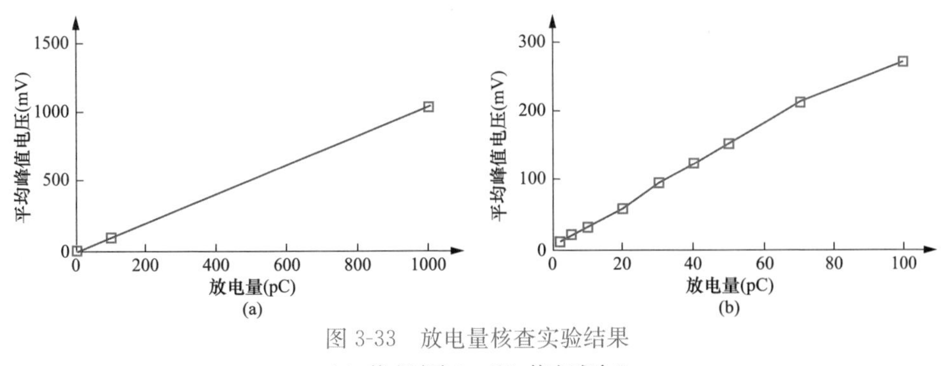

图 3-33　放电量核查实验结果

（a）核查试验 1；（b）核查试验 2

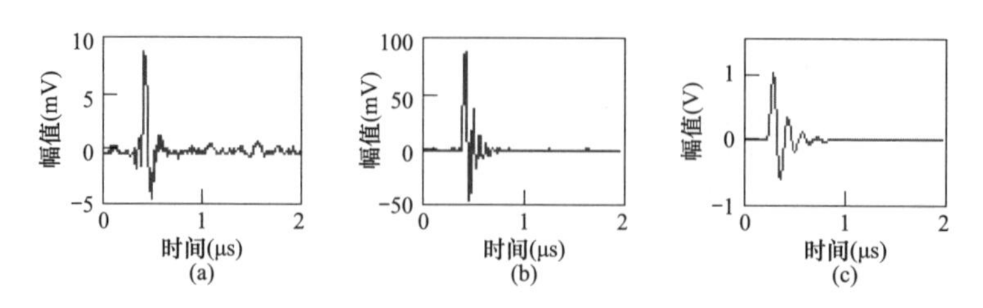

图 3-34 不同放电量幅值下检测系统获取的单个电流脉冲波形（核查试验 1）
（a）10pC 下脉冲波形；（b）100pC 下脉冲波形；（c）1000pC 下脉冲波形

核查试验 2 选用可产生放电量分别为 2pC、5pC、10pC 和 100pC 等不同的电流脉冲波形。检测系统获取相应放电量下的对应电压幅值以及典型脉冲波形如图 3-33（b）和图 3-35 所示。同样，对应电压幅值为检测系统记录的相应放电量下 1000 个电流脉冲波形的平均峰值电压值。分析可以得出，在 2～100pC 下，放电量与对应电压幅值有很好的线性关系。图 3-35（a）给出了 1pC 下检测系统获取

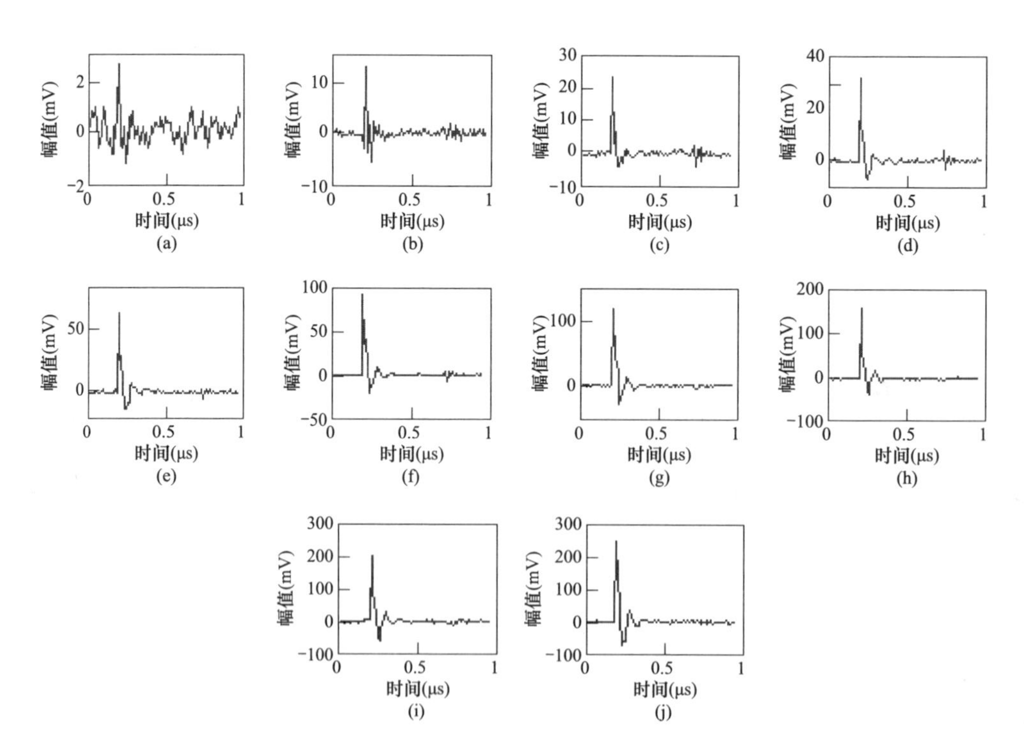

图 3-35 不同放电量幅值下检测系统获取的单个电流脉冲波形（核查试验 2）
（a）1pC 下脉冲波形；（b）2pC 下脉冲波形；（c）5pC 下脉冲波形；（d）10pC 下脉冲波形；
（e）20pC 下脉冲波形；（f）30pC 下脉冲波形；（g）40pC 下脉冲波形；
（h）50pC 下脉冲波形；（i）70pC 下脉冲波形；（j）100pC 下脉冲波形

的电流脉冲波形，由于其受背景噪声影响，脉冲群平均峰值电压不准确，因此图 3-33（b）中不列出相应的放电量与对应峰值电压。

（二）脉冲源试验

1. 试验说明

图 3-29 中，HV 交直流试验高压电源不工作，利用两个脉冲发生器同时合上 S1 和 S2 开展多脉冲源监测试验。

2. 交流局部放电检测模式

图 3-36 使用两个脉冲重复率为 100Hz 的脉冲发生器（标定源）以模拟两个局部放电源，在设置交流工作模式下采集过程中进入了大量背景噪声（无相位分布特征，0～360°均有）。图 3-29 搭建的单通道交直流耐压试验局部放电智能检测系统中，脉冲群快速分类技术可以进行 3 个脉冲源（2 个标定源+1 个噪声源）的分离。

3. 直流局部放电检测模式

图 3-37 同样使用两个脉冲重复率为 100Hz 的脉冲发生器（标定源）以模拟两个局部放电源，在设置直流工作模式下采集了脉冲波形—时间序列。图 3-29 搭建的单通道交直流耐压试验局部放电智能检测系统中，脉冲群快速分类技术可以进行 2 个脉冲源（2 个标定源）的分离，监测过程中没有出现干扰源。

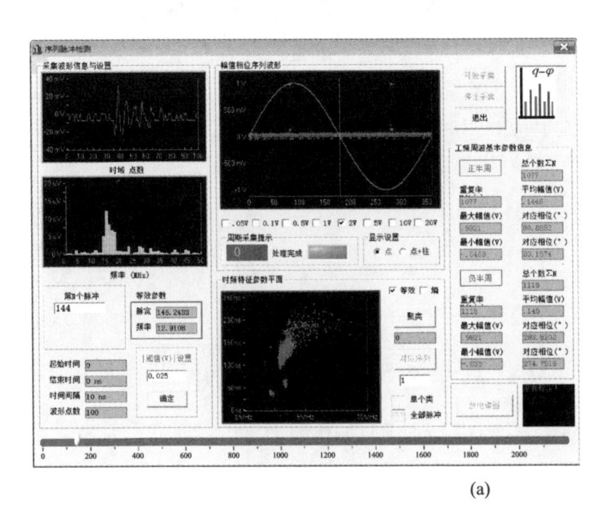

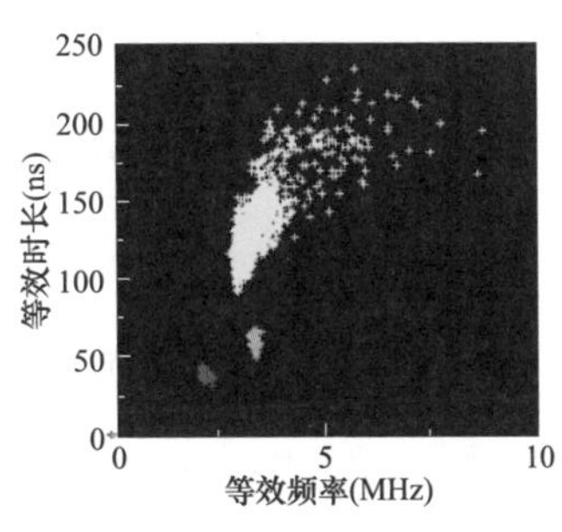

(a)

图 3-36　受干扰的双脉冲源监测（一）

（a）脉冲群检测结果

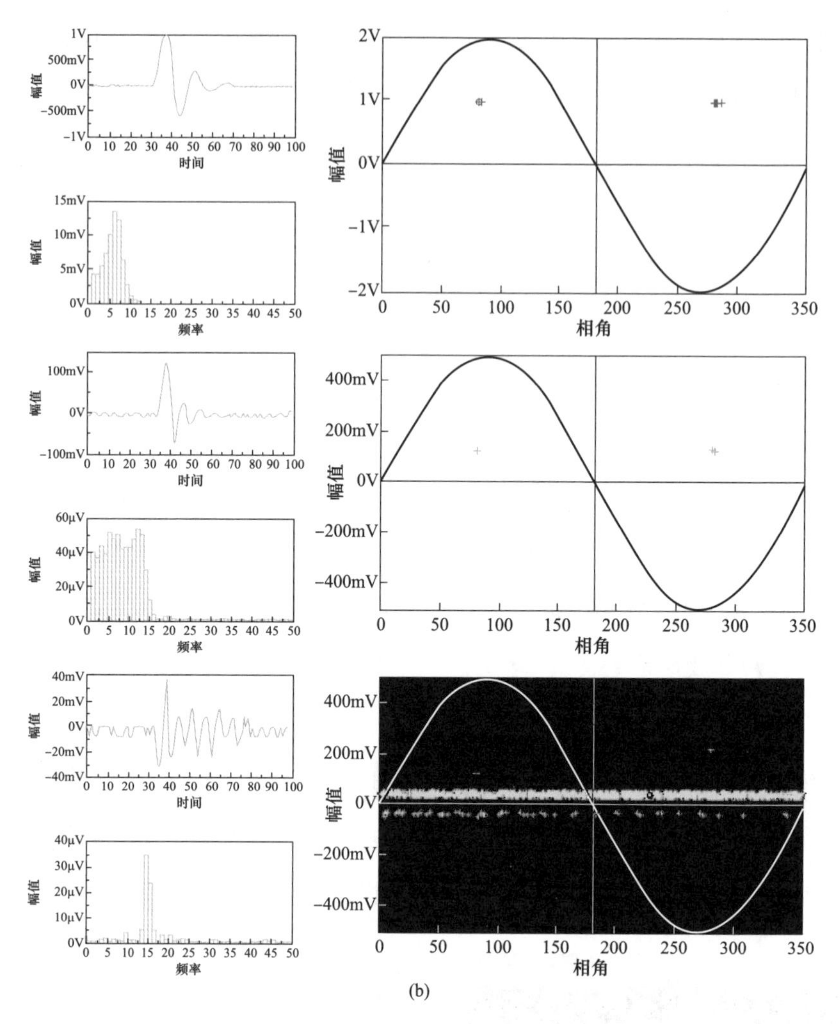

图 3-36 受干扰的双脉冲源监测（二）

（b）分离结果

（三）缺陷放电源试验

1. 试验说明

图 3-29 中，两个脉冲发生器不工作且开关 S0、S1 和 S2 均断开，HV 工作，分别采用沿面放电或悬浮放电的缺陷模型进行缺陷放电源监测。

2. 交流局部放电检测模式

图 3-38 基于试验方案中设计的采用双脉冲发生器验证交直流耐压试验局部放电智能检测系统的试验平台，在交流试验高压电源下进行了沿面模型的缺陷放电

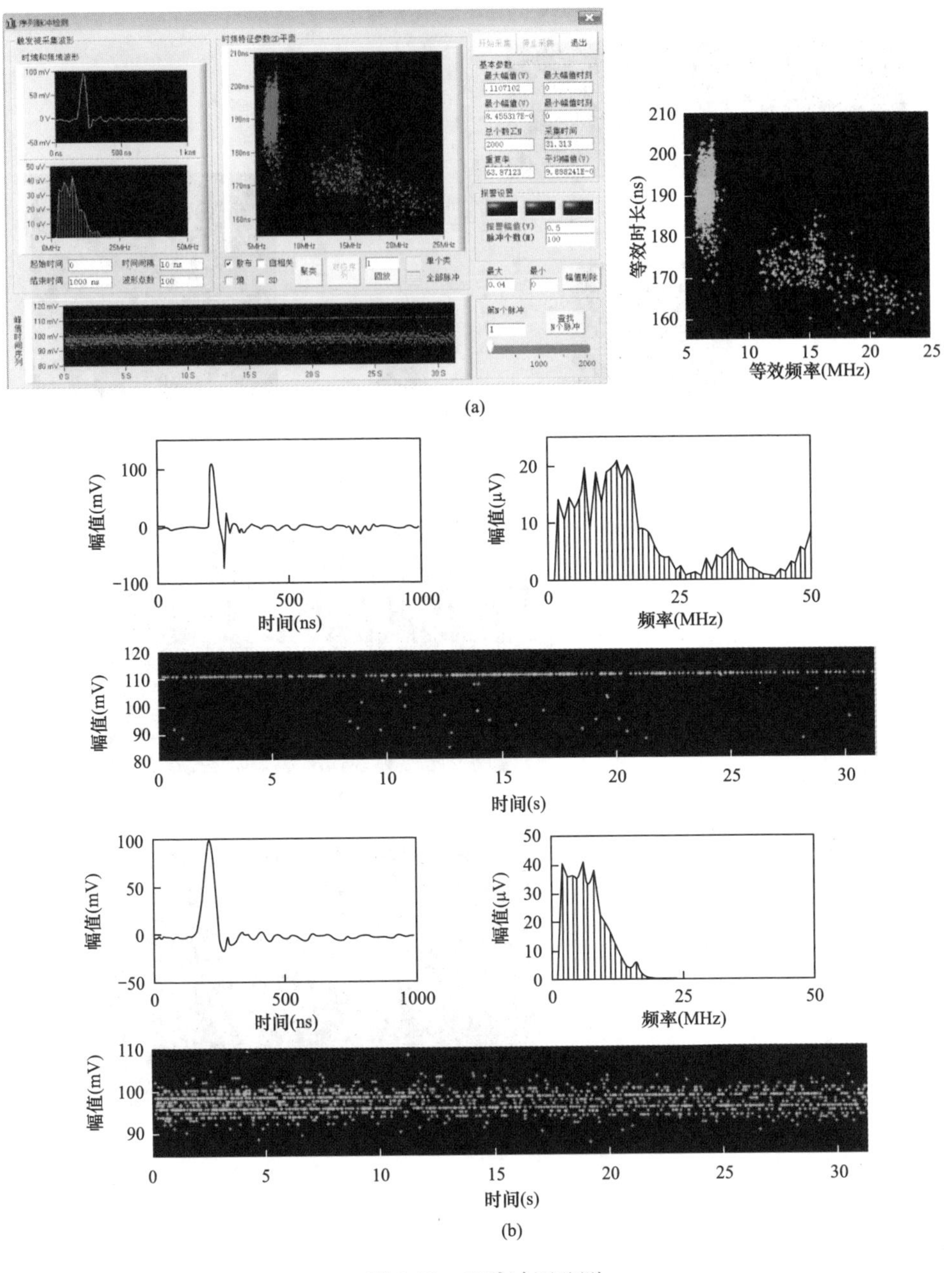

图 3-37　双脉冲源监测

(a) 脉冲群检测结果；(b) 分离结果

试验。图 3-29 搭建的单通道交直流耐压试验局部放电智能检测系统中的脉冲群快速分类技术对出现的干扰脉冲源进行了有效分离。

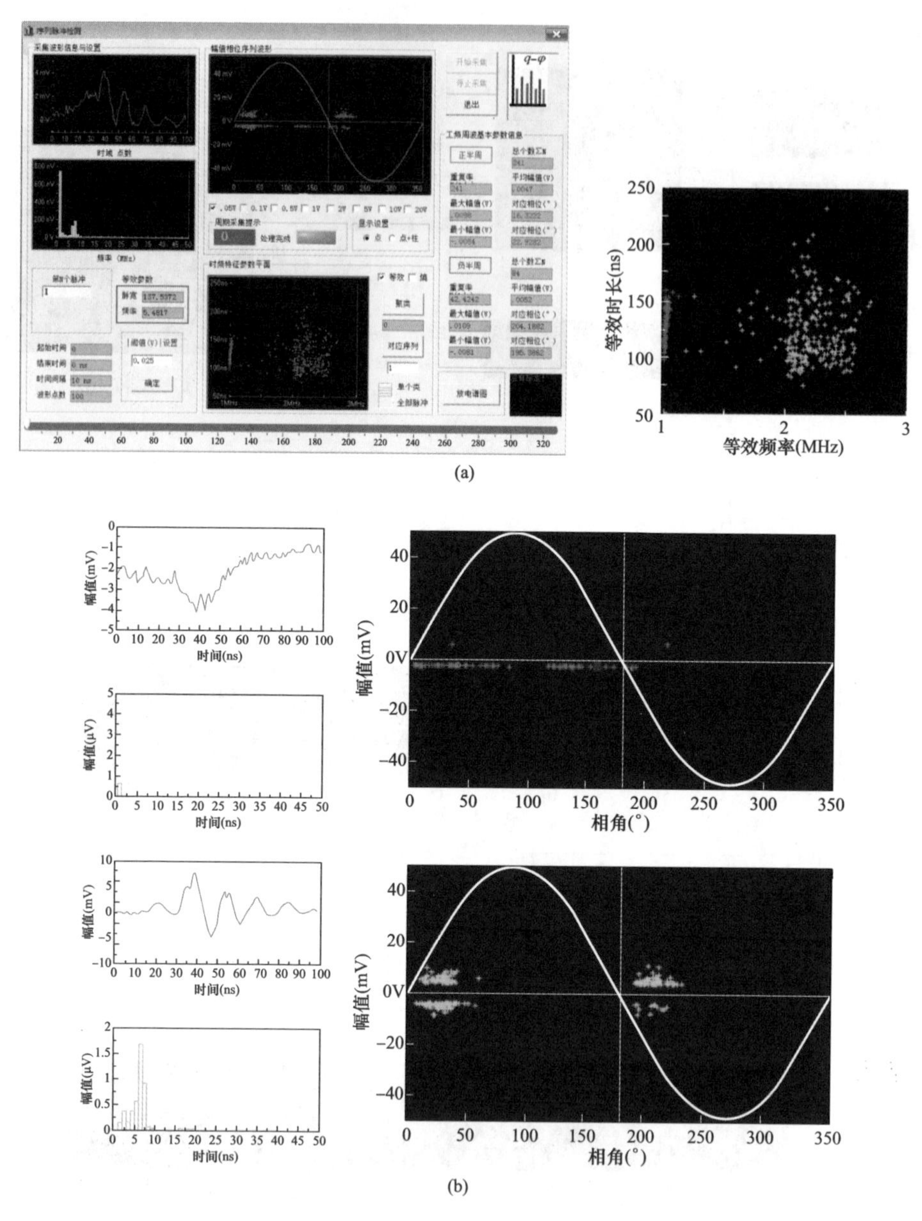

图 3-38　交流下沿面放电源试验

（a）脉冲群检测结果；（b）分离结果

图 3-39 同样基于试验方案中设计的采用双脉冲发生器验证交直流耐压试验局部放电智能检测系统的试验平台，在交流试验高压电源下进行了悬浮模型的缺陷放电试验。由于悬浮模型的放电幅值较大，整个试验过程中单通道交直流耐压试验局部放电智能检测系统没有记录到其他类型的脉冲源。

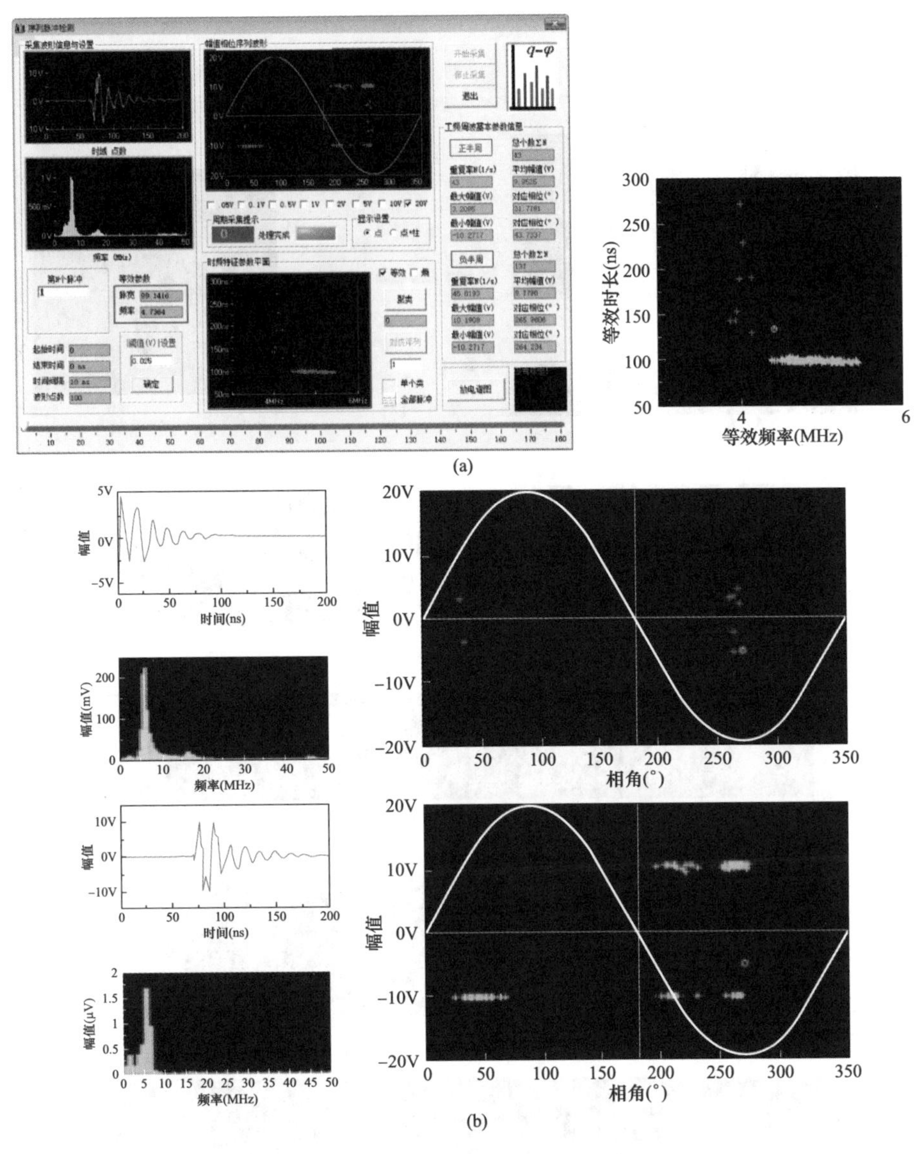

(a)

(b)

图 3-39　交流下悬浮放电源试验

(a) 脉冲群检测结果；(b) 分离结果

3. 直流局部放电检测模式

图 3-40 基于试验方案中设计的采用双脉冲发生器验证交直流耐压试验局部放电智能检测系统的试验平台，在直流试验高压电源下进行了沿面模型的缺陷放电试验。在长时耐压过程中，约 1600s 处连续出现了 2 簇随机脉冲源，搭建的单通道交直流耐压试验局部放电智能检测系统使用的脉冲群快速分类技术对出现的干

扰随机脉冲源进行了有效分离。

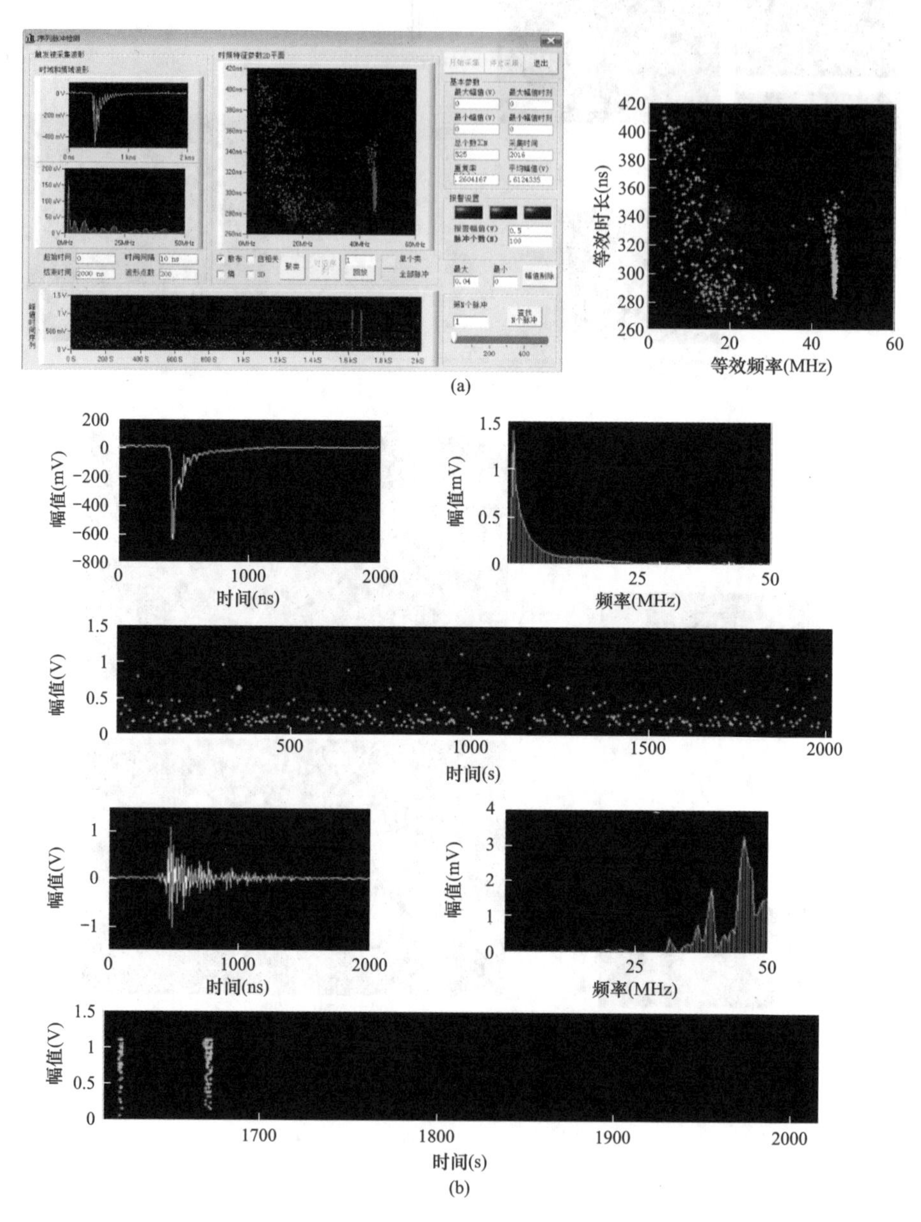

图 3-40 直流下沿面放电源试验

（a）脉冲群检测结果；（b）分离结果

图 3-41 同样基于试验方案中设计的采用双脉冲发生器验证交直流耐压试验局部放电智能检测系统的试验平台，在直流试验高压电源下进行了悬浮模型的缺陷

放电试验。在长时耐压过程中，基于传统的脉冲峰值—时间序列是无法判断在整个过程中是否有干扰源存在，在时频特征参数 2D 平面可以看出脉冲群具有 2 个子脉冲源。图 3-30 所示基于高速示波采集卡单通道工作模式的交流/直流局部放电检测系统的脉冲群快速分类技术对出现的干扰随机脉冲源进行了成功分离。

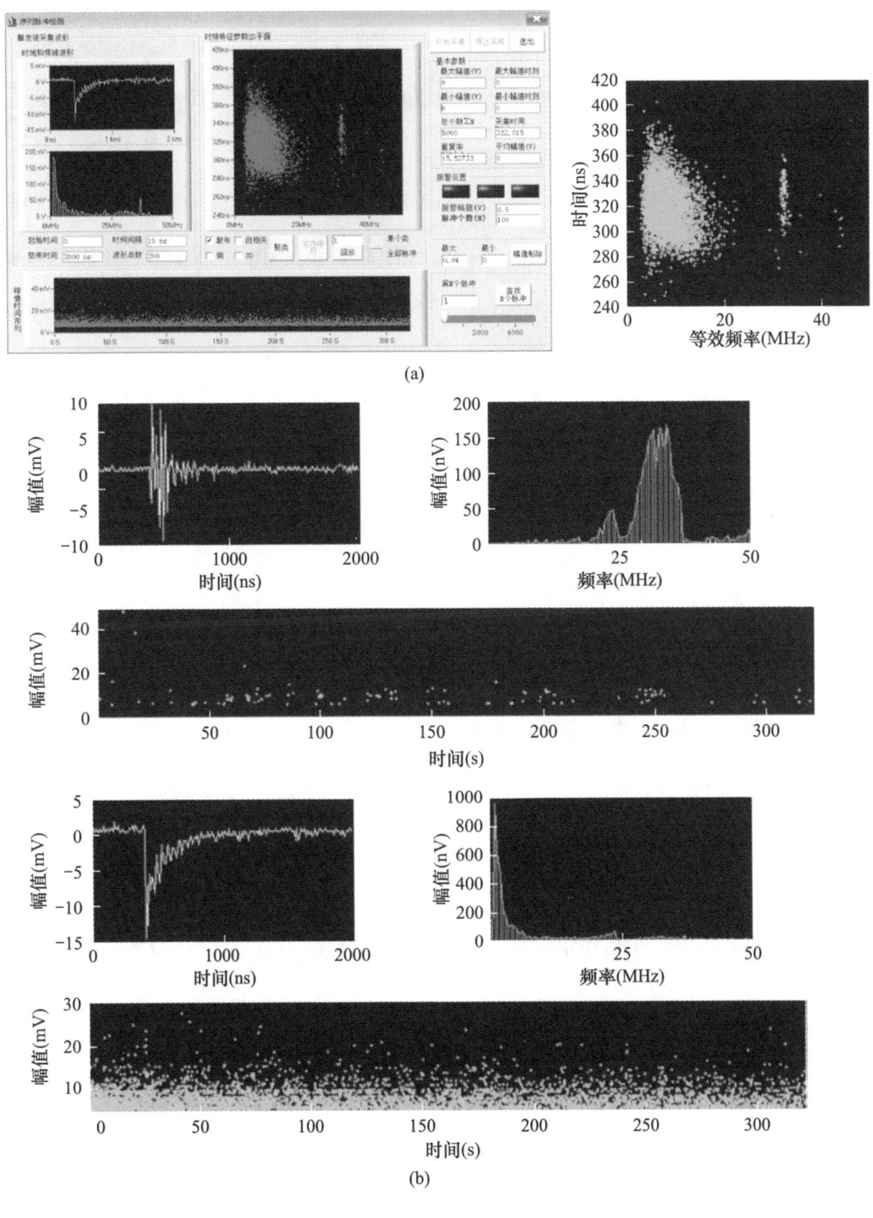

图 3-41　直流下悬浮放电源试验

(a) 脉冲群检测结果；(b) 分离结果

参 考 文 献

[1] CONTIN A，CAVALLINI A，MONTANARI G C，et al. Digital detection and fuzzy classification of partial discharge signals [J]. IEEE Transactions on Dielectrics and Electrical Insulation，2002，9 (3)：335-348.

[2] RETHMEIER K，VANDIVER B，OBRALIC A，et al. Benefits of synchronous multi-channel PD measurements [C]. Electrical Insulation and Dielectric Phenomena，CEIDP 2007：819-823.

[3] RETHMEIER K，KRAETGE A，VANDIVER B，et al. Separation of superposed PD faults and noise by synchronous multi-channel PD data acquisition [C]. 2008 IEEE International Symposium on Electrical Insulation，2008，611-615.

[4] KRAETGE A，RETHMEIER K，KRUGER M，et al. Synchronous multi-channel PD measurements and the benefits for PD analyses [C]. 2010 IEEE Transmission and Distribution Conference and Exposition，2010：1-6.

[5] 杨丽君，孙才新，廖瑞金，等. 采用等效时频分析及模糊聚类法识别混合局部放电源 [J]. 高电压技术，2010，36 (7)：1710-1717.

[6] 沈煜，阮羚，谢齐家，等. 采用甚宽带脉冲电流法的变压器局部放电检测技术现场应用 [J]. 高电压技术，2011，04：937-943.

[7] 陈小林，蒋雁，逯丽若，等. 超宽频带局部放电时域信号的指纹特征分析方法 [J]. 高电压技术，2001，04：13-15.

[8] 魏本刚，姚周飞，贺林，等. 多局部放电检测分类用特征提取时频算子 [J]. 高压电器，2018，54 (11)：12-17.

[9] 成永红，李伟，谢恒. 超宽频带局部放电传感器的研究 [J]. 高电压技术，1998，01：9-11.

[10] 成永红，谢恒，李伟. 超宽频带局部放电检测中实时采样技术的研究 [J]. 高电压技术，1998，03：10-12，16.

[11] 成永红，谢小军，陈玉，等. 气体绝缘系统中典型缺陷的超宽频带放电信号的分形分析 [J]. 中国电机工程学报，2004，08：102-105.

[12] 杨永明，严欣平，孙才新. 抑制宽频带局部放电在线监测系统中周期性干扰的直接陷波滤

波法的研究［J］. 仪器仪表学报，2001，22（4）：419-421.

［13］ WERLE P，BORSI H，GOCKENBACH E. Hierarchical cluster analysis of broadband measured partial discharges as part of a modular structured monitoring system for transformers［C］. IET 1999 Eleventh International Symposium on High Voltage Engineering，1999：29-32.

［14］ 张建文，陈焕栩，周鹏. 基于小波阈值的局部放电去噪新方法［J］. 电工电能新技术，2017，36（08）：80-88.

第四章　交直流耐压试验局部放电智能检测系统设计与研制

基于国内现行标准规定的局部放电试验程序，可以设计符合工程实际需求、基于超宽频带检测的脉冲群快速智能聚类和分离技术方案。依据方案对交直流耐压试验用局部放电脉冲群智能数据处理和显示技术对应软件模块设计及算法验证后，开发了交直流耐压试验用局部放电脉冲群智能数据处理软件，具备脉冲波形—时间序列显示、特征参数提取、聚类分析，以及单个脉冲波形的时域、频域波形显示等功能。

第一节　系　统　设　计

一、模块组成

根据“变压器交直流耐压试验局部放电智能检测系统配置”技术方案（见图 4-1），可研制如图 4-2 所示的检测系统，主要由宽带传感器、多通道采集和存储装置以及系统终端（PC 机）组成。同时，根据图 4-3 所示变压器交直流耐压局部放电试验的接线方式，局部放电智能检测系统可配置图 4-4 所示的 3 种宽带传感器（检测阻抗、电流互感器和套管耦合器）检测变压器油纸绝缘缺陷对应内部局部放电源产生的脉冲波形—时间序列。

图 4-2 所示系统组成：

（1）可以作为变压器局部放电源耦合装置的宽带传感器包括检测阻抗、电流互感器以及套管耦合器。

（2）设计多通道采集和存储装置进行脉冲波形—时间序列和局部放电试验电压波形的采集：①局部放电检测通道的滤波器和带宽设置应与宽带传感器匹配；②电压检测通道应满足记录直流电压波形等的相关要求；③装置功能可以按满足

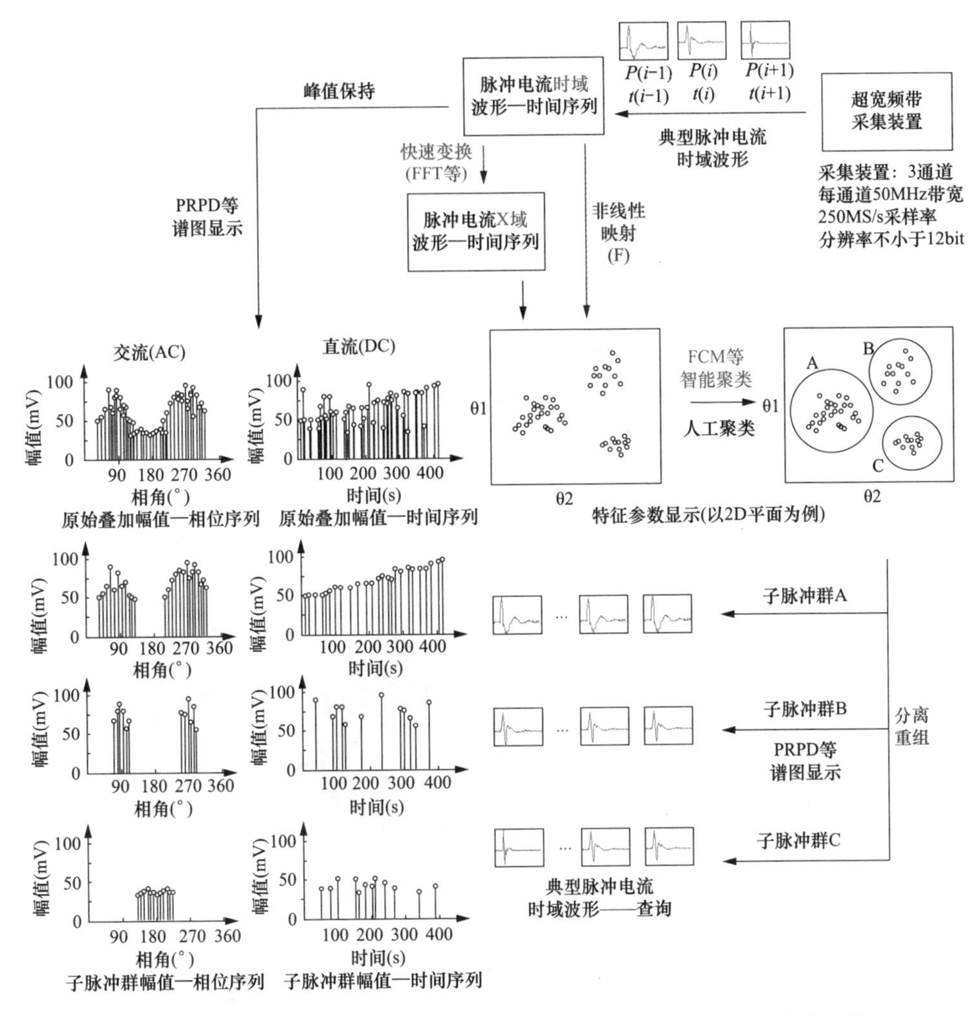

图 4-1 “变压器交直流耐压试验局部放电智能检测系统配置”技术方案

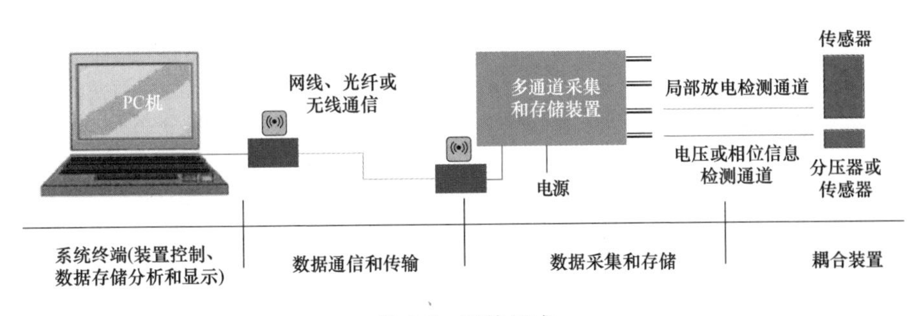

图 4-2 系统组成

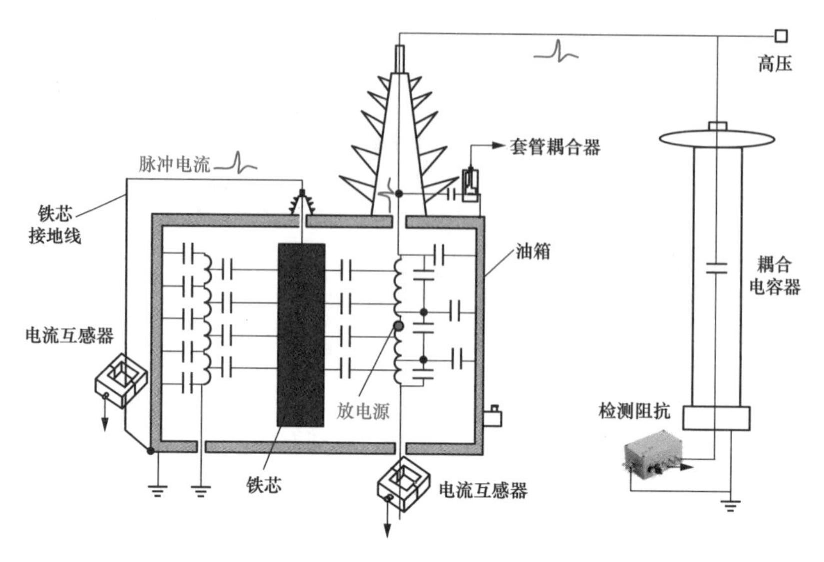

图 4-3　耐压局部放电智能检测试验回路示意

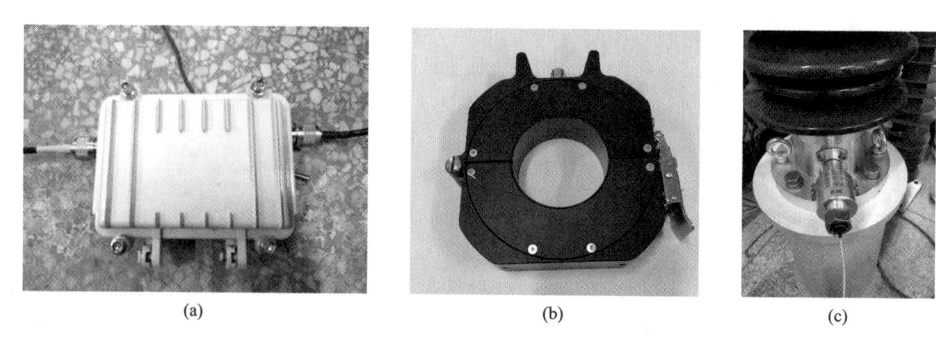

图 4-4　三种宽带传感器

（a）检测阻抗；（b）电流互感器；（c）套管耦合器

诊断型局部放电试验进行设计，也可按用户需求进行特殊设计。

（3）可采用网线、光缆或无线通信等方式实现多通道采集和存储装置与系统终端的连接，实现数据通信和传输。

（4）系统终端上装有多通道采集和存储装置控制、数据存储分析和显示软件：①与多通道采集和存储装置进行数据通信和传输；②对多通道采集和存储装置能够进行实时控制（主要为参数设置，包括采样率、触发阈值、单个脉冲波形记录时间长度、触发记录位置、脉冲记录个数等），以及当前实时采样数据的访问、存储、分析和显示；③脉冲群快速分类技术对应核心软件模块的应用；④当前数据文件的分析报告自动生成；⑤历史数据文件的调用，分析和显示。

二、宽带传感器

局部放电智能检测系统可配置如图 4-4 所示的三种宽带传感器（检测阻抗、电流互感器和套管耦合器），可以耦合交/直流下最高至约 50MHz 模拟带宽下的局部放电电流脉冲波形，具体如下。

（一）检测阻抗

检测阻抗在局部放电测量中往往配合耦合电容使用，连接在试品或耦合电容低压端。在局部放电发生时，试品、耦合电容和检测阻抗形成回路并有电流脉冲通过，可以通过检测阻抗将电流脉冲转化为成比例电压输出。检测阻抗的实物图和等效电路如图 4-5 所示。

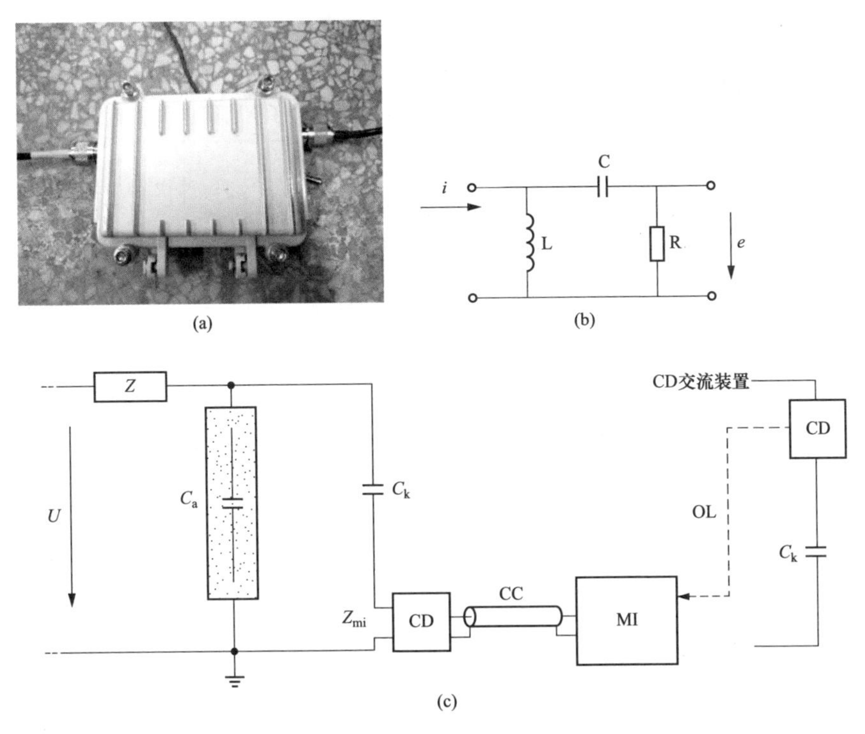

图 4-5　检测阻抗实物与等效电路模型

(a) 实物图；(b) 等效电路；(c) 使用检测阻抗的局部放电测量回路

等效电路电感中，L 为 100mH 杂散电感，C 为 1μF 等效电容，R 为 50Ω 积分电阻，外接 50Ω 同轴电缆后输出与局部放电电流脉冲成正比电动势。

（二）电流互感器

电流互感器的工作原理如图 4-6（b）所示，将导线均匀对称地绕制在磁芯骨架（通常为圆形和矩形）上，使被测导体穿过骨架中心，当导体中流过变化的电流 i 时，则导体周围产生变化的磁场，由电磁感应原理知高频电流传感器输出端产生感应电动势 e，并通过积分电路输出电压 u。

电流互感器的等效电路模型如图 4-6（c）所示，其中 L 为线圈的自感，R_0 为线圈的阻抗，C 为线圈的对地电容，R_m 为积分电阻（一般选用 50Ω）。

本节所使用电流互感器的磁芯材料采用响应频带宽且高频特性稳定的镍锌铁氧体，其物理参数如表 4-1 所示。磁芯骨架为圆形，横截面积为 $320mm^2$，直径为 86mm，线圈材料为漆包线，缠绕匝数为 20 匝，并采用铁质壳体进行屏蔽。

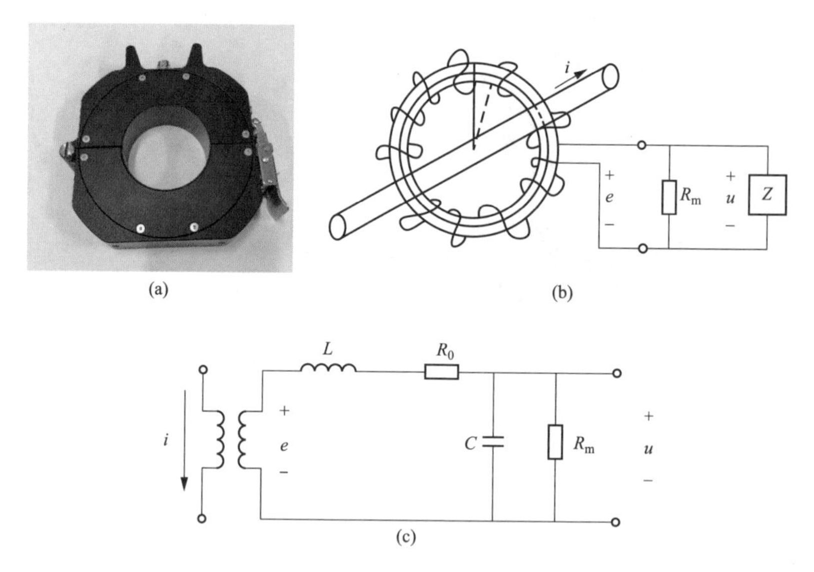

图 4-6　电流互感器工作原理及等效电路

（a）实物图；（b）结构及工作原理；（c）等效电路模型

表 4-1　　　　　　　　　　镍锌铁氧体物理参数

参数	参数值
相对初始磁导率	40
电阻率（Ω·m）	5×10^4
居里温度（℃）	350～450
矫顽力（A/m）	266.58

（三）套管耦合器

套管耦合器的实物图如图 4-7（a）所示，在实际使用中旋在或用螺丝固定于套管末屏电流端口处，其结构如图 4-7（b）所示，可从原理上等效为末屏端口通过电感经金属外壳接地，通过电流互感器进行局部放电信号的测量并从电流信号插头输出到信号采集端口。

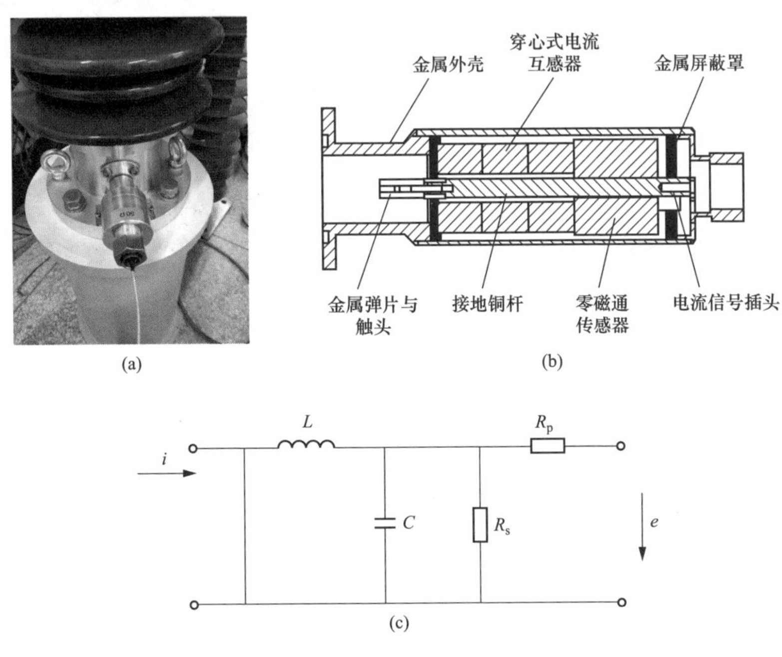

图 4-7 套管耦合器结构图及等效电路

（a）实物图；（b）结构图；（c）等效电路

套管末屏电压传感器的等效电路如图 4-7（c）所示，L 为 500μH 杂散电感，C 为等效电容，其值约为 1.3pF，R_s 为 50Ω 积分电阻，R_p 为 50Ω 等效阻抗的同轴电缆。

（四）传感器性能测试

在试验室中采用扫频法进行检测阻抗、电流互感器和套管耦合器三种传感器的频带测试，测试回路如图 4-8 所示，信号发生器输出频率在 50kHz～50MHz 范围内变化，用示波器同时测量不同频率 f 下被检传感器的输出电压 U 及串联电阻 R 两端的电压 U_0，按公式 $K=\dfrac{UR}{U_0}$ 求得该频率下的传递阻抗值，并依据 20×

lg（K/K_{max}）从传递阻抗值计算出幅频特性曲线；同时，对传感器对阶跃信号的响应进行了测试，信号发生器输出阶跃信号，通过示波器观察三种传感器的响应波形。使用 Tek-DPO4104B 型示波器进行传感器对信号发生器波形响应的采集。各设备的参数如表 4-2 所示。

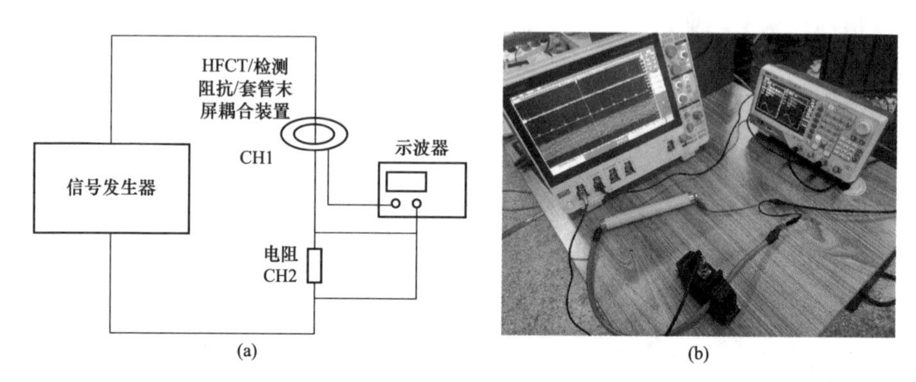

图 4-8　点频法进行传感器频带测量

（a）试验回路示意图；（b）试验回路图

表 4-2　设备名称及其参数

设备名称与型号	参数类型	参数数值
检测阻抗	传输阻抗（Ω）	20
	带宽（MHz）	0.5～48
电流传感器	带宽（MHz）	0.5～50
套管耦合器	带宽（MHz）	0.5～47
	传输阻抗（Ω）	20
Tek-DPO4104B 示波器	带宽（MHz）	最高至 1000
	采样率（MS/s）	100/250/500
	存储深度	最大 20M

信号发生器输出频率可调的电压，在试验回路中产生相应频率的、峰一峰值为 10mA 的正弦电流信号。在 0.5～50MHz 范围内调整频率，其中，示波器 CH1 通道测量传感器输出电压 U，CH1 阻抗设置为 50Ω；CH2 测量串联电阻 R 两端电压 U_0，其中串联电阻采用 50Ω±0.2%的无感电阻，其两端电压的测量采用示波器高阻电压探头。

传感器实物图、仿真得到的传输特性、测量得到的传感器幅频特性如图 4-9 所示。

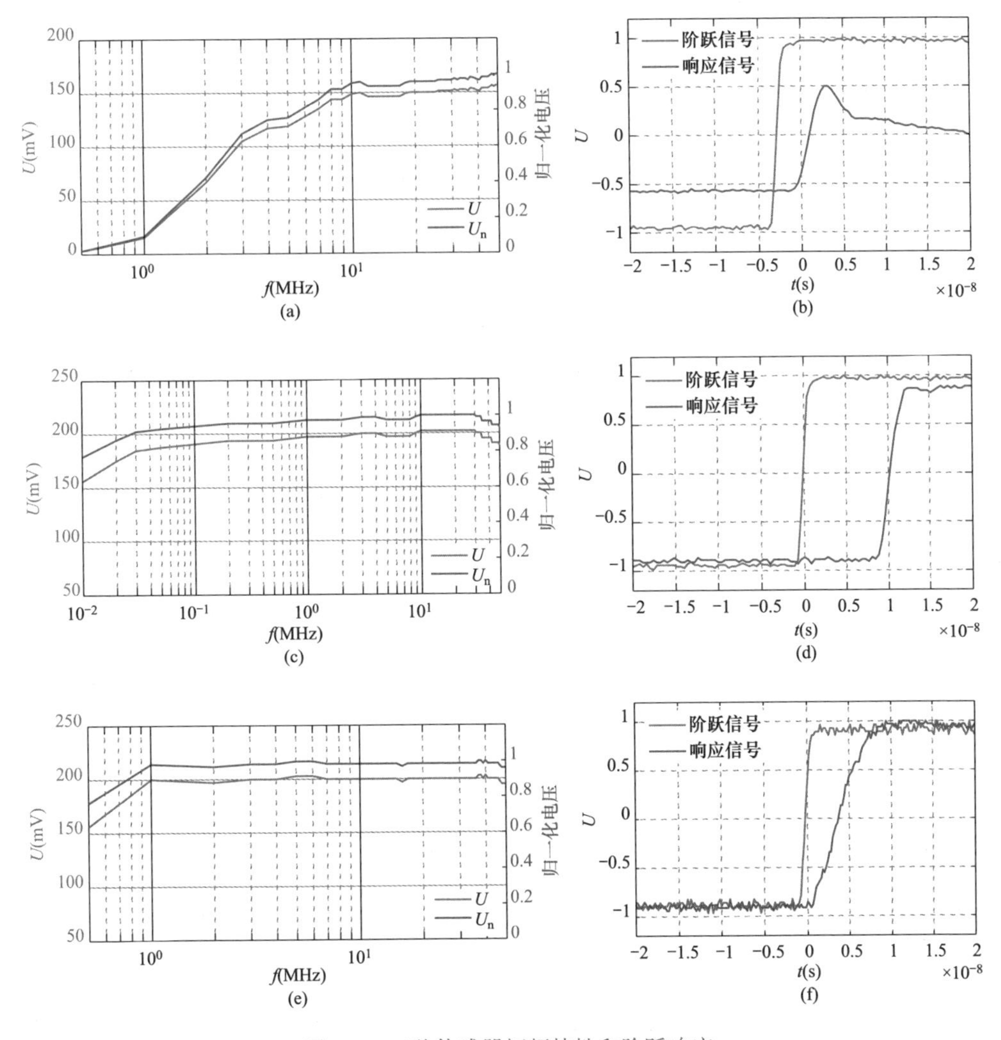

图 4-9　三种传感器幅频特性和阶跃响应

（a）电流互感器幅频特性；（b）电流互感器阶跃响应；（c）检测阻抗幅频特性；（d）检测阻抗阶跃响应；（e）套管耦合器幅频特性；（f）套管耦合器阶跃响应

三、核心参数“检测带宽”说明

局部放电超宽频带检测带宽可以覆盖或涉及 GB/T 7354 所规定的常规电气检测（30kHz～1MHz）、高频（3～30MHz）以及甚高频（30～300MHz）定义的频段，如图 4-10 所示，$\Delta f=f_2-f_1$ 由上限频率 f_2 和下限频率 f_1 决定。一般工况下，下限频率 f_1 应不小于 10kHz，用于抑制工频背景噪声以及高次谐波；上限频率 f_2 则由设备试验回路以及可安装或预埋的传感器结构形式决定。此外，检测带宽（f_1-f_2）还应满足用户的技术要求。

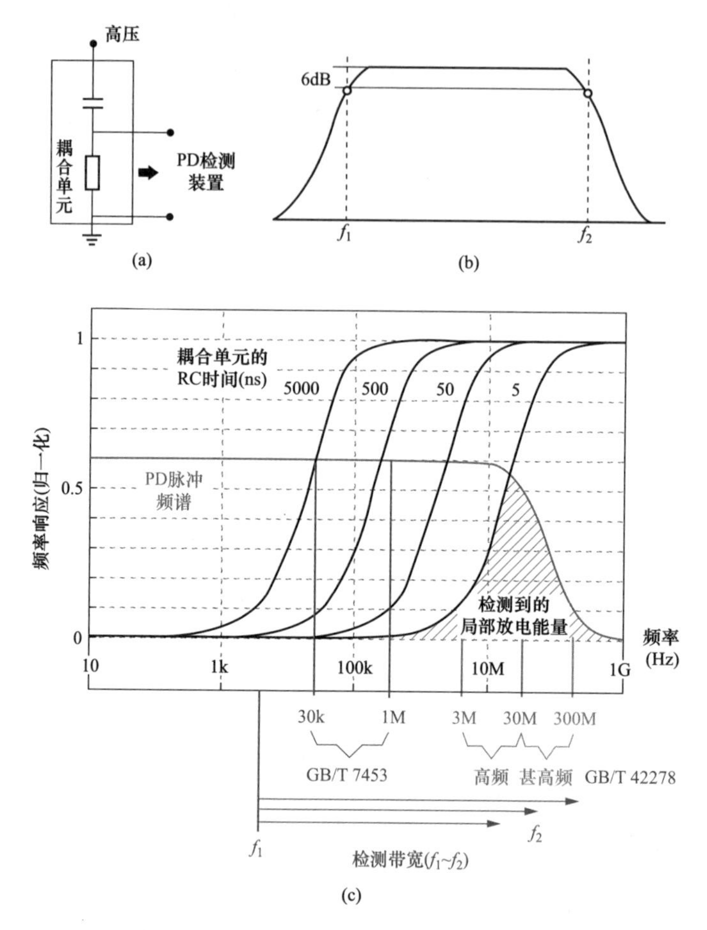

图 4-10　局部放电超宽频带检测带宽说明

（a）耦合方式示例；（b）时域测量模式；（c）检侧带宽

第二节　主要软硬件

一、多通道采集和存储终端

（一）硬件设计

研制的交直流耐压试验局部放电智能检测系统的性能包括：3 通道局部放电电流脉冲波形—时间序列检测、每通道 50MHz 检测带宽、250MS/s 采样率、分辨率不小于 14bit。相应参数的硬件如图 4-11 所示。

图 4-11（a）为多通道采集和存储终端的前面板，图 4-11（b）为侧面，

图 4-11（c）和图 4-11（d）为内部元件分布，图 4-11（e）为设计并研制的电路板，对应的 PCB 如图 4-11（f）和 4-11（g）所示。图 4-11（e）采用了图 4-11（h）所示 ADC 型 ADS58C23，实现 250MS/s 采样率。主要模块示例如图 4-12（a）所示，由电源模块、相位同步、采集卡［见图 4-11（e）］组成；图 4-11（e）电路板上各个功能器件的互连关系如图 4-12（b）所示。

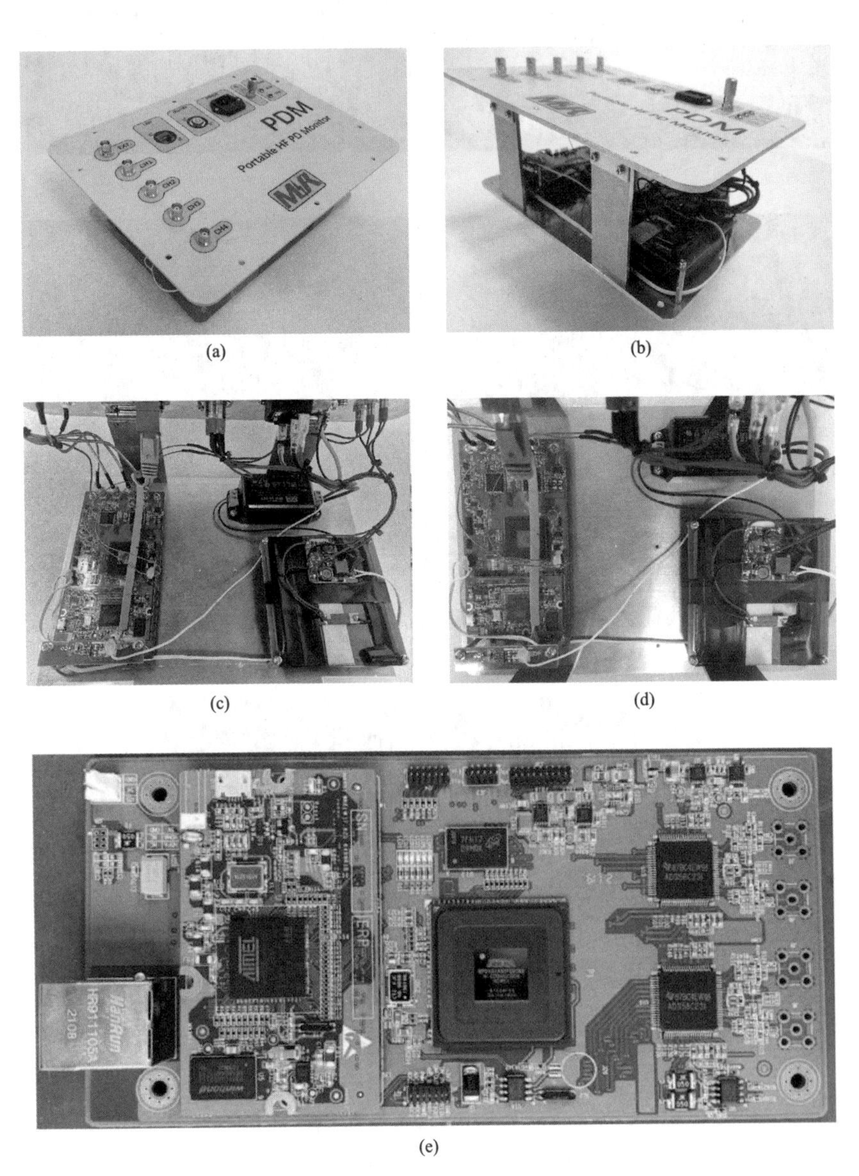

图 4-11　研制的多通道采集和存储终端（一）

（a）前面板；（b）侧面；（c）内部元器件分布 1；（d）内部元器件分布 2；（e）设计并研制电路板

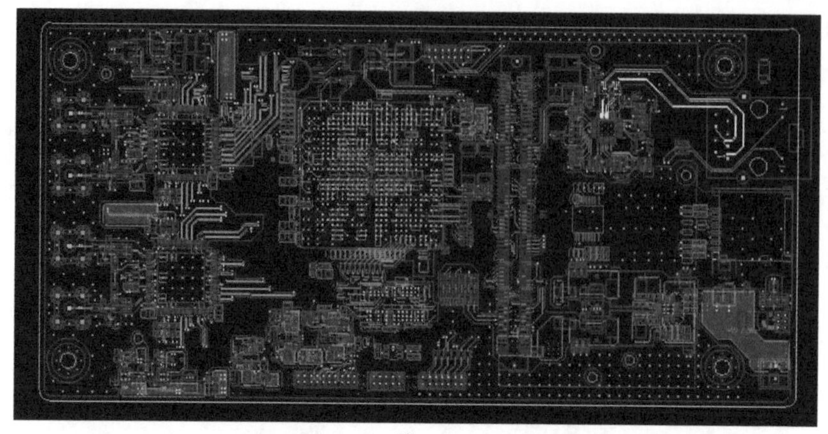

(f)

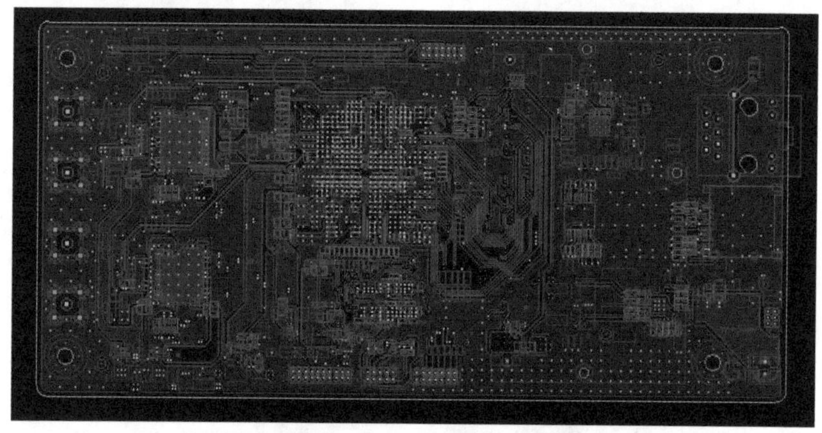

(g)

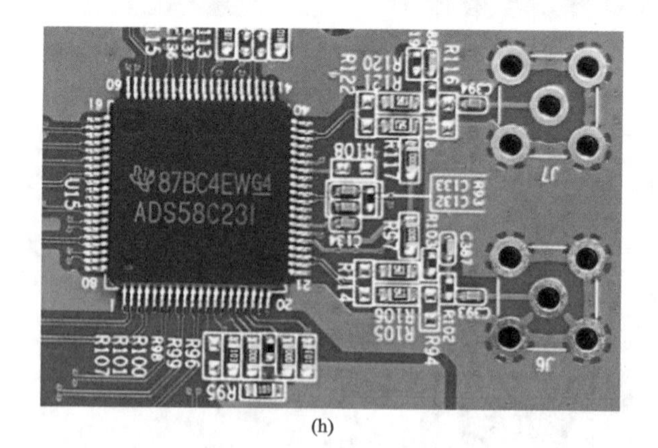

(h)

图 4-11　研制的多通道采集和存储终端（二）
(f) 电路板的 PCB 正面；(g) 电路板的 PCB 反面；
(h) ADC 型号 ADS58C23i，实现 250MS/s 采样率

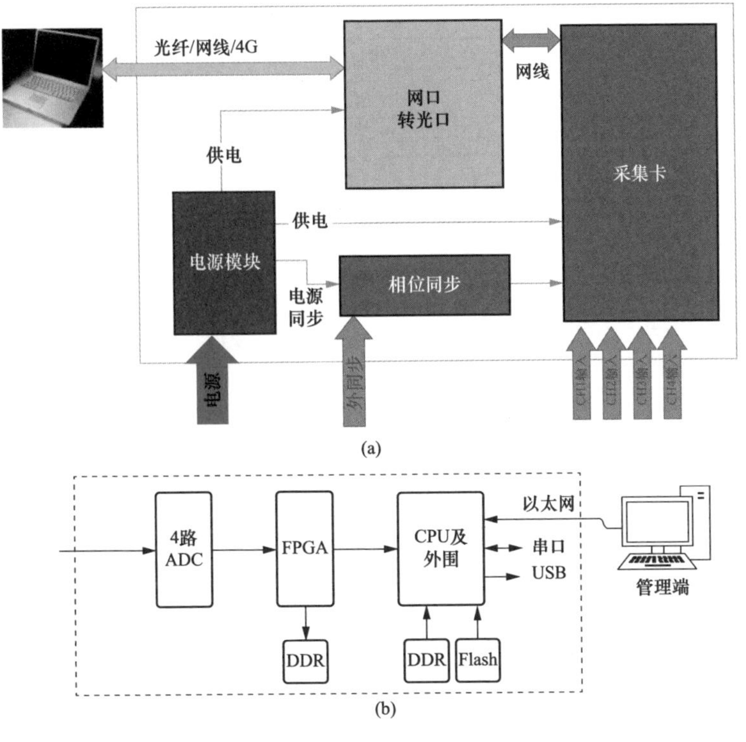

图 4-12 主要模块组成

（a）主要模块示例；（b）各功能器件的互连关系

多通道采集和存储终端工作时，采集参数设置为：

（1）脉冲波形采集长度设置为 250 个点、500 个点、1250 个点，分别对应脉冲记录时间长度为 1μs、2μs、5μs，用于适应不同长度的电流脉冲波形。

（2）4 个局部放电通道为触发通道，触发类型（上升沿或下降沿）根据施加电压极性设置（当传感器与试品串接时，触发类型与施加电压极性相同；而当传感器与耦合电容串接时，触发类型与施加电压极性相反），检测阻抗为罗氏线圈时，需考虑其方向性。

（3）触发阈值即为采集局部放电电流脉冲波形的最小峰值，耐压试验时可以根据交流局部放电试验或直流局部放电试验的放电量进行设置。

（二）参数说明

如图 4-11 所示，多通道采集和存储终端内置的同步数据采集卡支持 4 通道同步采样和同步分析。主要功能实现如表 4-3 所示。

表 4-3　　　　　　　　　　　　　　主　要　功　能

功能模块	指标	备注
通道数	4 通道	ADC，型号 ADS58C23
ADC 最高分辨率	250MS/s、14bit	
输入类型	单端	
输入耦合	DC/AC	
同步触发种类	外部触发 内部触发 电源触发	
数字滤波器	直通、高通、低通、带通	高频通道滤波器带宽 10kHz～50MHz
带宽	50MHz	ADC 为 125MHz

传感器接收到的电流脉冲信号经过放大电路进入高速 ADC 进行采样，采样数据进入 FPGA 中，进行数字滤波、触发分析、特征分析后组成与工频周期相对应的放电数据帧，放电数据帧经过以太网接口发送给 CPU，CPU 把接收到的数据和特性信息解析后上传给管理服务端显示。

同步数据采集卡采样 2 片 2 通道高速模数转换器（ADC，型号 ADS58C23），支持高达 250MS/s 采样率。主板采用的模数转换器（ADC），内置片内采样保持电路，专门针对低成本、低功耗、小尺寸和易用性而设计，具有杰出的动态性能与低功耗特性。支持多通道同时采样，可实现多板同步采集。另外，采用 Intel 公司高性能 arrive 系列 FPGA。丰富的存储模块、逻辑资源和乘法器，支持 16 路数据同时分析和处理。片外配置高速高容量的 DDR 存储器，用于多路数据的缓存。支持数据包处理速率超过 250MHz。

其中，FPGA 主要完成的功能有：①提供高速 ADC 接口变换及接收数据缓存；②高速数据的 DDR 缓存；③数字滤波器实现和特征数据实时分析；④与 CPU 互联的内置以太网协议实现。

主板上的 CPU 处理器采用 microchip 公司高性能嵌入式处理器 AT91SAM9X25，主频 400MHz，AT91SAM9X25 有两个 2.0A/B 兼容控制器区域网络（CAN）接口，2 个 IEEE 标准 802.3 兼容 10/100Mbit/s 的以太网 MAC。通信接口包括一个专门的 HS USB 和 FS USB 主机，两个 HS SD 卡/ SDIO/MMC 接口，USART，SPI 接口，I2C，TWIS 位和 10 位 ADC 的软调制解调器支持。系

统采用 Linux 操作系统，实时分析和处理采集数据。CPU 主要完成的功能有：①FLASH 芯片存储器读/写；②DDR 读/写；③FPGA 寄存器配置与 FPGA 程序配置；④板上 I2C 总线器件设备读写操作；⑤上位机操作维护支持；⑥本地操作维护；⑦提供 USB 接口；⑧提供外部 RS-232/485 串口通信。

主板上的采集板外部物理接口：①5V 供电，支持 2pin 插座和 micro-USB（type C）接口；②4 路 14 比特 250Mbit/s 采集接口 SMA；③2 路 RS-232/485 串口，一路用于外界数据通信；一路用于单板调测；④USB 接口，用于外接数据处理，可外接 Wifi 模块或 2G/3G/4G 模块；⑤10/100M 以太网 RJ45 接口；⑥CPU（ARM9）预留 4 通道的 10bit 低速 ADC 接口，可扩展为用户 IO；⑦CPU（ARM9）预留 2 通道低速 DAC 接口，可扩展为用户 IO；⑧FPGA 预留 12 路外部 IO 口，供用户扩展；⑨5 路 CPU IO 口。

二、软件功能

（一）功能模块设计

如图 4-13 所示，完整的 PD 采集与分析软件一般包括：①数据采集参数设置；②采集显示与分析（工作主界面）；③谱图显示与识别；④放电指纹库管理；⑤聚类分析五个主要模块。研发的局部放电脉冲群智能数据处理和显示技术及软件，根据交直流耐压局部放电试验数据处理需求，在超频宽带采集装置的脉冲通道采样率 250MS/s、50MHz 模拟带宽等参数配置的前提下，主要针对谱图采集显示与分析（工作主界面）进行设计。

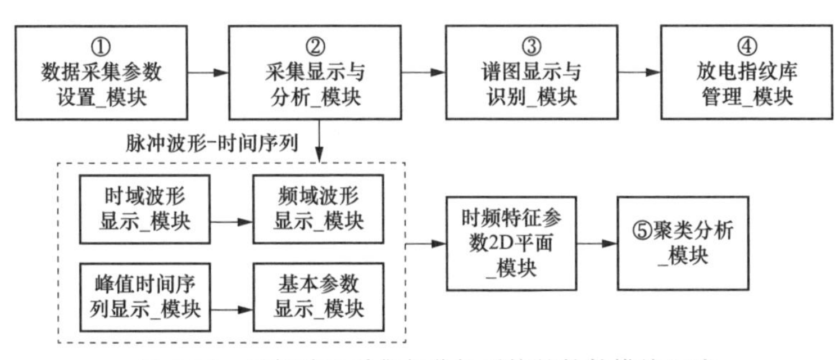

图 4-13　局部放电采集与分析系统的软件模块组成

根据上述脉冲群智能数据处理和显示技术，设计的模块有：

（1）时域波形显示模块。动态显示当前采集到的最新的一个脉冲时域波形；

历史数据回放显示整个脉冲群包括的所有脉冲时域波形；动态回放聚类分析后子脉冲群中包括的所有脉冲时域波形。

（2）频域波形显示模块。显示时域波形的 DFT 频域波形，并跟随时域波形动态相应更新。

（3）峰值时间序列显示模块。动态显示当前采集到的所有脉冲时域波形即脉冲群的峰值，以采样时刻排序；历史数据回放显示整个脉冲群的峰值—时间序列；动态回放聚类分析后子脉冲群的峰值—时间序列。

（4）时频特征参数 2D 平面（散布、自相关、熵）模块。动态显示当前采集到的所有脉冲时域波形即脉冲群的时频特征参数，在 2D 平面上显示；历史数据回放显示整个脉冲群的时频特征参数，在 2D 平面上显示；动态回放聚类分析后子脉冲群的时频特征参数，在 2D 平面上显示。

（5）聚类分析模块。基于时频特征参数 2D 平面，利用模糊 C 均值聚类的无监督聚类分析实现将脉冲群自动分为若干个子脉冲群；或者利用人工手动聚类分析将脉冲群手动分为若干个子脉冲群。分类完，可以对各子脉冲群进行查看，包括(1)～(5) 的内容。矩形时频散布滤波器的使用也包含在聚类分析模块里面。

（6）基本参数显示模块。动态显示当前采集到的所有脉冲时域波形，即脉冲群的最大幅值、最大幅值时刻、最小幅值、最小幅值时刻、总个数、采集时长、脉冲重复率、平均幅值；以采样时刻排序；历史数据回放显示整个脉冲群的峰值—时间序列；可以对报警幅值和脉冲个数设置报警阈值。

（二）功能模块说明

下面以历史数据加载后的软件页面对功能模块进行说明。

图 4-14 所示为加载的直流单通道记录数据文件示例。

图 4-15 所示为图 4-14 所示加载的直流单通道记录数据进行聚类分析。

图 4-16 所示为基于 2D 参数平面使用矩形时频散布滤波器选择一块区域后展示的脉冲群以及对应的时域和频域波形。

图 4-17 所示为基于 2D 参数平面使用矩形时频散布滤波器选择 2 块区域后展示的脉冲群以及对应的时域和频域波形。

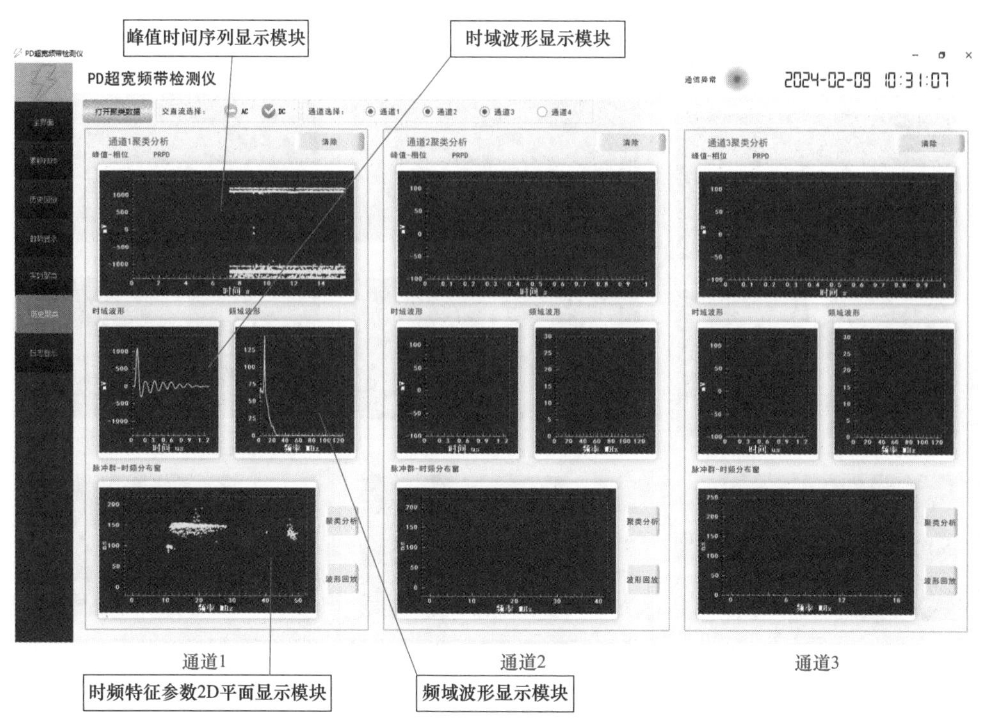

图 4-14　直流单通道记录数据文件示例

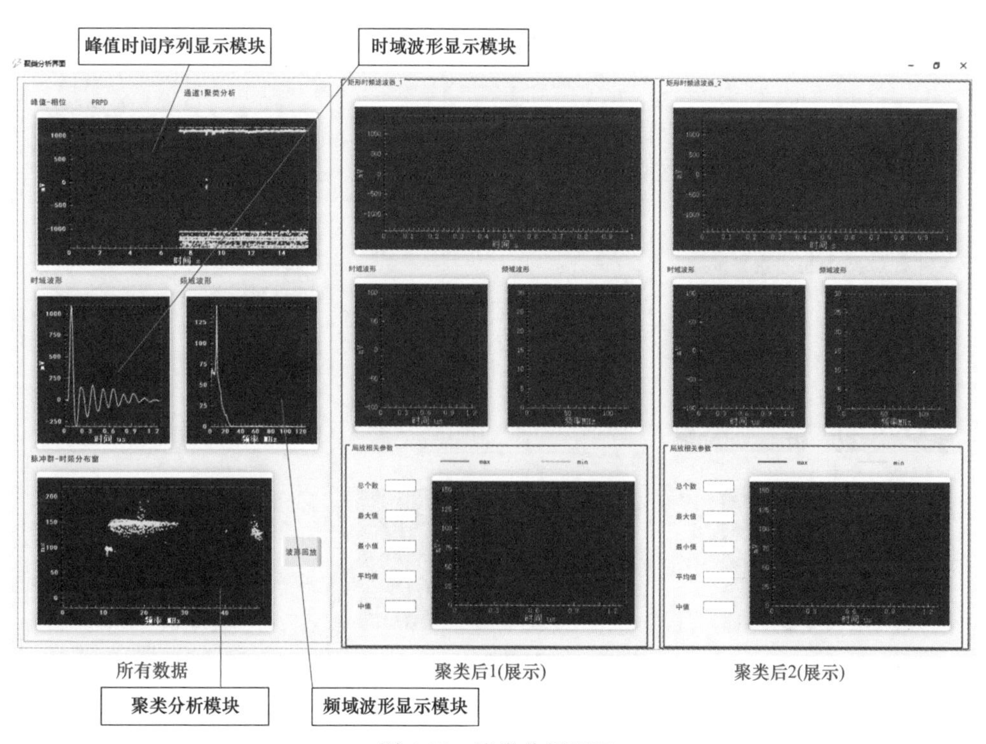

图 4-15　聚类分析页面

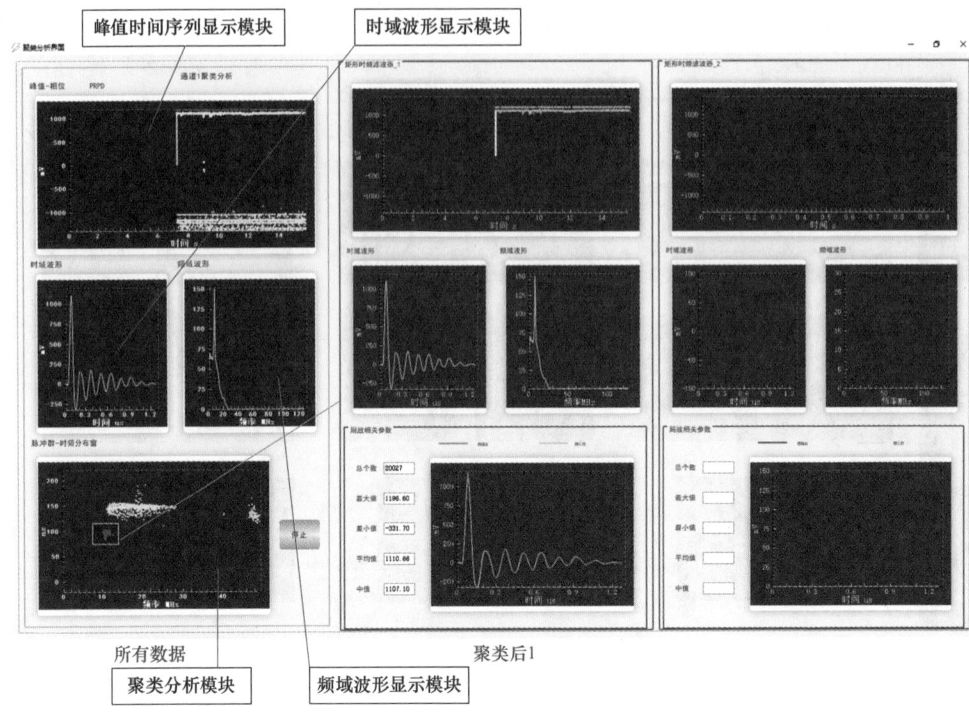

图 4-16　矩形时频散布滤波器进行聚类分析示例 1

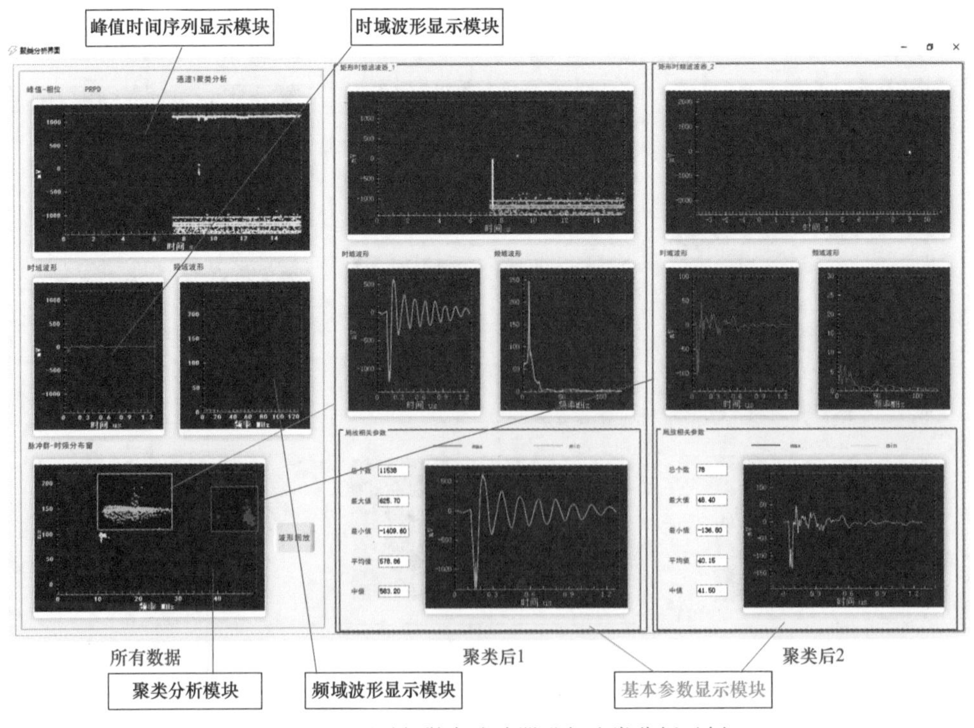

图 4-17　矩形时频散布滤波器进行聚类分析示例 2

参 考 文 献

[1] 赵来军，何俊佳，钱冠军，等. 电力变压器局部放电宽频带传感器的研究 [J]. 高电压技术，2005，31 (03)：46-47，60.

[2] 王伟，王文端，李成榕. 高压设备局部放电监测用宽频电流传感器的研制 [J]. 现代电力，1997，14 (03)：54-57.

[3] 吴广宁，吴欣延，孙德琳. 大型发电机局部放电在线监测仪的研究 [J]. 仪器仪表学报，1998，19 (01)：1-5.

[4] 邓鸿岳，刘家齐，司文荣，等. 交流局部放电宽带检测与分析仪的研制 [J]. 高压电器，2011，47 (03)：18-25.

[5] 司文荣，李军浩，郭弘，等. 局部放电宽带检测系统分类性能的改善方法 [J]. 西南交通大学学报，2009，44 (02)：238-243.

[6] 司文荣，李军浩，袁鹏，等. 气体绝缘组合电器多局部放电源的检测与识别 [J]. 中国电机工程学报，2009，29 (16)：119-126.

[7] 祁海清，罗静，郑重. 基于超宽带检测的局部放电在线诊断技术 [J]. 陕西电力，2013，41 (02)：36-39，67.

[8] 阮羚，高胜友，郑重，等. 基于甚宽带脉冲电流法的局部放电检测系统 [J]. 电工电能新技术，2009，28 (03)：54-57.

[9] 阮羚，高胜友，郑重，等. 宽带脉冲电流法局部放电检测中的脉冲定量 [J]. 高压电器，2009，45 (05)：80-82.

[10] 陈玉，成永红，徐霄伟，等. 100MHz采样速率局放在线监测智能单元的开发 [J]. 高电压技术，2008，34 (11)：2368-2373.

[11] 司文荣，傅晨钊，刘家妤，等. 换流变压器直流局放超宽频带检测数据处理需求分析 [J]. 电力与能源，2022，43 (01)：18-25.

第五章　大型变压器（含换流变压器）耐压局部放电智能检测试验与工程应用

利用研制的具有 3 个宽频带电流脉冲波形—时间序列检测通道（每通道 50MHz 检测带宽、250MS/s 采样率、分辨率 14bit）、1 个低频检测通道（采集分压装置低压侧的 AC/DC 试验波形）的交直流耐压试验局部放电智能检测系统，开展了 1 台 500kV 变压器的出厂交流耐压局部放电试验和 1 台 500kV 变压器的交流耐压局部放电现场试验，以及 1 台±800kV 和 1 台±600kV 换流变压器的出厂交流、直流耐压局部放电试验与工程应用。本章中，如无特殊说明，U_r 指设备额定电压，U_m 指设备最高电压。

第一节　电力变压器交流耐压局部放电试验与应用

以下对 1 台 500kV 变压器的出厂交流耐压局部放电试验和 1 台 500kV 变压器的交流耐压局部放电现场试验，共计 2 台 500kV 电压等级变压器出厂和现场交流耐压局部放电试验和应用情况进行叙述。

一、出厂试验

（一）常规电流脉冲法试验

该 500kV 变压器的技术参数如表 5-1 所示。

表 5-1　变压器技术参数（500kV、出厂试验、常规法）

产品型号	ODFS-334000/500
额定容量	334/334/100MVA
额定电压	$510/\sqrt{3}/(230/\sqrt{3}\pm 2\times 2.5\%)/36$kV
额定电流	1134.3/2515.2/2777.8A
额定频率	50Hz
联结组别	Ia0i0

续表

冷却方式	ONAN/ONAF		
空载损耗		$P_o \leqslant 75$kW（1.0U_r 下）	裕度：+0%
		$P_o \leqslant 120$W（1.1U_r 下）	裕度：+0%
空载电流		$I_o \leqslant 0.2\%$（1.0U_r 下）	裕度：+0%
		$I_o \leqslant 1.2\%$（1.1U_r 下）	裕度：+0%
阻抗电压	Tap	H-M	
	1	17.99	裕度：±7.5%
	3	17.76	裕度：±3%
	5	17.72	裕度：±7.5%
	Tap	M-L	
	1	36.44	裕度：±7.5%
	3	36.62	裕度：±5%
	5	37.21	裕度：±7.5%
		H-L	
		60.39	裕度：±5%
负载损耗	Tap	H-M	
	1	570kW	±0
	3	450kW	±0
	5	560kW	±0
	Tap	M-L	
	1	195kW	±0
	3	185kW	±0
	5	185kW	±0
		H-L	
		190kW	±0
局部放电水平	高压≤90pC	中压≤100pC	低压≤200pC
声级水平	冷却装置未投入（0.3m）≤69dB（A）		冷却装置投入（2m）≤69dB（A）
温升限值	顶部油温升＜50K 绕组平均温升＜60K		绕组热点温升＜78K 油箱、铁芯及结构件温升＜75K
绝缘水平	H. V. 线路端子	SI/LI/LIC/AC	1175/1550/1675/680kV
	M. V. 线路端子	LI/LIC/AC	950/1050/395kV
	H. V. N. 中性点端子	LI/AC	325/140kV
	L. V. 线路端子	LI/LIC/AC	200/220/85kV

试验标准依据有：GB/T 1094.1《电力变压器　第 1 部分：总则》、GB/T 1094.3《电力变压器　第 3 部分：绝缘水平、绝缘试验和外绝缘空气间隙》、GB 6451

《油浸式电力变压器技术参数和要求》、JB/T 501《电力变压器试验导则》。

开展的项目为：带有局部放电测量的感应电压试验（IVPD）。主要内容如表 5-2 所示。

表 5-2　试验内容（500kV、出厂试验、常规法）

 试验回路	使用 200Hz（7500kVA）发电机组单相输出；（18000kVA）中间变压器单相；试品中压分接位置（3）分接。 试验接线示意图为： 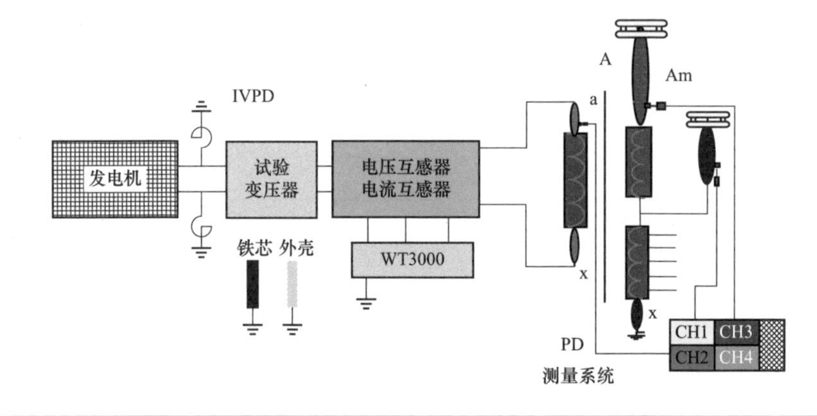
试验电压	$0.4U_r/\sqrt{3}$电压时低压施加电压 14.4kV，$1.2U_r/\sqrt{3}$电压时低压施加电压 43.2kV，$1.58U_r/\sqrt{3}$电压时低压施加电压 56.88kV，$1.8U_r/\sqrt{3}$电压时低压施加电压 64.8kV
试验加压过程	在不大于$0.4U_r/\sqrt{3}$电压下接通电源；试验电压升高至$0.4U_r/\sqrt{3}$电压，进行背景局部放电测量并记录；试验电压升高至$1.2U_r/\sqrt{3}$电压下保持至少 1min 以进行稳定的局部放电测量，试验电压升高至$1.58U_r/\sqrt{3}$电压下保持至少 5min 以进行稳定的局部放电测量，电压上升至增强电压$1.8U_r/\sqrt{3}$保持 30s，之后立刻将电压降至$1.58U_r/\sqrt{3}$进行稳定的局部放电测量 60min，在 1h 内每隔 5min 测量并记录局部放电水平；1h 的局部放电测量最后一次完毕后，降低电压至$1.2U_r/\sqrt{3}$的电压下保持至少 1min 以进行稳定的局部放电测量，试验电压降至$0.4U_r/\sqrt{3}$，进行背景局部放电测量并记录，试验电压降至$0.4U_r/\sqrt{3}$以下并切断电源。 试验过程示意图如下： 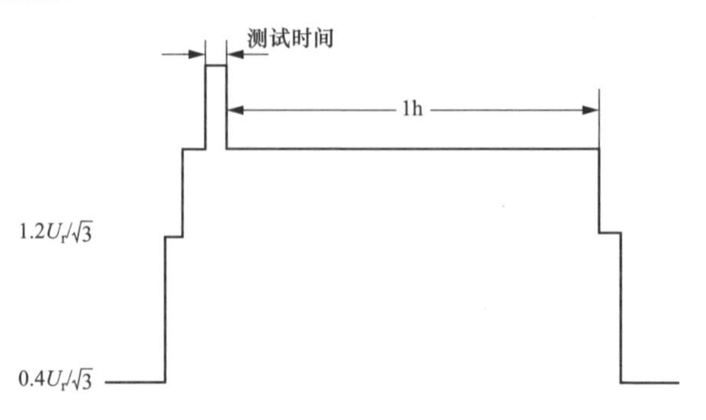

续表

要求	$1.58U_r/\sqrt{3}$电压下局部放电量：高压≤90pC、中压≤100pC、低压≤200pC
引用标准	GB/T 1094.3、JB/T 501

带有局部放电测量的感应电压试验（IVPD）结果是合格的（规定值：高压，≤90pC；中压，≤100pC；低压，≤ 200pC），具体数值如表 5-3 所示。

表 5-3　　试验结果（500kV、出厂试验、常规法）

施加电压倍数	测量时间	局部放电量		
		高压（HV）	中压（HV）	低压（HV）
$0.4U_r/\sqrt{3}$	/	10	15	20
$1.2U_r/\sqrt{3}$	≥1min	20	30	35
$1.58U_r/\sqrt{3}$	5min	20	30	35
$1.8U_r/\sqrt{3}$	30s	/	/	/
$1.58U_r/\sqrt{3}$	5min	20	30	35
	10min	20	30	35
	15min	20	30	35
	20min	20	30	35
	25min	20	30	35
	30min	20	30	35
	35min	20	30	35
	40min	20	30	35
	45min	20	30	35
	50min	20	30	35
	55min	20	30	35
	60min	20	30	35
$1.2U_r/\sqrt{3}$	≥1min	20	30	35
$0.4U_r/\sqrt{3}$	/	10	15	20

注　相对地试验，中压分接位置为 3 分接，电源频率 200Hz。

（二）超宽频带试验

图 5-1 所示为现场试验布置，对表 5-1 所示参数对应的 500kV 单相变压器进行带有局部放电测量的感应电压试验（IVPD），同时利用交直流耐压试验局部放电智能检测系统以及示波器同步开展超宽频带局部放电检测试验。图 5-1（a）～（c）为三种宽带传感器的实际安装情况，分别为 HFCT—铁芯接地线、检测阻抗—中压套管、末屏耦合装置—高压套管，信号也分别接示波器的 CH2/CH1/CH3。

图 5-1　现场试验布置（500kV、出厂试验、超宽频带法）

（a）HFCT—铁芯接地线（CH2）；（b）检测阻抗—中压套管（CH1）；（c）末屏耦合装置—高压套管（CH3）；（d）被试变压器；（e）局部放电智能检测系统和示波器

1. 放电量—幅值核查

图 5-2 所示为数字示波器在 1000pC 脉冲校准器工况下进行的放电量—幅值核查记录截屏。图 5-2（a）为铁芯接地线 1000pC 放电量—幅值核查，CH2 记录的幅值最大；图 5-2（b）为中压套管 1000pC 放电量—幅值核查，CH1 记录的幅值最大；图 5-2（c）为末屏耦合装置 1000pC 放电量—幅值核查，CH3 记录的幅值最大。

图 5-3 为图 5-2 放电量—幅值核查记录的波形比对，可以看出传感器在脉冲校准器注入信号的输出幅值均最大，脉冲通过变压器内部结构传播后所表征的波形在幅值、时域特性上均有很大的差异。

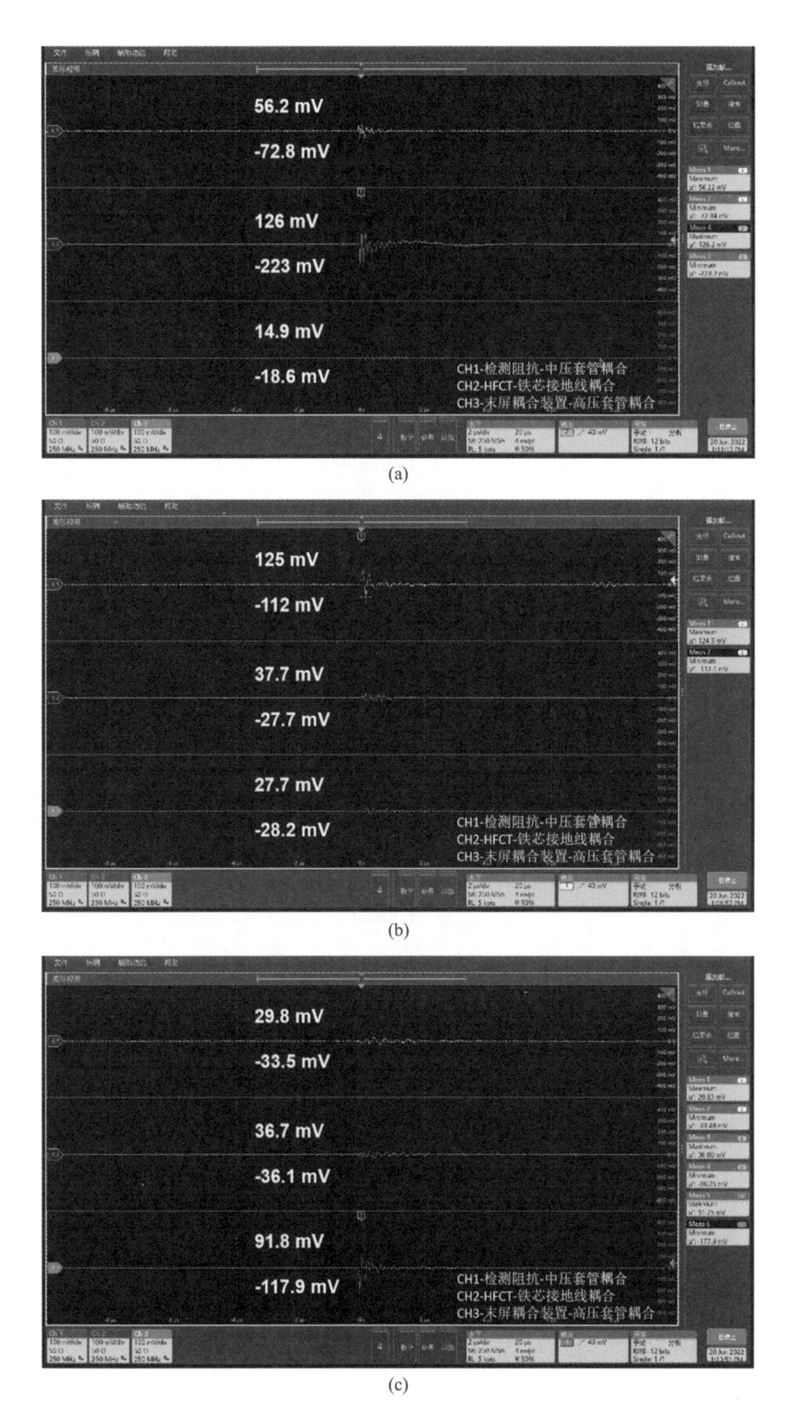

图 5-2　放电量—幅值核查记录（500kV、出厂试验、超宽频带法）

（a）铁芯接地线，1000pC 放电量—幅值核查（CH2 幅值最大）；（b）中压套管，1000pC 放电量—幅值核查（CH1 幅值最大）；（c）末屏耦合装置，1000pC 放电量—幅值核查（CH3 幅值最大）

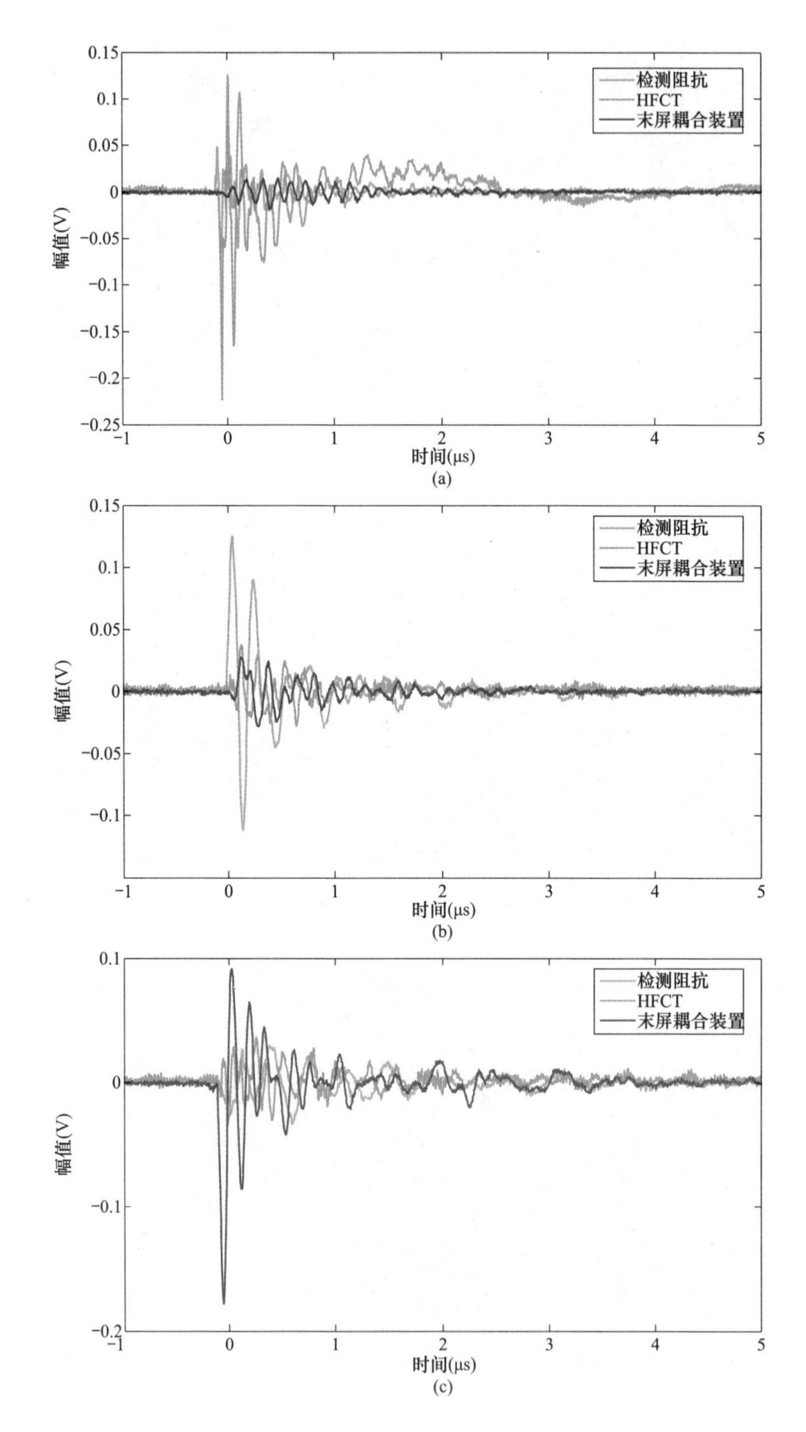

图 5-3　图 5-2 放电量—幅值核查记录的波形比对

(a) 铁芯接地线，1000pC 放电量—幅值核查（CH2）；(b) 中压套管，1000pC 放电量—幅值核查（CH1）；(c) 末屏耦合装置，1000pC 放电量—幅值核查（CH3）

图 5-2 和图 5-3 记录单个波形的同时，交直流耐压试验局部放电智能检测系统记录到的脉冲波形—时间序列如图 5-4 所示。该系统记录的单个波形与图 5-2 和图 5-3 记录的单个波形，由于采样率的差异略有不同，但幅值大小以及总体时域特性均相似。可以得出：在变压器设备绝缘结构中，局部放电脉冲信号经过局部放电源与检测点之间的传输路径所构成的系统是未知的，但该未知系统是确定的。且在短时间内，绝缘老化等其他因素不影响局部放电脉冲信号，局部放电源产生的脉冲信号是“稳定的”。

2. 耐压试验

图 5-5 所示为交直流耐压试验局部放电智能检测系统记录的加压前数据，可以看出 CH2（即 HFCT—铁芯接地线）能够记录到一定幅值的背景噪声，根据图 5-4（a）的核查结果系数 1000pC/223mV 及图 5-6 的分析结果：脉冲平均值 16mV，对应约为 72pC。

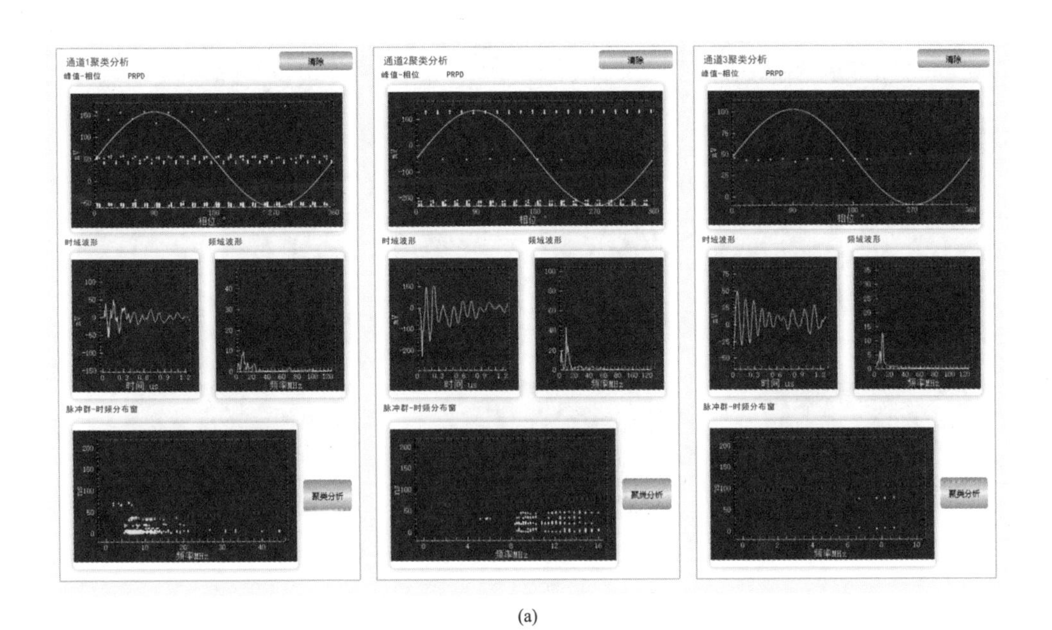

(a)

图 5-4 交直流耐压试验局部放电智能检测系统记录的放电量—幅值核查（500kV、出厂试验、超宽频带法）（一）

(a) 铁芯接地线，1000pC 放电量—幅值核查（CH2）

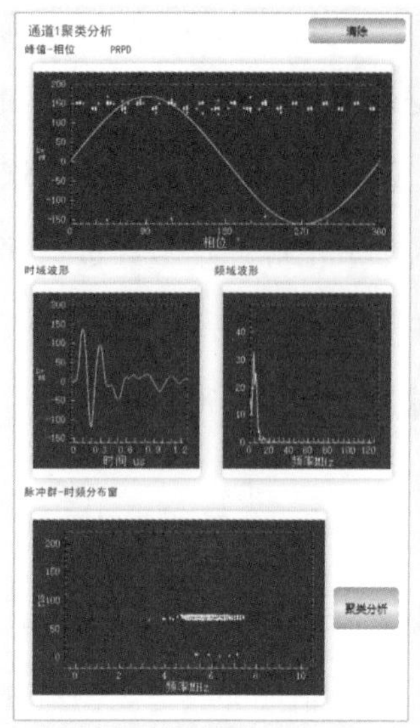

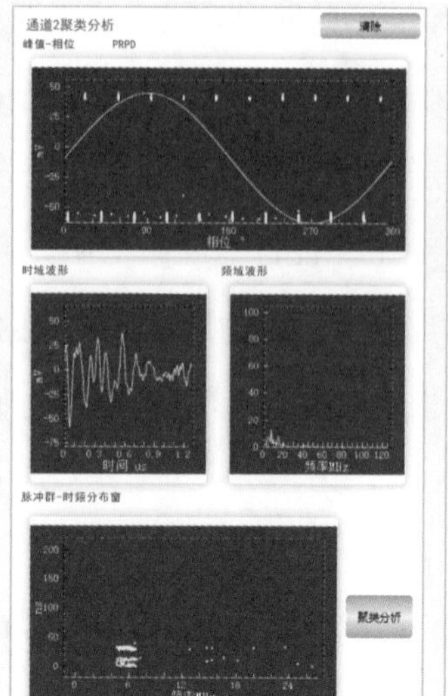

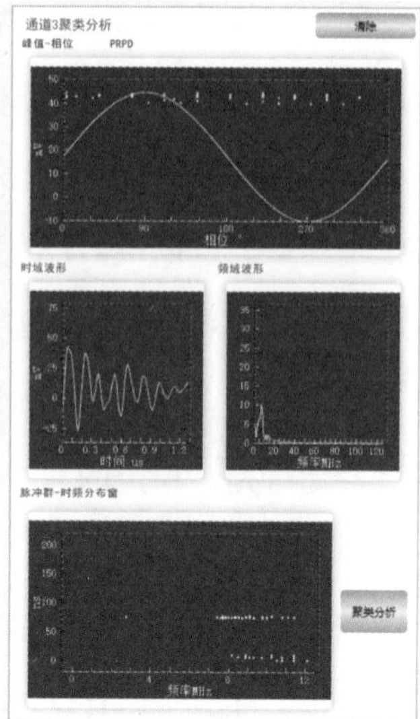

(b)

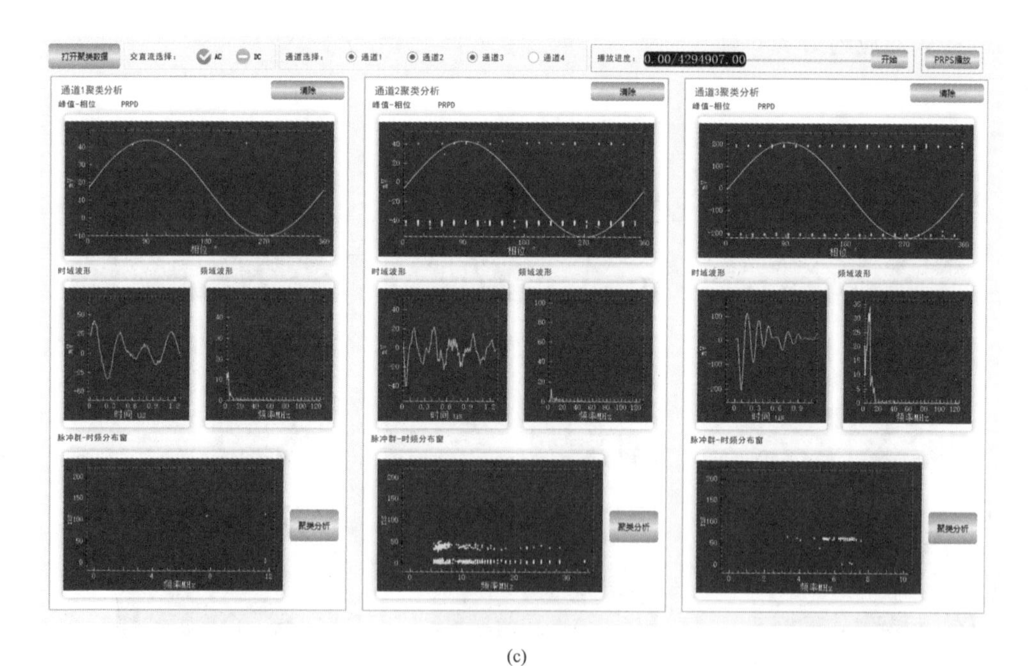

(c)

图 5-4　交直流耐压试验局部放电智能检测系统记录的放电量—幅值核查（500kV、出厂试验、超宽频带法）（二）

（b）中压套管，1000pC 放电量—幅值核查（CH1）；

（c）末屏耦合装置，1000pC 放电量—幅值核查（CH3）

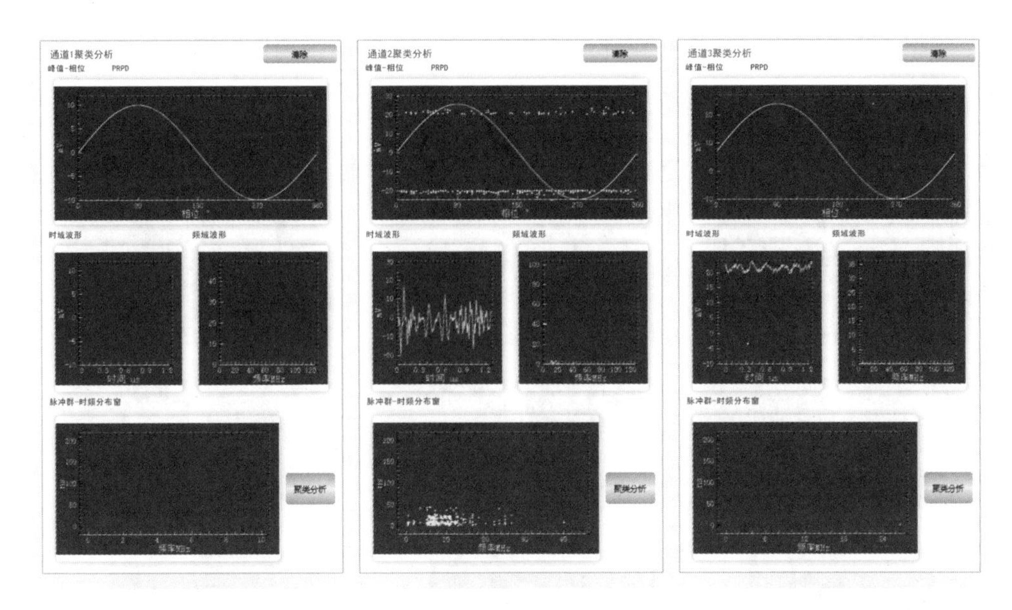

图 5-5　交直流耐压试验局部放电智能检测系统记录的加压前数据（500kV、出厂试验、超宽频带法）

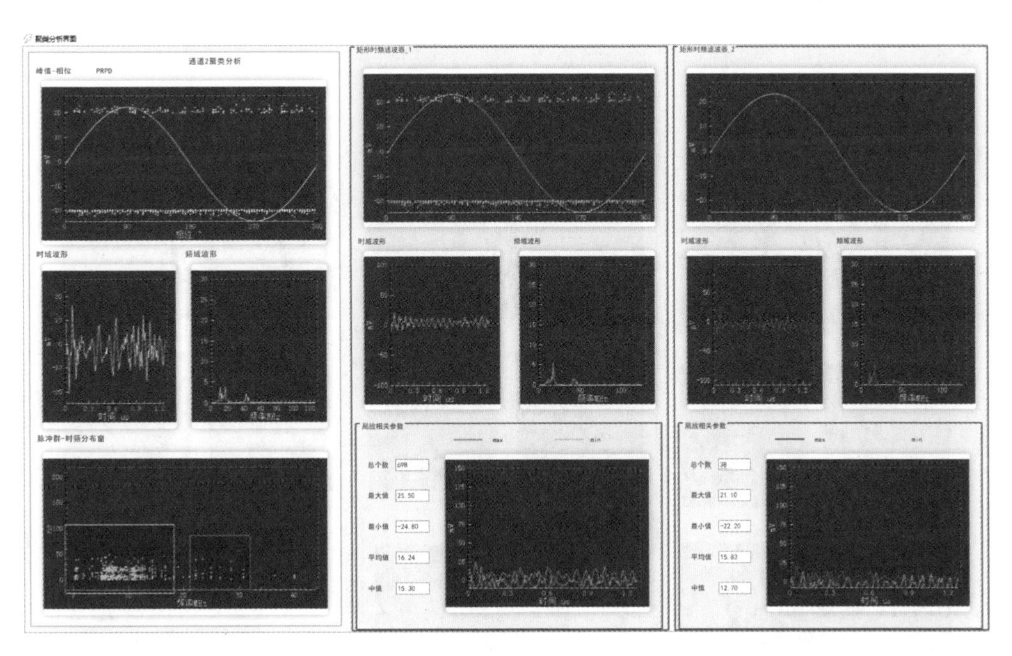

图 5-6　交直流耐压试验局部放电智能检测系统记录的加压前数据分析（500kV、出厂试验、超宽频带法）

图 5-7 和图 5-8 所示为交直流耐压试验局部放电智能检测系统记录的加压过程中的数据 1 和相应分析，与加压前几乎一致。

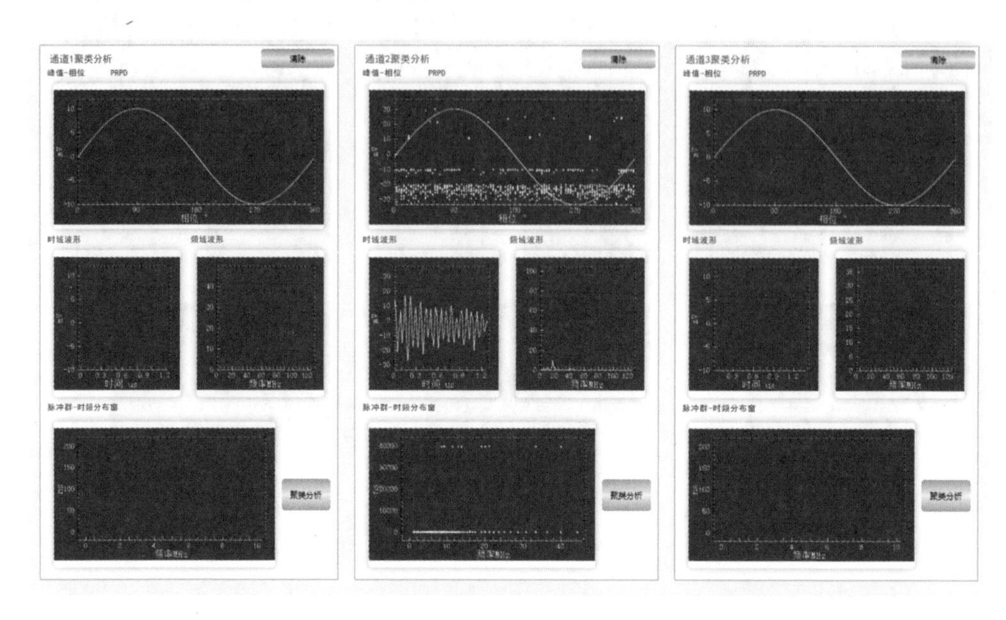

图 5-7　交直流耐压试验局部放电智能检测系统记录的加压过程中数据（500kV、出厂试验、超宽频带法）

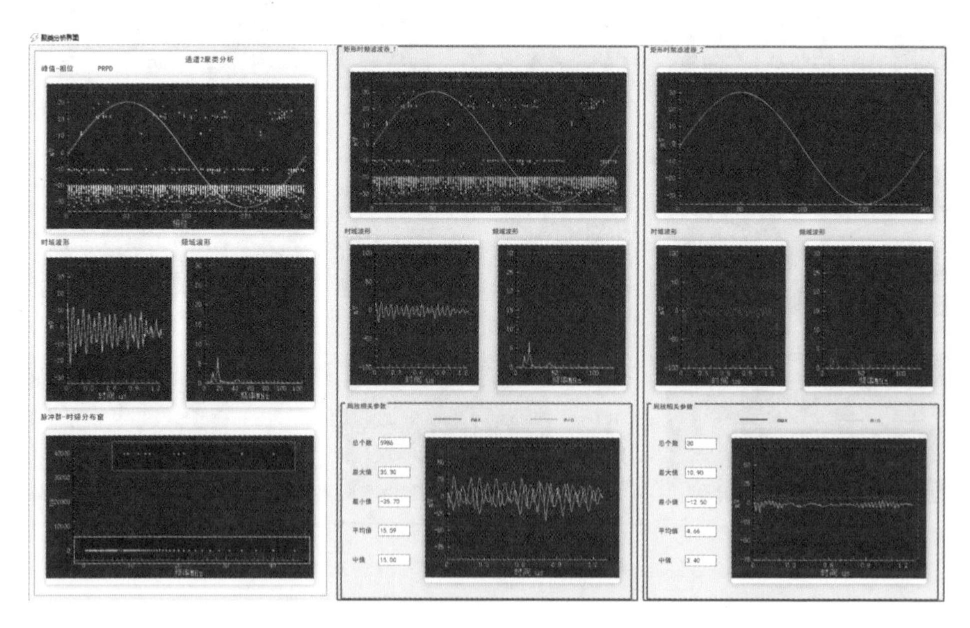

图 5-8　交直流耐压试验局部放电智能检测系统记录的加压过程中数据分析（500kV、出厂试验、超宽频带法）

图 5-9 和图 5-10 所示为交直流耐压试验局部放电智能检测系统记录的加压过程后的数据 2 和相应分析，脉冲幅值比数据 1 小。

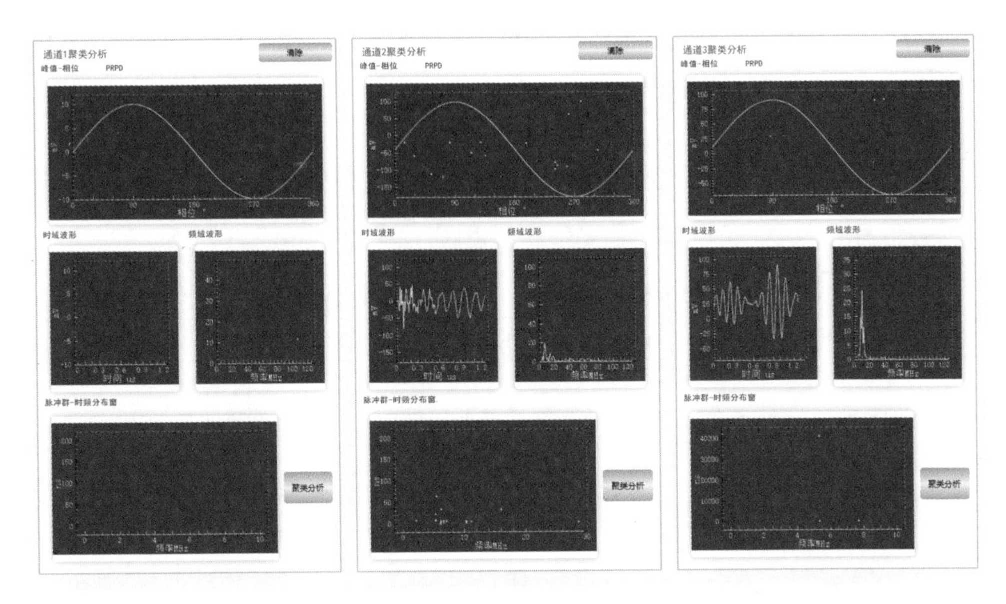

图 5-9　交直流耐压试验局部放电智能检测系统记录的加压过程后数据（500kV、出厂试验、超宽频带法）

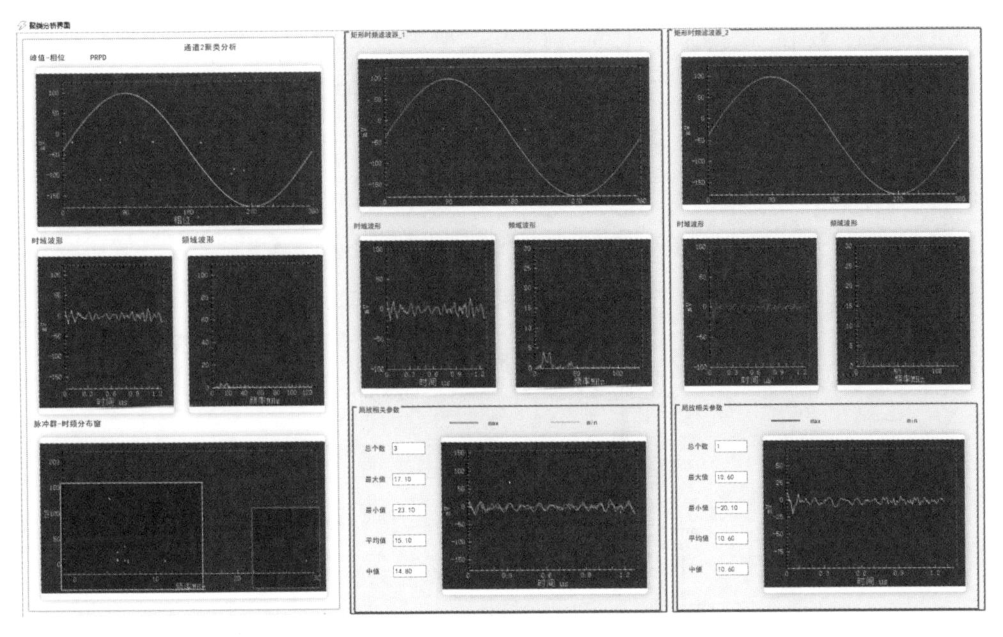

图 5-10　交直流耐压试验局部放电智能检测系统记录的加压过程后数据分析（500kV、出厂试验、超宽频带法）

二、现场交接试验

（一）常规电流脉冲法试验

以江西送变电工程有限公司500kV富广变电站2号变压器试验为例进行说明，该变压器的技术参数和试验程序如表5-4所示。

表5-4　变压器技术参数和试验程序（500kV、交接试验、常规法）

设备名称	500kV富广变电站2号主变压器感应耐压及局部放电试验		
1. 设备参数			
型号	ODFS-334000/500	额定容量（MVA）	334/334/100
额定电压（kV）	$525/\sqrt{3}(230/\sqrt{3}\pm2\times2.5\%)/36$	联结组标号	Ia0i0
额定频率	50Hz		
出厂日期	2022.09		
2. 试验依据			
试验采用：GB 50150、GB/T 1094.3			
3. 试验接线方式描述			
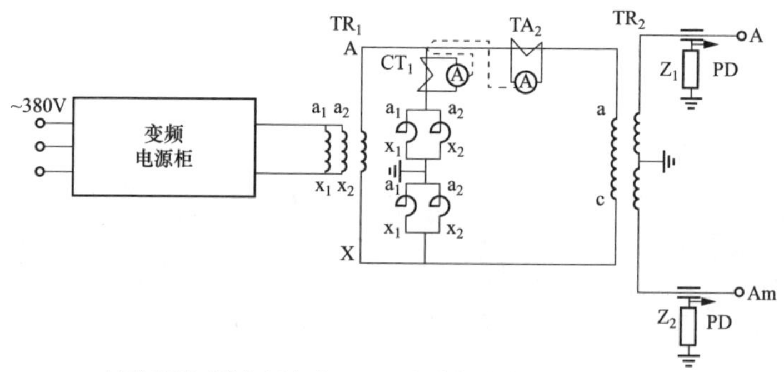 试验采用对称加压方式，以A相为例接线方式如上图所示			
4. 加压程序描述			
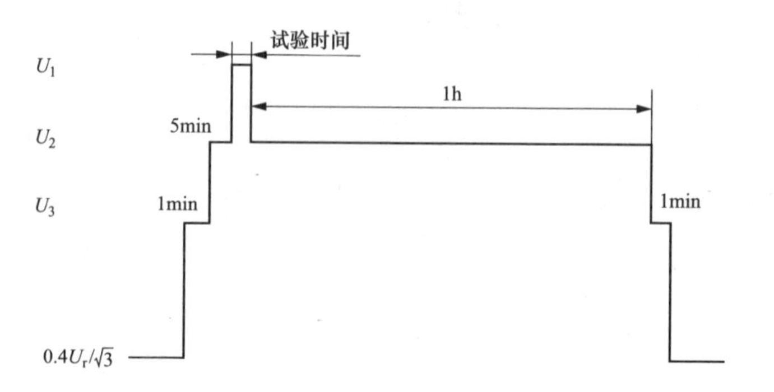 			

施加电压方法应符合下列规定。

如图所示：$U_1=1.8U_r/\sqrt{3}$，$U_2=1.58U_r/\sqrt{3}$，$U_3=1.2U_r/\sqrt{3}$

（1）应在不大于 $0.4U_r/\sqrt{3}$ 的电压下接通电源；

（2）电压上升到 U_3，应保持 1min，并记录局部放电水平；

（3）电压上升 U_2 到应保持 5min，并记录局部放电水平；

（4）电压上升到 U_1 时，其持续时间应按 GB 50150 第 8.0.13 条第 2 款的规定执行，本次计算为 40s；

（5）到规定时间后应立刻不间断地将电压降到 U_2，应至少保持 60min，同时应测量局部放电；

（6）电压降低到 U_3，应保持 1min，并记录局部放电水平；

（7）当电压降低到 $0.4U_r/\sqrt{3}$ 以下时，方可切断电源。

试验结果如表 5-5 所示，局部放电试验结果合格。

表 5-5　　试验结果（500kV、交接试验、常规法）

试验数据					环境温度：19℃，湿度：68%		
电压（kV）	时间	高压测量值（pC）			中压测量值（pC）		
		A	B	C	Am	Bm	Cm
$0.4U_r/\sqrt{3}$	1min	10	12	43	42	47	45
$1.2U_r/\sqrt{3}$	1min	11	19	60	48	64	70
$1.58U_r/\sqrt{3}$	5min	15	35	65	57	80	75
$1.8U_r/\sqrt{3}$	42s	/	/	/	/	/	/
$1.58U_r/\sqrt{3}$	5min	16	20	60	53	82	77
	10min	17	21	62	55	79	76
	15min	16	21	61	62	79	77
	20min	17	20	63	58	81	78
	25min	15	20	62	62	79	79
	30min	16	21	65	63	79	77
	35min	15	20	64	64	80	75
	40min	16	21	63	65	81	76
	45min	17	22	62	63	79	75
	50min	16	20	63	62	77	75
	55min	18	22	66	66	80	73
	60min	17	19	65	63	81	76
$1.2U_r/\sqrt{3}$	1min	12	12	54	50	62	70
试验频率		140Hz					
备注：$U_3=363.74$kV，$U_2=478.93$kV，$U_1=545.6$kV							
试验结论： 试验开始和结束时测得背景局部放电水平不超过 50pC，试验电压未产生突然下降，电压保持在 U_2 试验时间内局部放电水平没有上升趋势，在最后 20min 局部放电水平无突然持续增加，高压侧没有超过 100pC，中压侧没有超过 200pC 的放电记录，且试验过程中变压器无异响，局部放电试验合格							

（二）超宽频带试验

图 5-11 所示为现场试验布置，江西送变电工程有限公司在富广 500kV 变电站对表 5-4 所示的 2 号主变压器开展感应耐压及局部放电试验，试验依据采用 GB 50150《电气装置安装工程电气设备交接试验标准》和 GB/T 1094.3《电力变压器 第 3 部分：绝缘水平、绝缘试验和外绝缘空隙间隙》，同时利用项目研发的交直流耐压试验局部放电智能检测系统同步开展超宽频带局部放电检测试验。图 5-11（a）为被试对象；图 5-11（b）～(d) 为传感器安装图片；图 5-11（e）为常规电流脉冲法局部放电测试仪（检测灵敏度：0.5pC；测量范围：1～100000pC；测量通道：独立 4 通道；采样精度：12bit；采样速率：最高独立每通道 20MS/s，检测阻抗若干，标准脉冲发生器 2 个）；图 5-11（f)～(g) 为交直流耐压试验局部放电智能检测系统及试验人员在操作仪器。

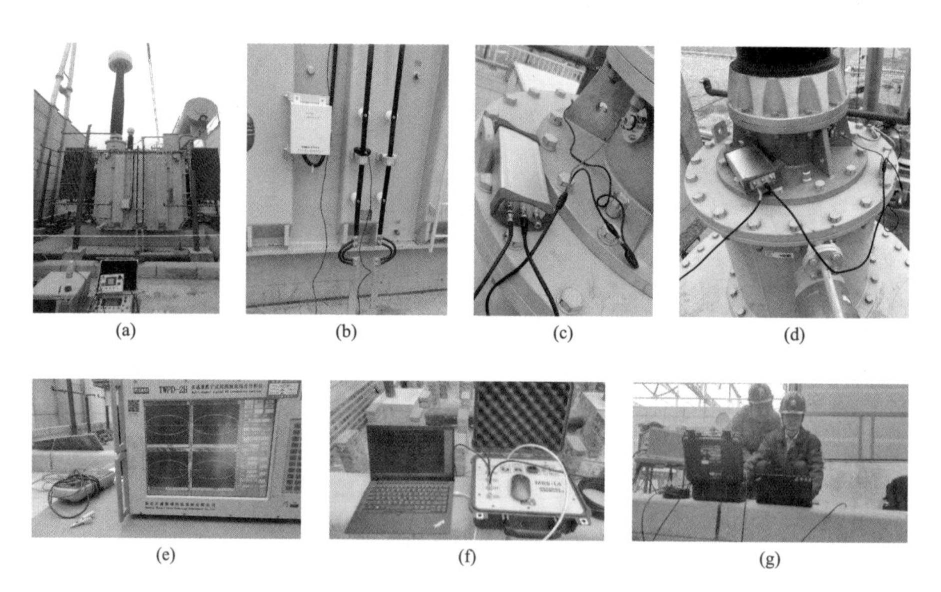

图 5-11 现场试验布置（500kV、交接试验、超宽频带法）

（a）2 号主变压器；（b）铁芯接地 HFCT；（c）高压套管检测阻抗；（d）中压套管检测阻抗；（e）常规电流脉冲法局部放电测试仪；（f）交直流耐压试验局部放电智能检测系统；（g）试验人员在操作仪器

表 5-6 所示为交直流耐压试验局部放电智能检测系统记录的数据列表，相应的检测结果如图 5-12～图 5-30 所示。

表 5-6　　交直流耐压试验局部放电智能检测系统记录的数据列表

序号	数据保存时间	现场试验条件	通道顺序
1	2022年10月7日16时09分52秒	中压注入1000pC方波	CH1中压套管、CH2高压套管、CH3铁芯接地电流
2	2022年10月7日16时23分55秒	高压注入500pC方波	CH1高压套管、CH2中压套管、CH3铁芯接地电流
3	2022年10月7日16时30分32秒	环境背景	CH1高压套管、CH2中压套管、CH3铁芯接地电流
4	2022年10月7日16时47分15秒	升压到1.58U_e	CH1高压套管、CH2中压套管、CH3铁芯接地电流
5	2022年10月7日16时48分56秒	升压到1.58U_e	CH1高压套管、CH2中压套管、CH3铁芯接地电流
6	2022年10月8日14时11分03秒	环境背景	CH2低压套管、CH3铁芯接地电流
7	2022年10月8日14时13分39秒	高压注入500pC	CH2低压套管、CH3铁芯接地电流
8	2022年10月8日14时27分14秒	升压到1.58U_e	CH2低压套管、CH3铁芯接地电流
9	2022年10月8日14时32分13秒		
10	2022年10月8日15时02分08秒		
11	2022年10月8日15时15分10秒	环境背景	CH1高压套管、CH2中压套管、CH3铁芯接地电流
12	2022年10月8日15时21分52秒	中压注入500pC方波	CH1高压套管、CH2中压套管、CH3铁芯接地电流
13	2022年10月8日15时22分39秒		
14	2022年10月8日15时25分22秒	高压注入500pC方波	CH1高压套管、CH2中压套管、CH3铁芯接地电流
15	2022年10月8日15时37分12秒	升压到1.58U_e	CH1高压套管、CH2中压套管
16	2022年10月8日15时40分01秒		

1. 环境背景

图5-12给出了交直流耐压试验局部放电智能检测系统记录的环境背景数据1，对应为2022年10月7日16时30分32秒（CH1高压套管、CH2中压套管、CH3铁芯接地电流），对应的分析如图5-13所示，背景脉冲幅值正负峰值约为54.9mV/－54.7mV，均值约为31.8mV，中值约为41.2mV。

图5-14所示为交直流耐压试验局部放电智能检测系统记录的环境背景数据2，对应为2022年10月8日14时11分03秒（CH2低压套管、CH3铁芯接地电流），对应的分析如图4-21所示，背景脉冲幅值正负峰值约为17.4mV/－16.9mV，均值约为13.2mV，中值约为15.0mV。但与背景数据1的脉冲对比，时域特性缓慢、脉冲尖峰特性不明显。

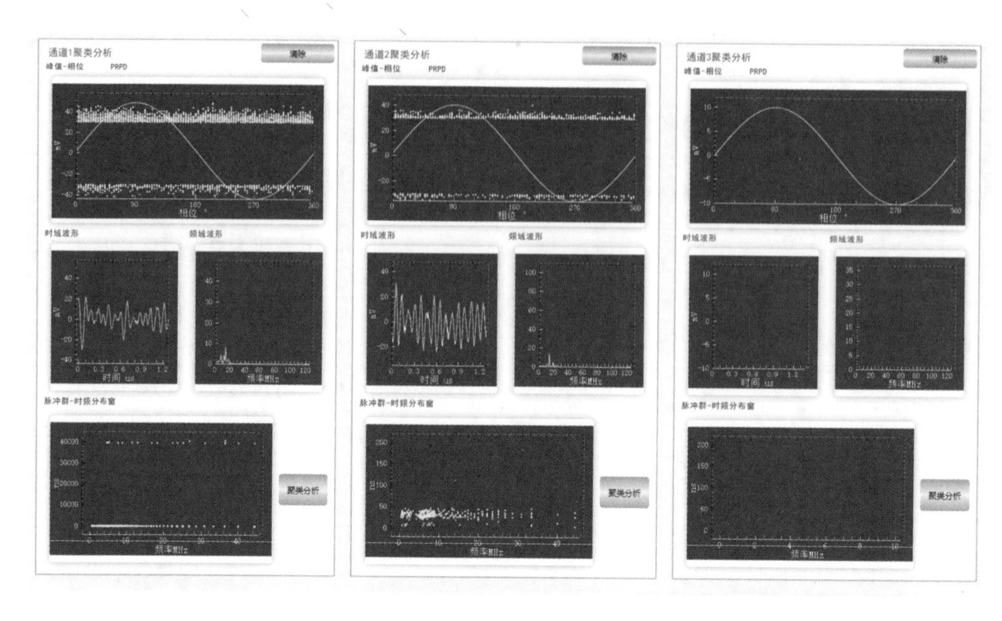

图 5-12　交直流耐压试验局部放电智能检测系统记录环境背景数据 1
（500kV、交接试验、超宽频带法）

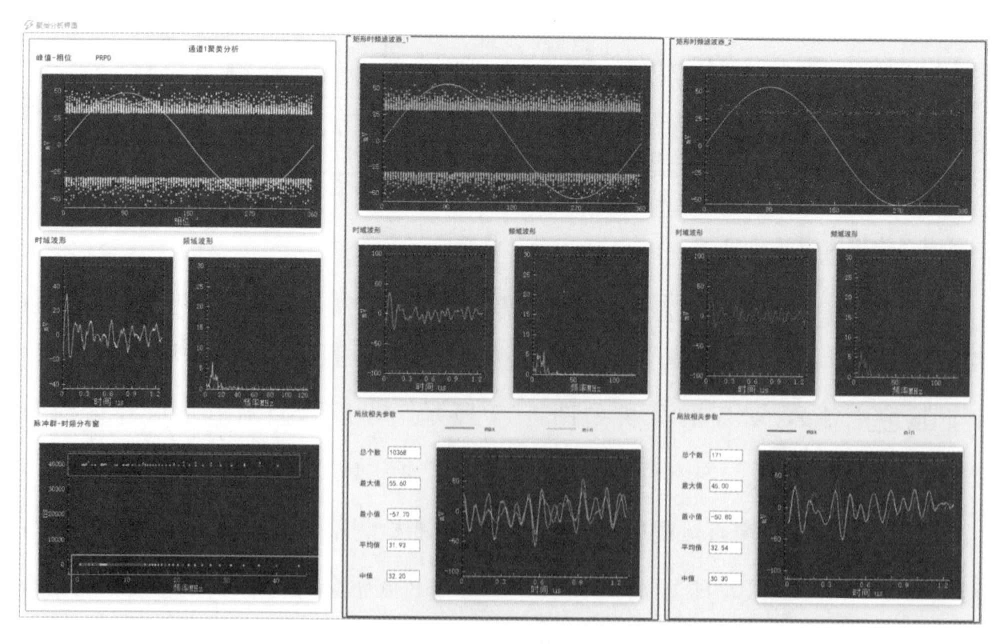

图 5-13　交直流耐压试验局部放电智能检测系统记录环境背景数据 1 分析
（500kV、交接试验、超宽频带法）

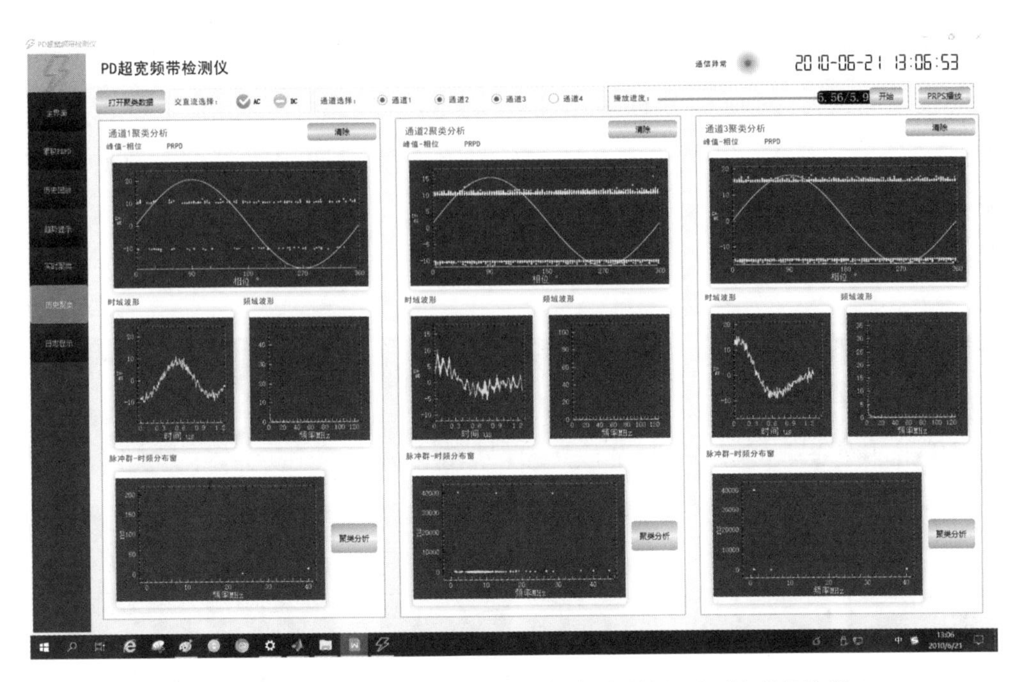

图 5-14　交直流耐压试验局部放电智能检测系统记录环境背景数据 2
（500kV、交接试验、超宽频带法）

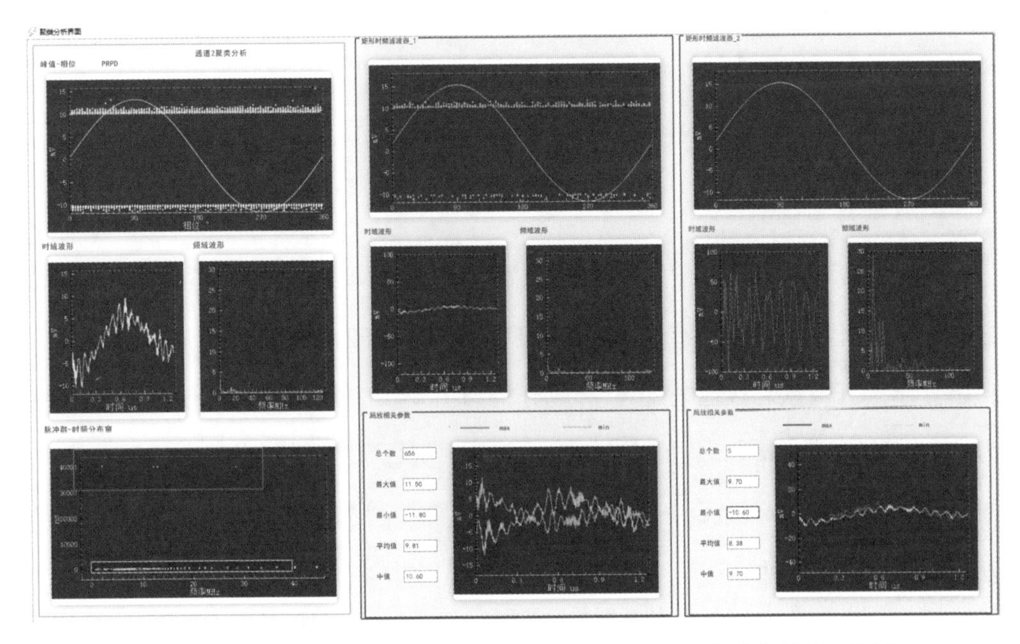

图 5-15　交直流耐压试验局部放电智能检测系统记录环境背景数据 2 分析

图 5-16 所示为交直流耐压试验局部放电智能检测系统记录的环境背景数据 3，

对应为2022年10月8日15时15分10秒（CH1高压套管、CH2中压套管、CH3铁芯接地电流），对应的分析如图4-23所示，背景脉冲幅值正负峰值约为46.6mV/—68.6mV，均值约为40.3mV，中值约为36.8mV。与背景数据1、2的脉冲对比，时域尖峰特性更加明显，但数量较少。

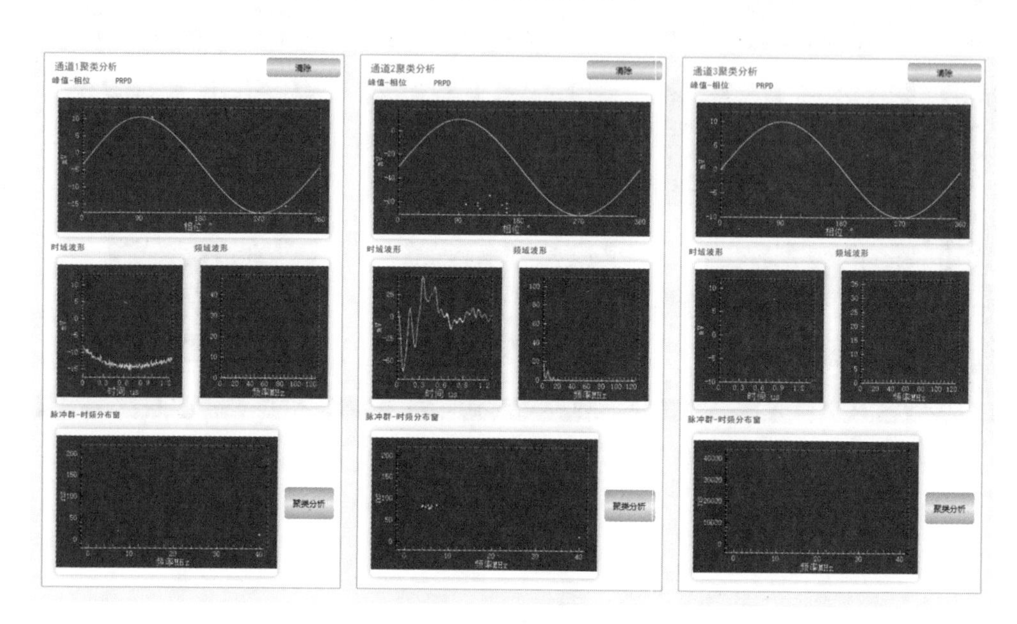

图5-16　交直流耐压试验局部放电智能检测系统记录环境背景数据3
（500kV、交接试验、超宽频带法）

2. 方波校准记录

图5-18所示为交直流耐压试验局部放电智能检测系统记录的中压注入1000pC方波信号数据，对应为2022年10月7日16时09分52秒（CH1中压套管、CH2高压套管、CH3铁芯接地电流），对应分析如图5-19所示，脉冲幅值正负峰值约为93.2mV/—65.6mV，均值约为44.4mV，中值约为72.3mV。

图5-20所示为交直流耐压试验局部放电智能检测系统记录的中压注入500pC方波信号数据，对应为2022年10月8日15时21分52秒（CH1高压套管、CH2中压套管、CH3铁芯接地电流），对应的CH2中压套管分析如图5-21所示，脉冲幅值正负峰值约为59.1mV/—53.8mV，均值约为46.9mV，中值约为53.8mV。对应的CH1高压套管分析如图5-22所示。

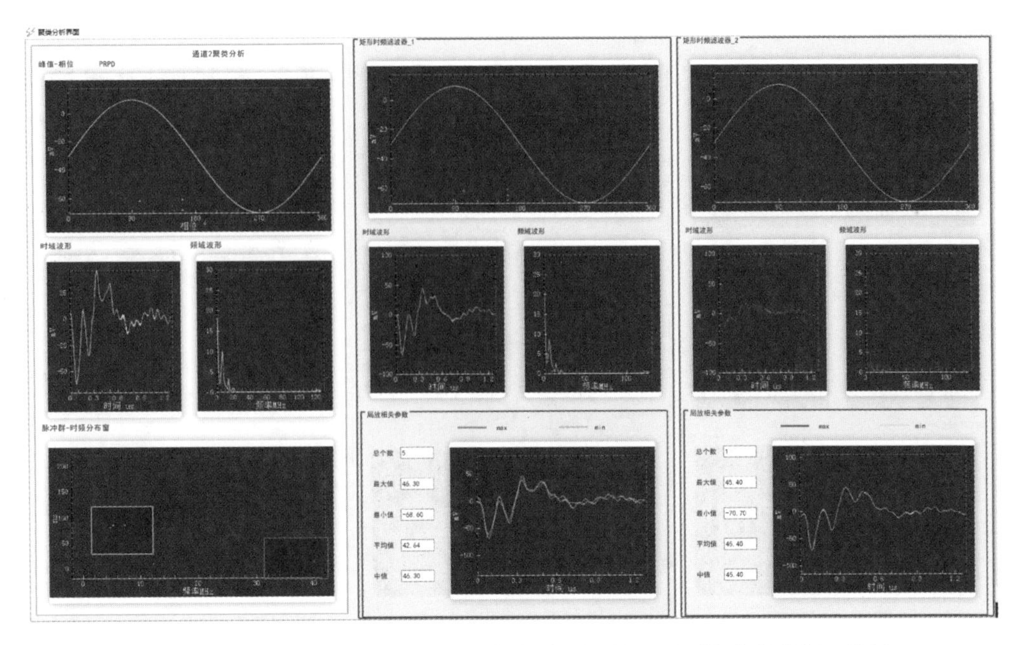

图 5-17　交直流耐压试验局部放电智能检测系统记录环境背景数据 3 分析

（500kV、交接试验、超宽频带法）

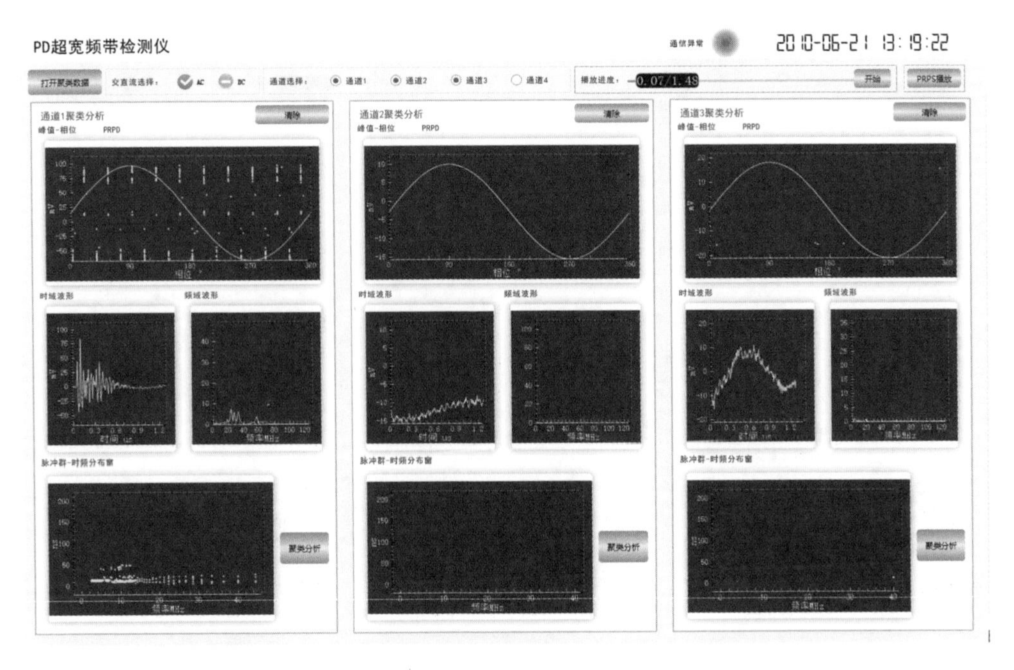

图 5-18　交直流耐压试验局部放电智能检测系统记录中压注入 1000pC 方波信号数据

（500kV、交接试验、超宽频带法）

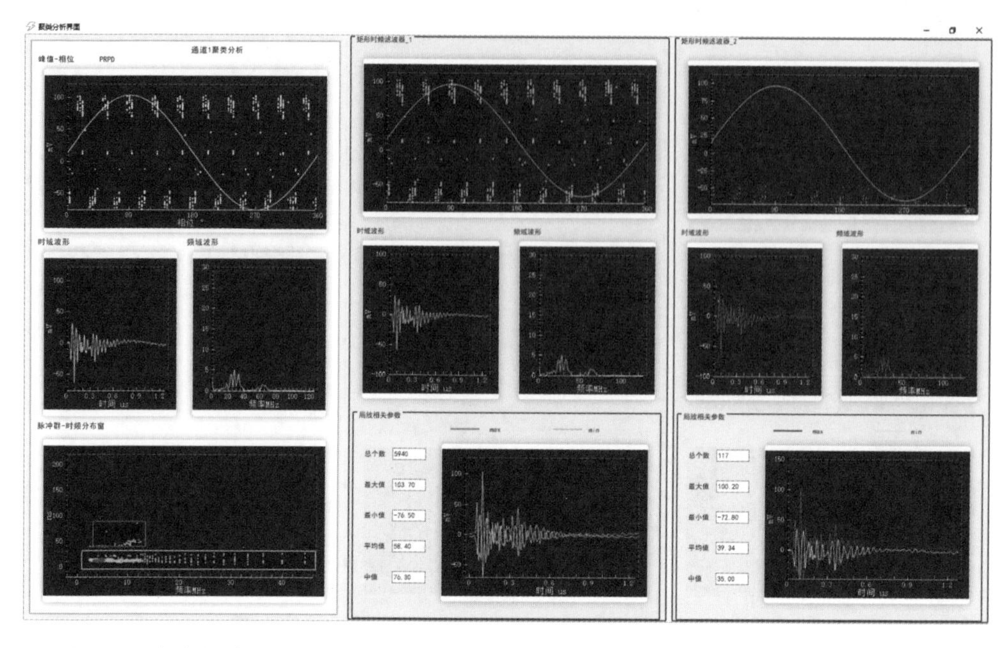

图 5-19　交直流耐压试验局部放电智能检测系统记录中压注入 1000pC 方波信号数据分析（500kV、交接试验、超宽频带法）

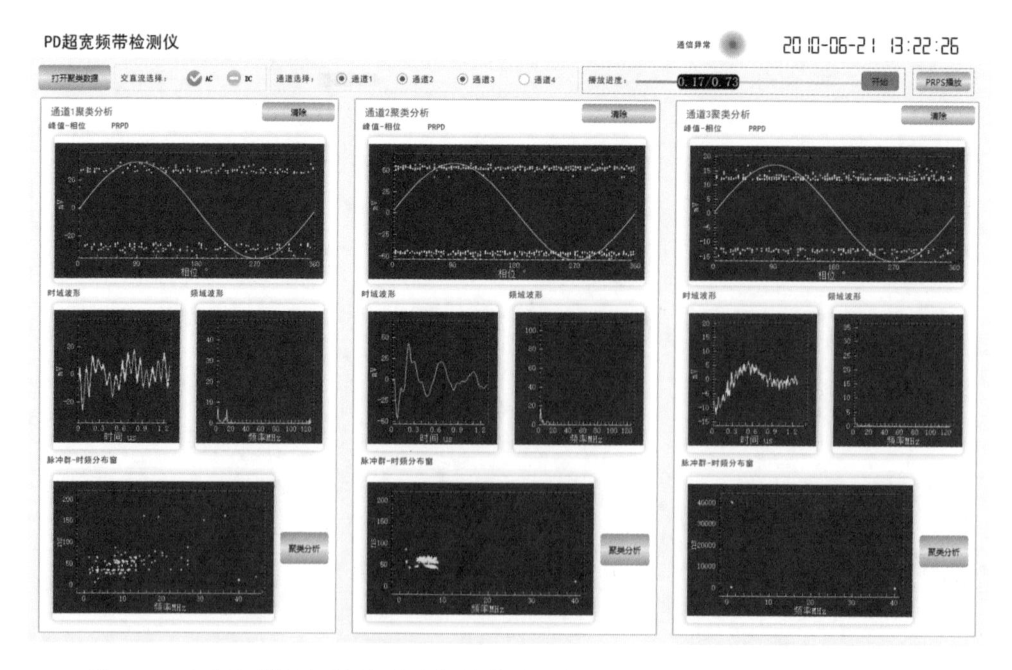

图 5-20　交直流耐压试验局部放电智能检测系统记录中压注入 500pC 方波信号数据（500kV、交接试验、超宽频带法）

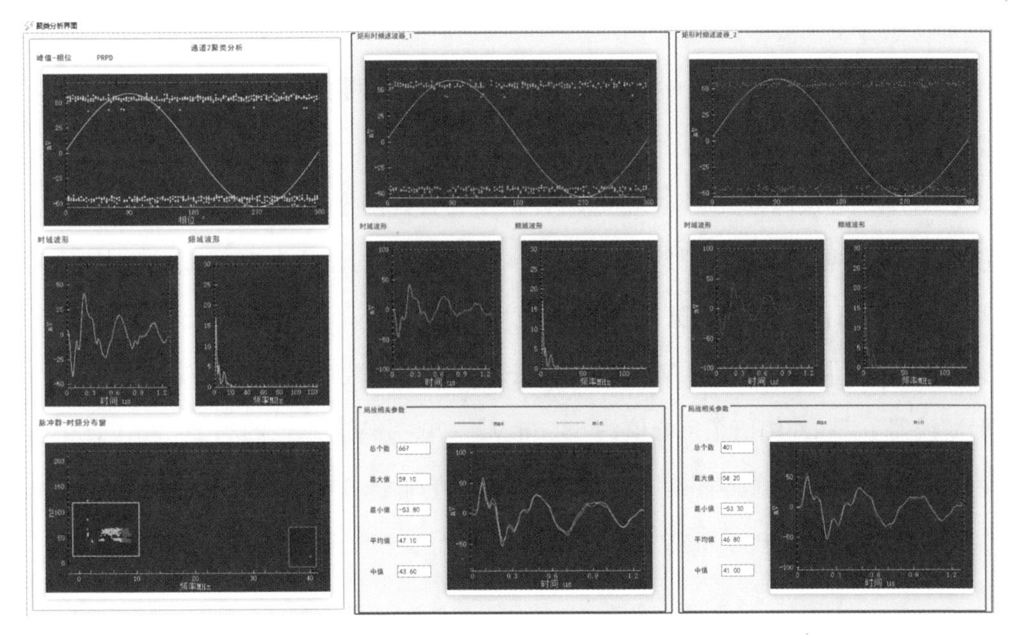

图 5-21　交直流耐压试验局部放电智能检测系统记录中压注入 500pC 方波信号数据分析—CH2 中压套管（500kV、交接试验、超宽频带法）

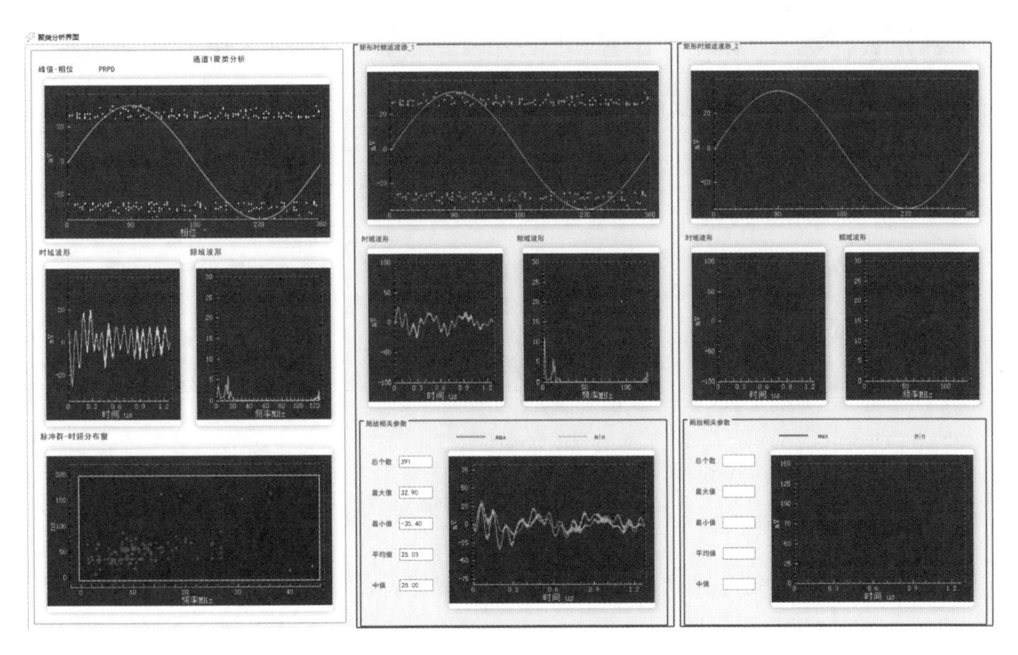

图 5-22　交直流耐压试验局部放电智能检测系统记录中压注入 500pC 方波信号数据分析—CH1 高压套管（500kV、交接试验、超宽频带法）

3. 升压到 1.58U_e

图 5-23 所示为交直流耐压试验局部放电智能检测系统记录的升压到 1.58U_e 数据 1，对应为 2022 年 10 月 7 日 16 时 48 分 56 秒（CH1 高压套管、CH2 中压套管、CH3 铁芯接地电流）。对应的 CH1 高压套管数据分析如图 5-24 所示。矩形滤波器 1：脉冲幅值正负峰值约 48.0mV/－40.6mV，均值约为 32.2mV，中值约为 30.8m；矩形滤波器 2：脉冲幅值正负峰值约 59.8mV/－43.6mV，均值约为 36.9mV，中值约为 33.4mV。对应的 CH2 中压套管数据分析如图 5-25 所示。矩形滤波器 1：脉冲幅值正负峰值约 68.6mV/－70.7mV，均值约为 26.9mV，中值约为 34.1m；矩形滤波器 2：脉冲幅值正负峰值约 36.6mV/－38.0mV，均值约为 17.3mV，中值约为 32.0mV。

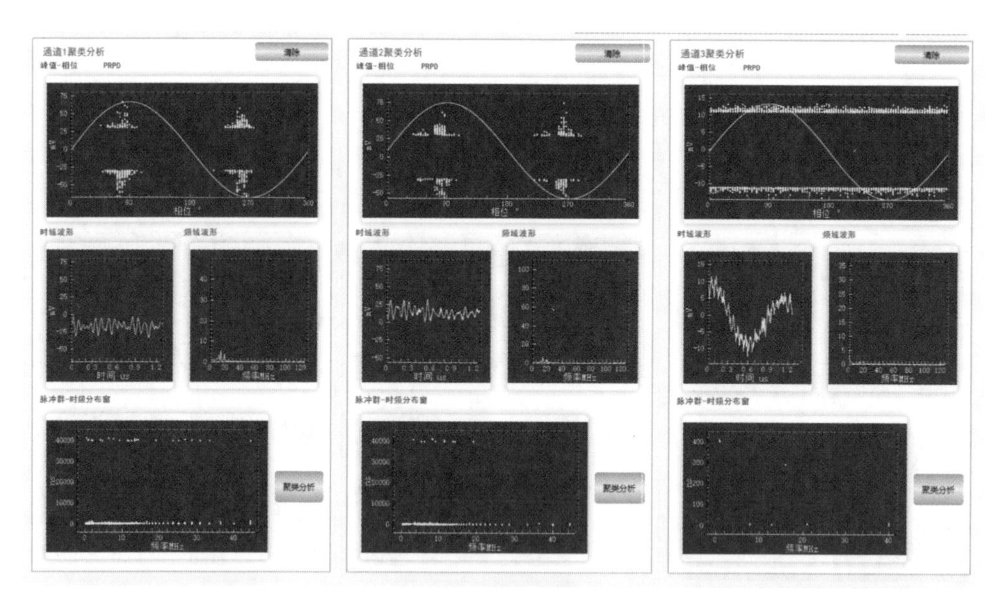

图 5-23　交直流耐压试验局部放电智能检测系统记录升压到 1.58U_e 数据 1（500kV、交接试验、超宽频带法）

图 5-26 所示为交直流耐压试验局部放电智能检测系统记录的升压到 1.58U_e 数据 2，对应为 2022 年 10 月 8 日 14 时 27 分 14 秒（CH2 低压套管、CH3 铁芯接地电流）。对应的 CH2 低压套管数据分析如图 5-27 所示。矩形滤波器 1：脉冲幅值正负峰值约为 48.2mV/－74.4mV，均值约为 38.9mV，中值约为 41.2mV；矩

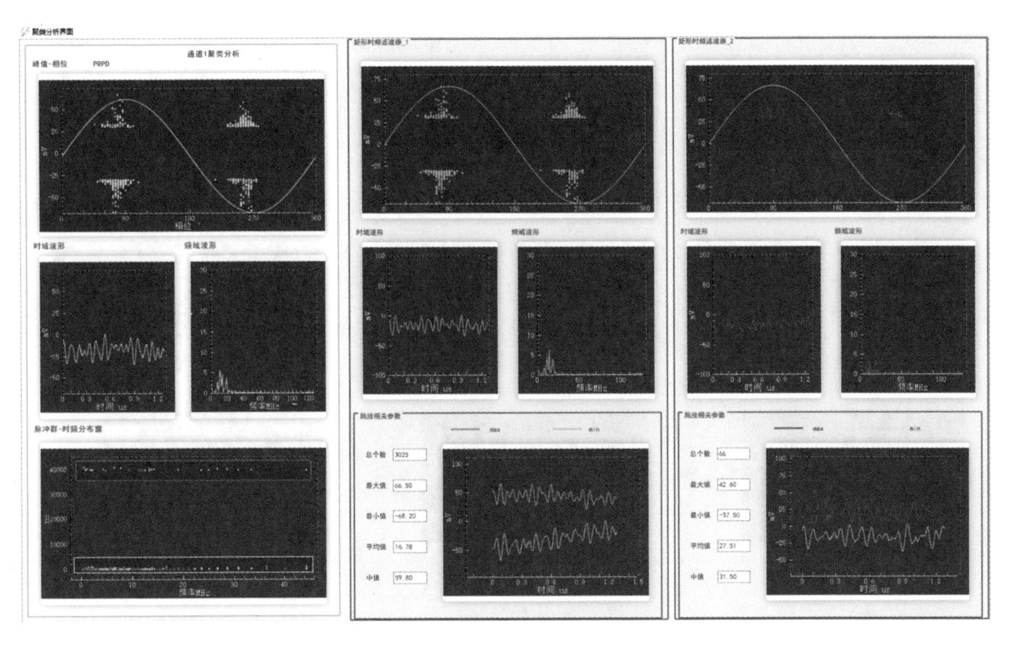

图 5-24　交直流耐压试验局部放电智能检测系统记录升压到 1.58U_e 数据 1—CH1 高压套管（500kV、交接试验、超宽频带法）

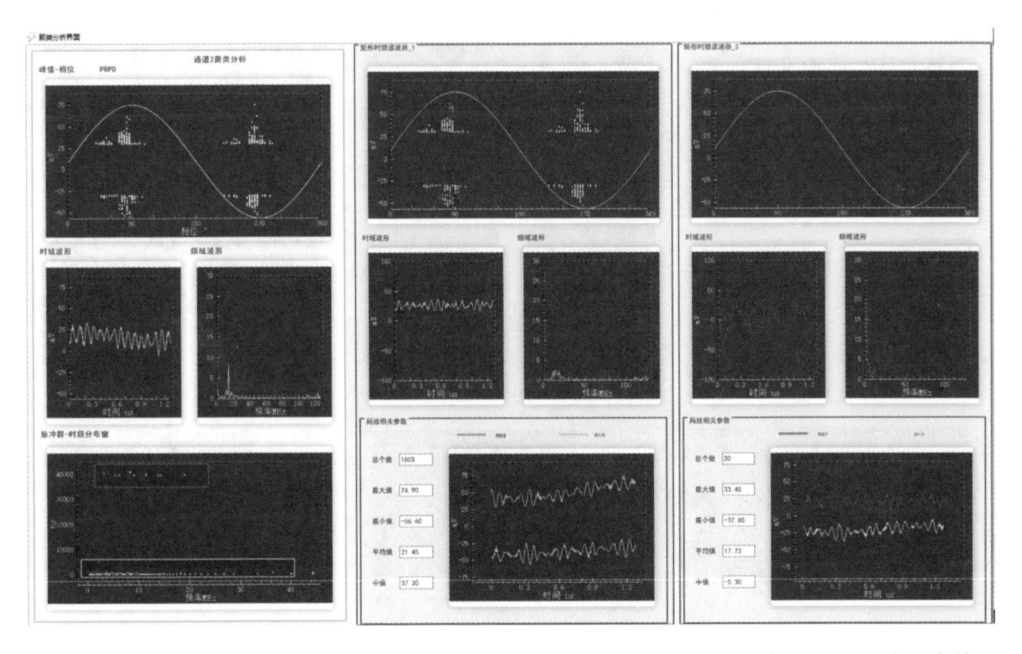

图 5-25　交直流耐压试验局部放电智能检测系统记录升压到 1.58U_e 数据 1—CH2 中压套管（500kV、交接试验、超宽频带法）

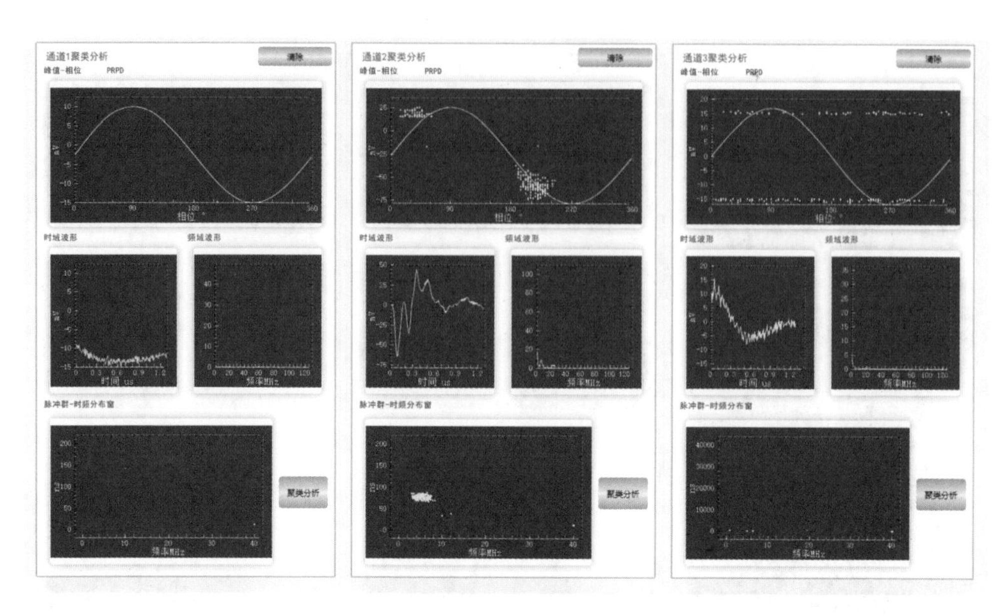

图 5-26　交直流耐压试验局部放电智能检测系统记录升压到 1.58U_e 数据 2

（500kV、交接试验、超宽频带法）

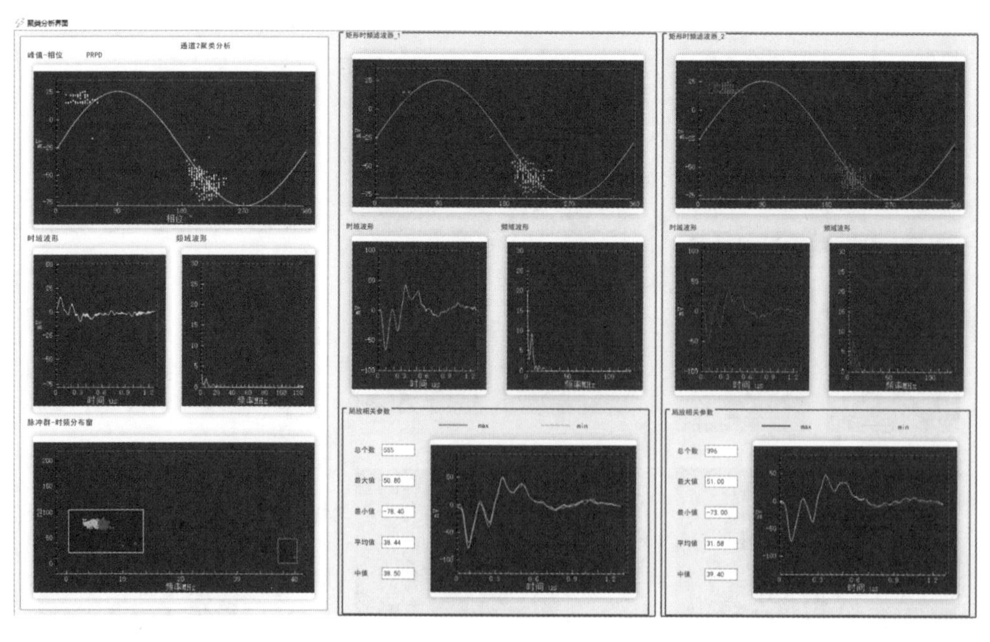

图 5-27　交直流耐压试验局部放电智能检测系统记录升压到 1.58U_e 数据 2—CH2 低压套管

（500kV、交接试验、超宽频带法）

形滤波器 2：脉冲幅值正负峰值约为 53.5mV/−77.7mV，均值约为 31.4mV，中值约为 46.8mV。

图 5-28 所示为交直流耐压试验局部放电智能检测系统记录的升压到 1.58U_e 数据 3，对应为 2022 年 10 月 8 日 15 时 37 分 12 秒（CH1 高压套管、CH2 中压套管）。对应的 CH1 高压套管数据分析如图 5-29 所示。矩形滤波器 1：脉冲幅值正负峰值约为 30.1mV/−20.6mV，均值约为 11.5mV，中值约为 16.0mV；矩形滤波器 2：脉冲幅值正负峰值约为 27.1mV/−18.7mV，均值约为 20.9mV，中值约为 19.9mV。对应的 CH2 中压套管数据分析如图 5-30 所示。矩形滤波器 1：脉冲幅值正负峰值约 8.3mV/−11.3mV，均值约为 4.93mV，中值约为 3.90mV；矩形滤波器 2：脉冲幅值正负峰值约 6.20mV/−11.5mV，均值约为 4.63mV，中值约为 3.30mV。

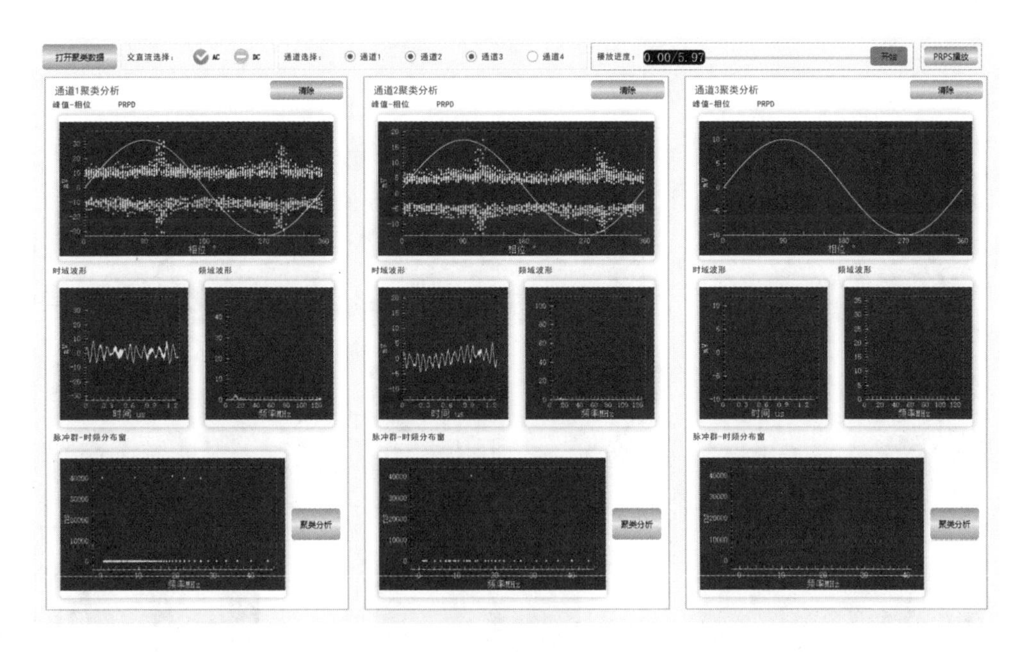

图 5-28　交直流耐压试验局部放电智能检测系统记录升压到 1.58U_e 数据 3
（500kV、交接试验、超宽频带法）

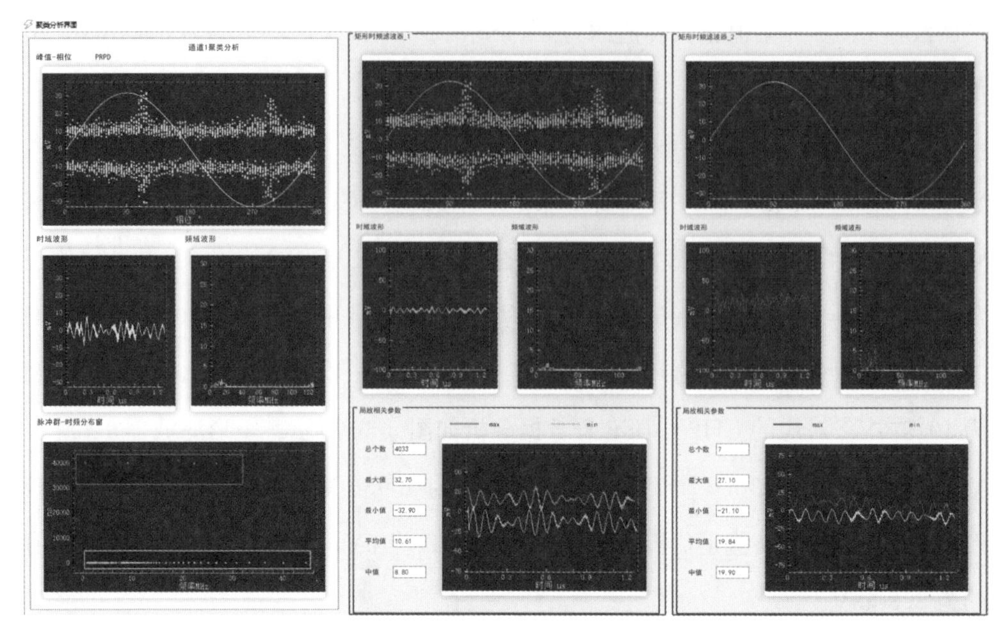

图 5-29 交直流耐压试验局部放电智能检测系统记录升压到 1.58U_c 数据 3—CH1 高压套管（500kV、交接试验、超宽频带法）

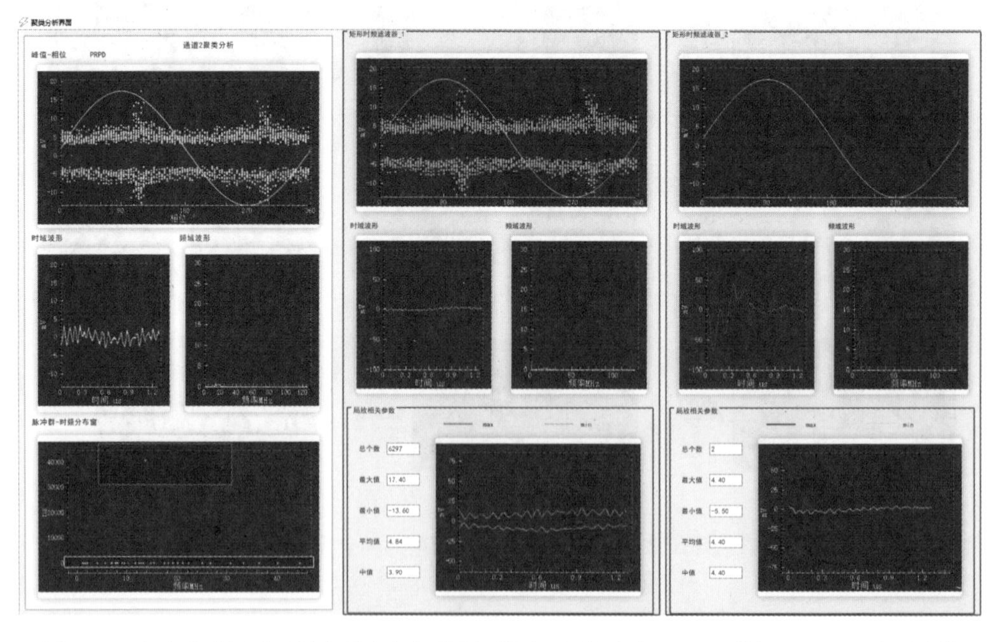

图 5-30 交直流耐压试验局部放电智能检测系统记录升压到 1.58U_c 数据 3—CH2 中压套管（500kV、交接试验、超宽频带法）

第二节　换流变压器交直流耐压局部放电试验与工程应用

以下对1台±800kV和1台±600kV换流变压器的出厂交流、直流耐压局部放电试验开展的情况进行叙述。

一、±800kV换流变压器出厂试验

（一）常规电流脉冲法局部放电试验

变压器的技术参数如表5-7所示。

表5-7　变压器技术参数（±800kV、出厂试验、常规法）

<table>
<tr><td>产品型号</td><td colspan="3">ZZDFPZ-415000/500-800</td></tr>
<tr><td>标称容量</td><td colspan="3">415000/415000kVA</td></tr>
<tr><td>额定容量</td><td colspan="3">380600/380600kVA</td></tr>
<tr><td>额定电压</td><td colspan="3">$(525/\sqrt{3}{}^{+23}_{-7}\times 1.25\%)/(161.5/\sqrt{3})$kV</td></tr>
<tr><td>标称电流</td><td colspan="3">1369/4451A</td></tr>
<tr><td>额定电流</td><td colspan="3">1256/4082A</td></tr>
<tr><td>额定频率</td><td colspan="3">50Hz</td></tr>
<tr><td>联结组别</td><td colspan="3">Ii0</td></tr>
<tr><td>冷却方式</td><td colspan="3">ODAF</td></tr>
<tr><td rowspan="2">空载损耗</td><td colspan="2">P_o≤213kW（协议值无直流偏磁）（1.0U_r下）Po≈249kW（协议值有直流偏磁，1.0U_r下）空载电流（%）：0.20</td><td>裕度：+0%</td></tr>
<tr><td colspan="2">P_o≈301kW（协议值，1.1U_r下，无直流偏磁电流时）
空载电流（%）：约为2.2</td><td>裕度：+0%</td></tr>
<tr><td rowspan="3">阻抗电压（380.6MVA容量下）</td><td>最大分接</td><td>18（%）</td><td>裕度：±0.8</td></tr>
<tr><td>额定分接</td><td>18（%）</td><td>裕度：±0.8</td></tr>
<tr><td>最小分接</td><td>18（%）</td><td>裕度：±0.8</td></tr>
<tr><td rowspan="2">负载损耗（85℃）</td><td>额定分接</td><td>897kW（50Hz）
1004kW（含谐波）</td><td>裕度：+0%</td></tr>
<tr><td>最小分接</td><td>979kW（50Hz）
1086kW（含谐波）</td><td>裕度：+0%</td></tr>
<tr><td rowspan="4">局部放电水平</td><td></td><td>网侧</td><td>阀侧</td></tr>
<tr><td>长时感应试验</td><td>≤100pC</td><td>≤100</td></tr>
<tr><td>外施工频电压试验</td><td>/</td><td>≤100pC</td></tr>
<tr><td>外施直流电压试验</td><td>/</td><td>（最后30min内>2000pC个数）≤30
（最后10min内>2000pC个数）≤10</td></tr>
</table>

续表

局部放电水平	极性反转试验	/	任意10min内>2000pC个数≤10，反转1min内，记录大于500pC放电量
声级水平	额定工频电压下，不超过78dB；含谐波电流时，约为115dB；含谐波电流再加直流偏磁时，约为130dB		
温升限值	顶部油温升≤48K 绕组平均温升≤53K		绕组热点温升≤66K 油箱及结构件温升≤75K
绝缘水平	网侧端1	LI/LIC/SI/AC	首台：1630/1790/1240/710kV 其他：1550/1705/1175/680kV
	网侧端2	LI/AC	185/95kV
	阀侧端子	LI/LIC/SI/AC（1h）/DC/DCPR	1870/2060/1675/944/1304/1008kV

试验标准依据有：

GB/T 18494.1《变流变压器　第1部分：工业用变流变压器》

GB/T 18494.2《变流变压器　第2部分：高压直流输电用换流变压器》

GB 20838《高压直流输电用油浸式换流变压器　技术参数和要求》

GB/T 1094.1《电力变压器　第1部分：总则》

GB/T 1094.2《电力变压器　第2部分：温升》

GB/T 1094.3《电力变压器　第3部分：绝缘水平、绝缘试验和外绝缘空气间隙》

GB/T 1094.4《电力变压器　第4部分：电力变压器和电抗器的雷电冲击和操作冲击试验导则》

GB/T 1094.10《电力变压器　第10部分：声级测定》

GB/T 6451《油浸式电力变压器技术参数和要求》

GB 311.1《高压输变电设备的绝缘配合》

GB/T 16927.1《高电压试验技术　第1部分：一般试验要求》

GB 50150《电气装置安装工程电气设备交接试验标准》

JB/T 10088《6kV～500kV级电力变压器声级》

JB/T 501《电力变压器试验导则》

DL/T 911《电力变压器绕组变形的频率响应分析法》

开展的交流耐压局部放电试验主要内容如表5-8所示。

表 5-8　　交流耐压局部放电试验内容（±800kV、出厂试验、常规法）

<table>
<tr><td colspan="2">长时感应及局部放电测量试验（绝缘前，例行）</td></tr>
<tr><td>接线原理图</td><td>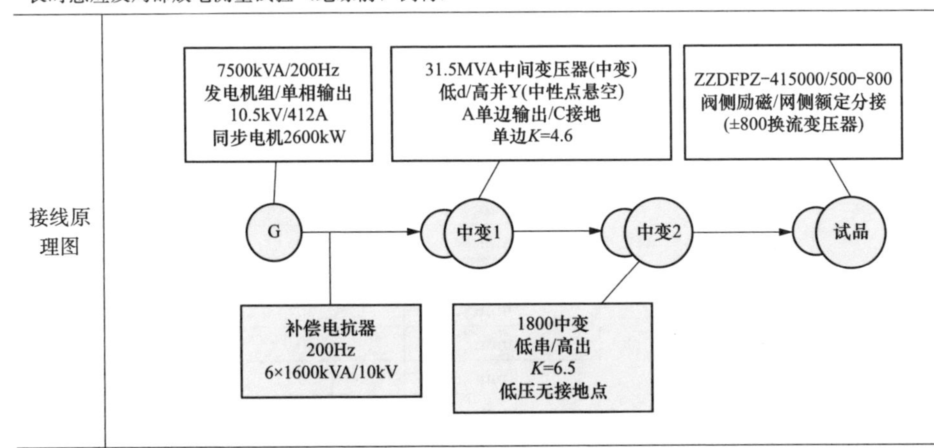
</td></tr>
<tr><td>试验加压过程</td><td>（1）试验在试品额定分接进行，在网侧首端、阀侧首端、铁芯及夹件 4 处监测局部放电信号，同时必须详细记录传递脉冲及极性关系，便于波形的分析。
（2）在不大于 1/3 倍 $1.1U_m/\sqrt{3}$ 电压下接通电源并增加至 $1.1U_m/\sqrt{3}$ 电压，保续 5min，记录局部放电量；增加至 $1.5U_m/\sqrt{3}$ 电压，保持 5mim，记录局部放电量；增加至 $1.7U_m/\sqrt{3}$ 电压，保持 30s；然后立即降低到 $1.5U_m/\sqrt{3}$ 电压，保持 60min，记录局部放电量；降压至 $1.1U_m/\sqrt{3}$ 电压，保持 5min，记录局部放电量；最后将电压降为不大于 1/3 倍 $1.1U_m/\sqrt{3}$ 电压，断电跳闸。
（3）对于异常局部放电信号，采用电气定位结合起始熄灭电压、超声定位等手段综合分析，尽快锁定故障点。
加压示意图
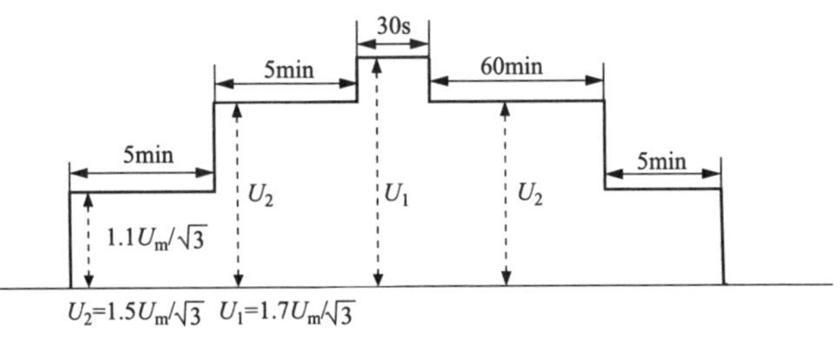
</td></tr>
<tr><td>实际阀侧送电值</td><td>电压为 $1.1U_m/\sqrt{3}$ 时，阀侧施加电压 107.45kV，首台 112.9kV；
电压为 $1.5U_m/\sqrt{3}$ 时，阀侧施加电压 146.5kV，首台 153.9kV；
电压为 U_1 时，阀侧施加电压 169.2kV，首台 177.8kV</td></tr>
<tr><td>结果判断</td><td>试验电压不突然下降，在第二个 $1.5U_m/\sqrt{3}$ 电压下，60min 试验期间局部放电量小于 100pC，且局部放电特性不出现上升趋势</td></tr>
<tr><td>引用标准</td><td>GB/T 18494.2、GB/T 1094.3、JB/T 501、技术协议</td></tr>
</table>

注　低串指低压端串进去，高出指高压端出来。

试验结果如表 5-9 所示。

表 5-9　　交流局部放电试验结果（±800kV、出厂试验、常规法）

施加电压		持续时间	局部放电量（pC）	
倍数	网侧（kV）		A	a
0	0	/	15	15
$1.1U_m/\sqrt{3}$	349.3	5min	20	25
$1.5U_m/\sqrt{3}$	476.3	5min	30	25
$1.7U_m/\sqrt{3}$	539.8	30s	/	/
$1.5U_m/\sqrt{3}$	476.3	5min	30	25
		10min	30	25
		15min	30	25
		20min	30	25
		25min	30	25
		30min	30	25
		35min	30	25
		40min	30	25
		45min	30	25
		50min	30	25
		55min	30	25
		60min	30	25
$1.1U_m/\sqrt{3}$	349.3	5min	20	20
0	0	/	15	20

注　1. U_m=550kV。
　　2. 分接位置 24 分接，电源频率 200Hz。

开展的直流耐压局部放电试验主要内容如表 5-10 所示。

表 5-10　　直流耐压局部放电试验内容（±800kV、出厂试验、常规法）

包括局部放电测量和声波探测测量的外施直流电压耐受试验（例行）	
接线原理图	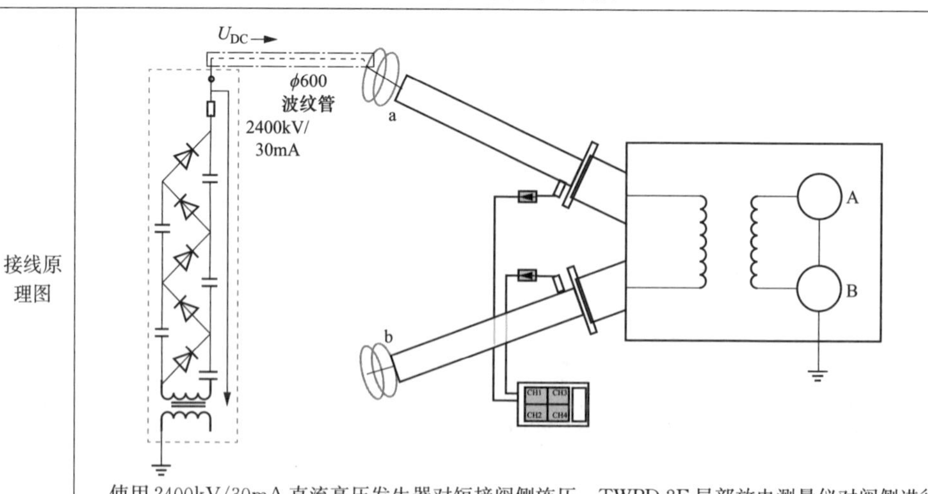 使用 2400kV/30mA 直流高压发生器对短接阀侧施压，TWPD-2E 局部放电测量仪对阀侧进行局部放电测量

续表

试验过程	在冲击试验结束静放不少于6h后开始试验。将直流外施耐压电压在规定升降压时间 D_1（≤1min）内升至耐压电压（+1304kV），并保持120min；全程记录局部放电量。试验结束后试品需静放2h
结果判断	试验电压不突然下降，且最后30min内超过2000pC的放电脉冲不超过30个，最后10min内超过2000pC的放电脉冲不超过10个。
引用标准	GB/T 18494.2、GB/T 311.1、GB/T 16927.1、技术协议

试验结果如表5-11所示。

表5-11　直流耐压局部放电试验结果（±800kV、出厂试验、常规法）

极性	时间（min）	放电量不低于2000pC的脉冲数量	
		a	b
+	0～10	0	0
+	10～20	0	0
+	20～30	0	0
+	30～40	0	0
+	40～50	0	0
+	50～60	0	0
+	60～70	0	0
+	70～80	0	0
+	80～90	0	0
+	90～100	0	0
+	100～110	0	0
+	110～120	0	0

在试验的最后30min期间记录到大于2000pC的放电脉冲不超过30次，并且最后10min内大于2000pC的放电脉冲不超过10次，试验通过。

（二）超宽频带试验—交流

在山东电力设备有限公司试验中心高压大厅，对表5-7所示参数对应型号为ZZDFPZ-415000/500-800换流变压器进行长时感应及局部放电测量试验（绝缘前一例行），同时利用交直流耐压试验局部放电智能检测系统以及示波器同步开展超宽频带局部放电检测试验。图5-31（a）是被试换流变压器，图5-31（b）～图5-31（d）为三种宽带传感器的实际安装情况，分别为网侧套管末屏—套管末屏传感器（CH1）、铁芯接地线—HFCT（CH2）、阀侧套管末屏—检测阻抗（CH3），信号也分别接示波器的CH1～CH3。

(a)

(b)

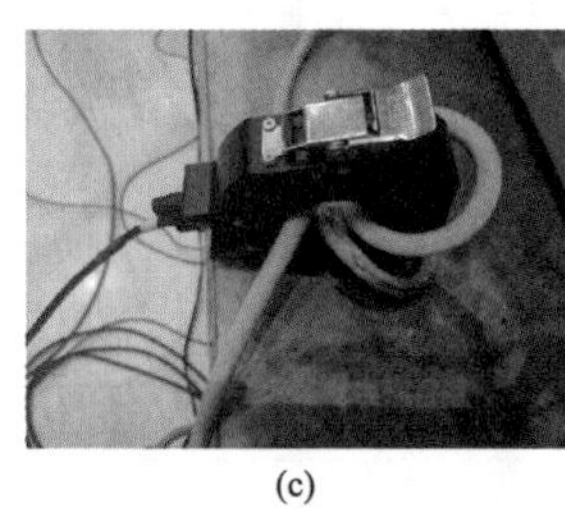

(c)

(d)

(e)

图 5-31 试验布置现场（±800kV、出厂试验—交流、超宽频带法）

(a) 被试换流变压器；(b) 网侧套管末屏—套管耦合装置（CH1）；(c) 铁芯接地线—HFCT（CH2）；(d) 阀侧套管末屏—检测阻抗（CH3）；(e) PD智能检测系统和示波器

1. 放电量—幅值核查

图 5-32 所示为数字示波器在 1000pC 脉冲校准器工况下进行的放电量—幅值核查记录截屏。图 4-32（a）为阀侧套管末屏 1000pC 放电量—幅值核查，CH3 记录的幅值最大（核查结果系数 1000pC/36.3mV）；图 5-32（b）为铁芯接地线 1000pC 放电量—幅值核查，CH2 记录的幅值最大（核查结果系数 1000pC/1010mV）；图 5-32（c）为网侧套管末屏 1000pC 放电量—幅值核查，CH1 记录的幅值最大（核查结果系数 1000pC/22.6mV）。

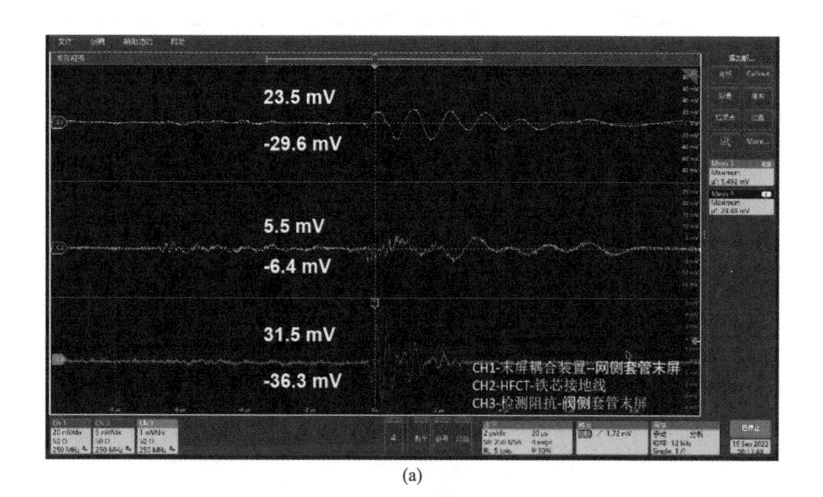

(a)

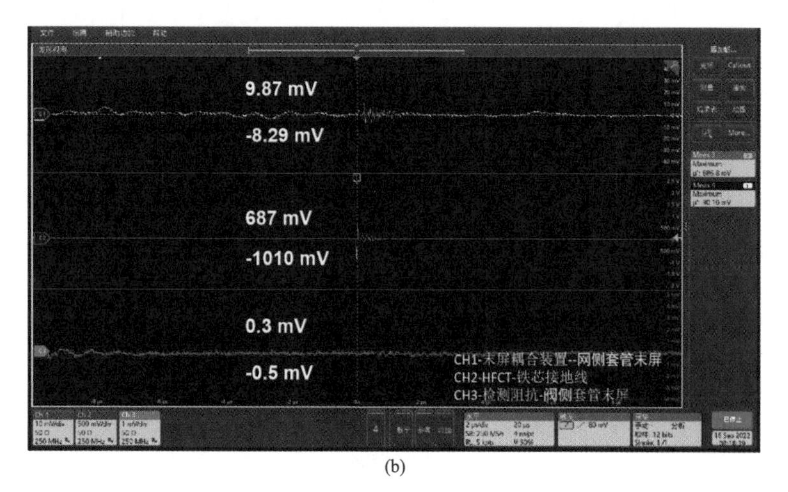

(b)

图 5-32　放电量—幅值核查记录（±800kV、出厂试验—交流、超宽频带法）（一）

（a）阀侧套管末屏 1000pC 放电量—幅值核查（CH3 幅值最大）；

（b）铁芯接地线 1000pC 放电量—幅值核查（CH2 幅值最大）

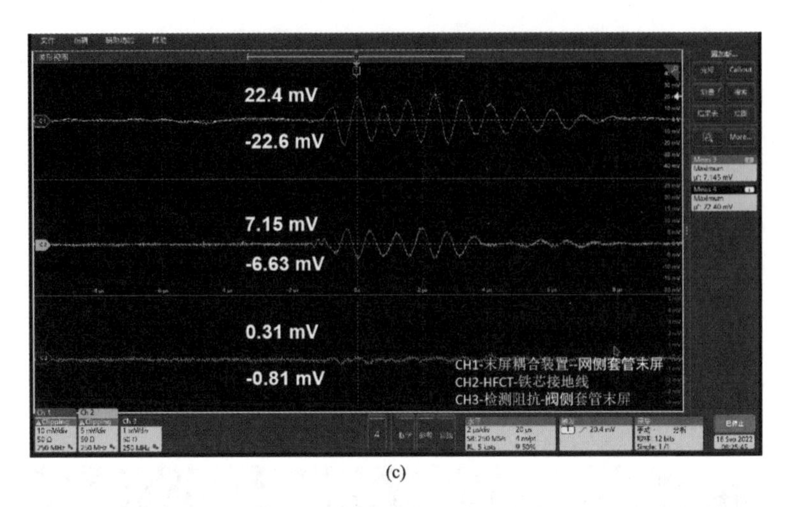

(c)

图 5-32　放电量—幅值核查记录（±800kV、出厂试验—交流、超宽频带法）（二）

（c）网侧套管末屏 1000pC 放电量—幅值核查（CH1 幅值最大）

图 5-33 为图 5-32 放电量—幅值核查记录的波形比对，可以看出传感器在脉冲校准器注入信号附近的输出幅值均最大，脉冲通过变压器内部结构传播后所表征的波形在幅值、时域特性上均有很大的差异。

图 5-32 和图 5-33 记录单个波形的同时，交直流耐压试验局部放电智能检测系统记录到的脉冲波形-时间序列如图 5-34 所示。图 5-34（b）记录的单个波形与

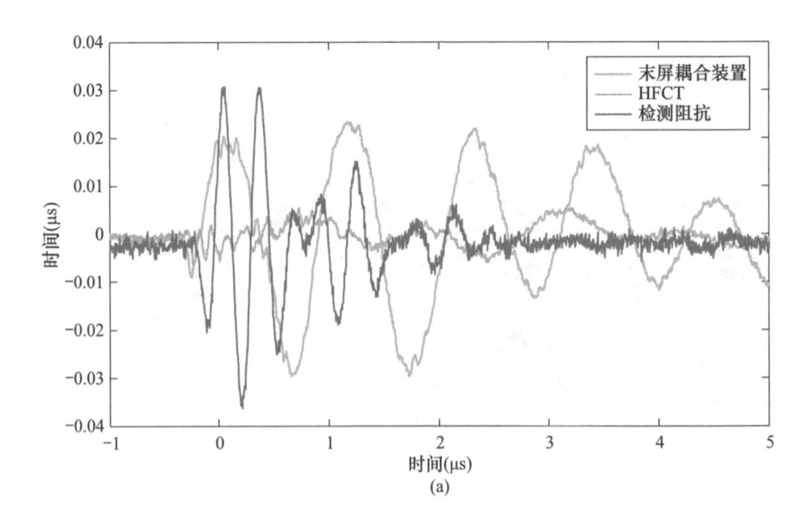

(a)

图 5-33　图 5-32 放电量—幅值核查记录的波形比对（一）

（a）阀侧套管/检测阻抗，1000pC 放电量—幅值核查（CH3 幅值最大）

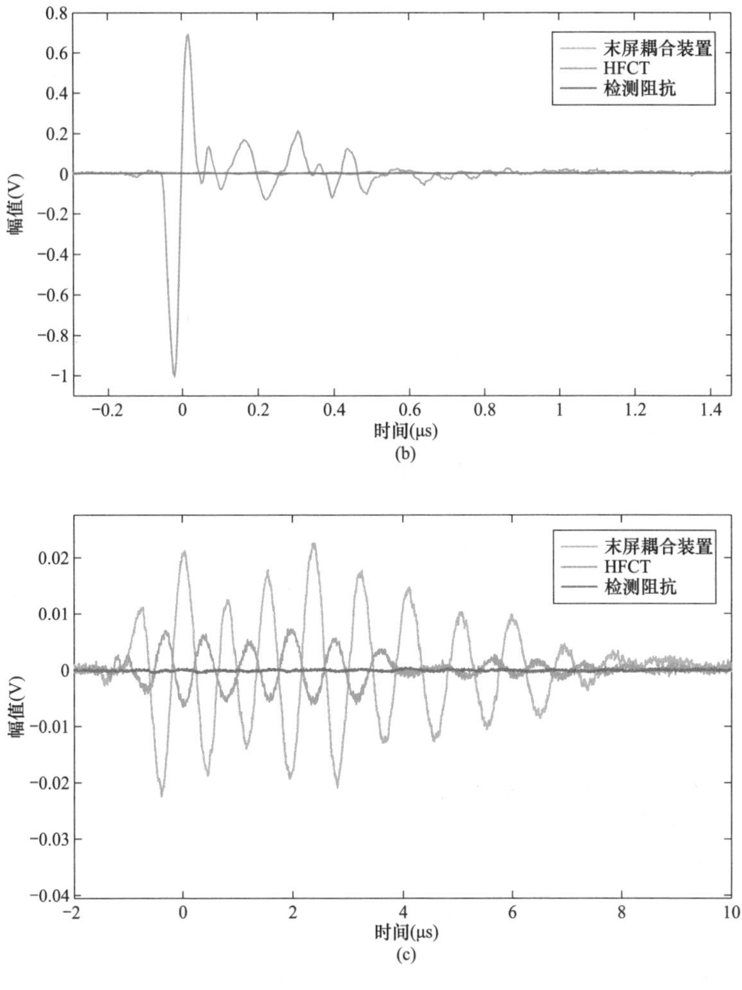

图 5-33　图 5-32 放电量—幅值核查记录的波形比对（二）

（b）铁芯接地线/HFCT，1000pC 放电量—幅值核查（CH2 幅值最大）；

（c）网侧套管/末屏耦合装置，1000pC 放电量—幅值核查（CH1 幅值最大）

图 5-33（b）记录单个波形，由于采样率的差异略有不同，但幅值大小以及总体时域特性均相似。

2. 耐压试验

图 5-35 所示为交直流耐压试验局部放电智能检测系统记录的加压数据，可以看出 CH1-末屏耦合装置—网侧套管/CH2-HFCT—铁芯接地线耦合/CH3-检测阻抗—阀侧套管记录到一定幅值的背景噪声，由图 5-32 的核查结果系数 1000pC/1010mV，根据图 5-35 的分析结果：脉冲平均值 5.43mV，对应约为 55pC。

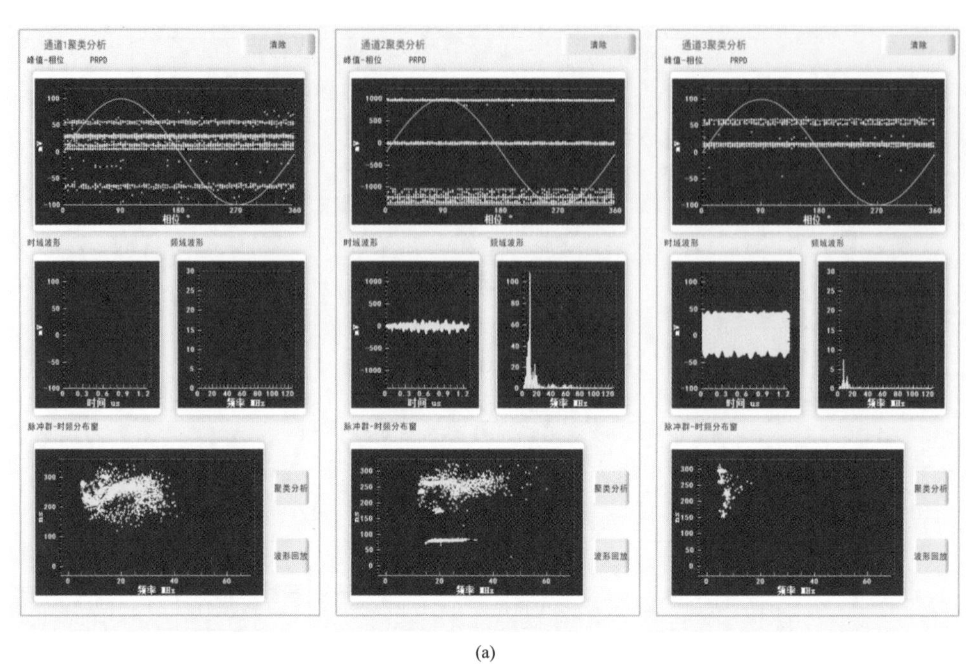

(a)

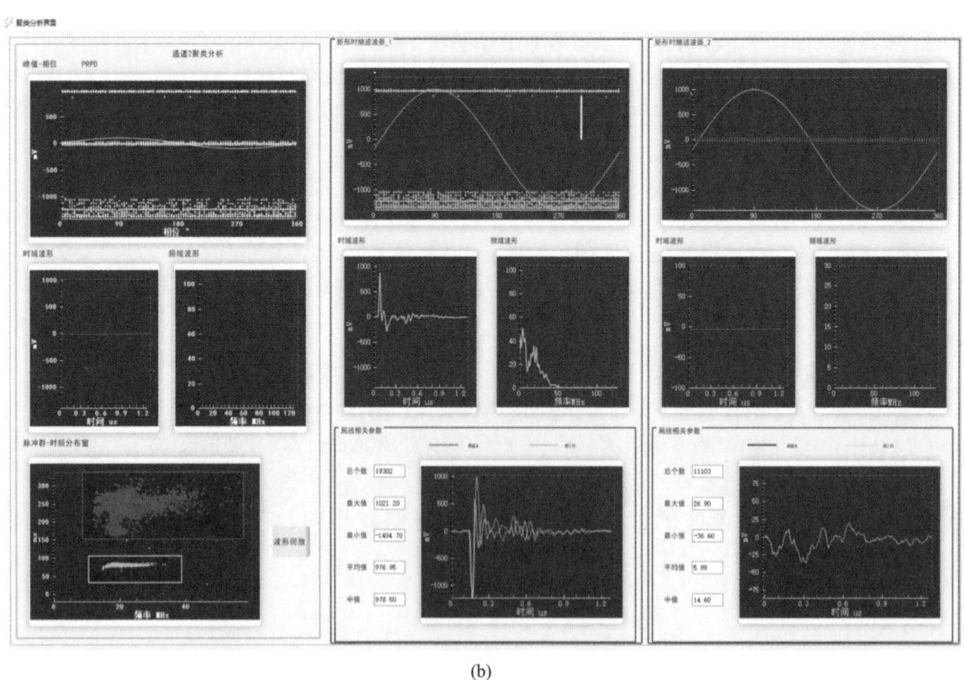

(b)

图 5-34　交直流耐压试验局部放电智能检测系统记录的放电量—幅值核查（±800kV、出厂试验—交流、超宽频带法）

（a）CH1～CH3 数据示例；（b）铁芯接地线/HFCT-CH2 聚类分析

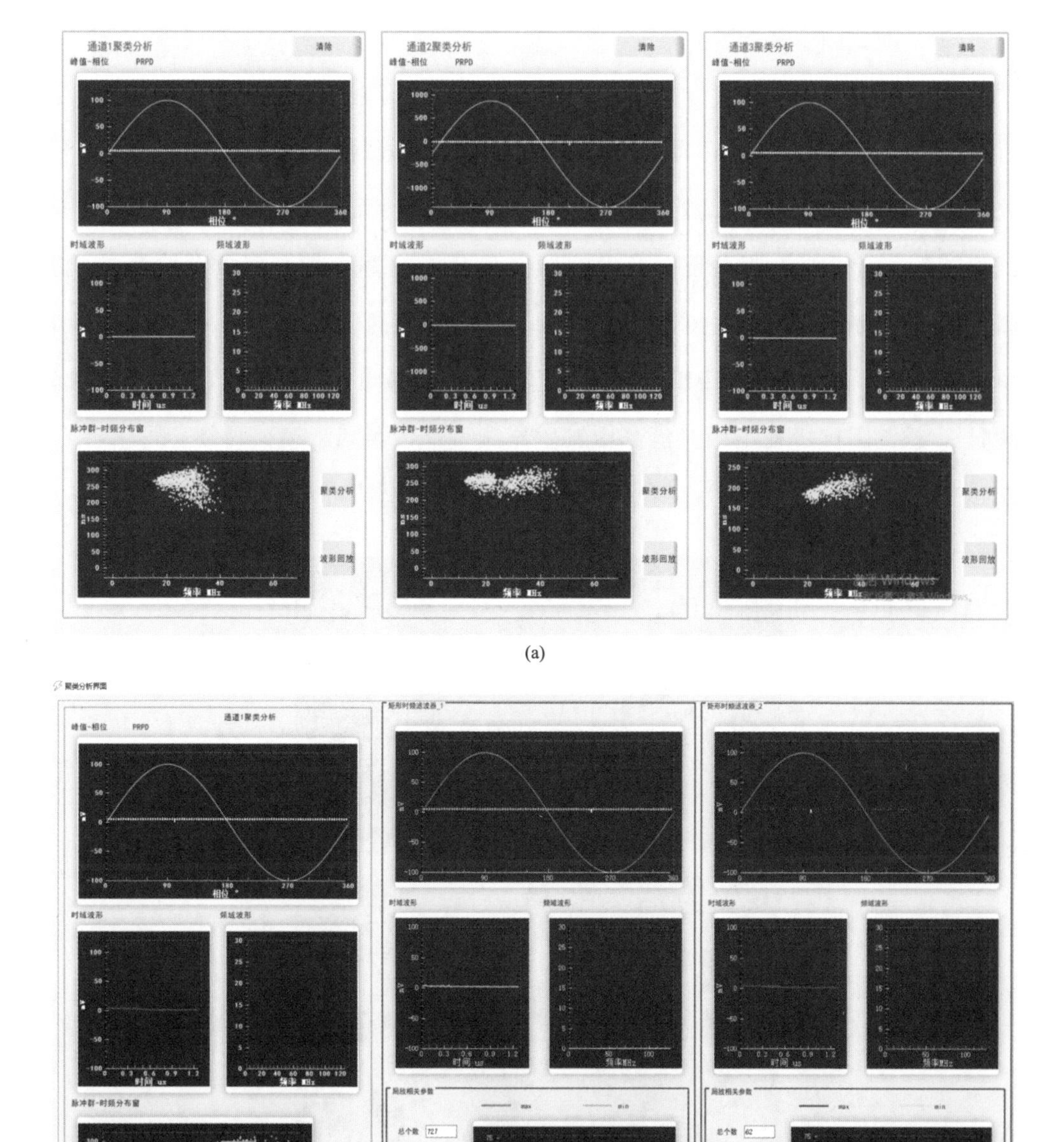

(a)

(b)

图 5-35　交直流耐压试验局部放电智能检测系统记录的耐压试验数据

（±800kV、出厂试验—交流、超宽频带法）

（a）CH1～CH3 数据示例；（b）铁芯接地线/HFCT-CH2 聚类分析

（三）超宽频带试验—直流

图 5-36 所示为现场试验布置，在山东电力设备有限公司试验中心高压大厅，对表 5-7 所示参数对应型号为 ZZDFPZ-415000/500-800 换流变压器进行包括局部放电测量和声波探测测量的外施直流电压耐受试验（例行），同时利用交直流耐压试验局部放电智能检测系统以及示波器同步开展超宽频带局部放电检测试验。图 5-36（a）是被试换流变压器，图 5-36（b）是直流高压发生器，图 5-36（c）和图 5-36（d）为 2 种宽带传感器的实际安装情况，分别为阀侧套管—检测阻抗（CH1，检测阻抗接在串级直流高压发生器测量端，等同于接在阀侧套管末屏）、铁芯接地线-HFCT（CH2），信号也分别接示波器的 CH1～CH2。

图 5-36　试验布置现场（±800kV、出厂试验—直流、超宽频带法）（一）
（a）被试换流变压器；（b）直流高压发生器；（c）串级直流高压发生器测量端—检测阻抗（CH1）；（d）铁芯接地线—HFCT（CH2）；（e）阀侧套管末屏

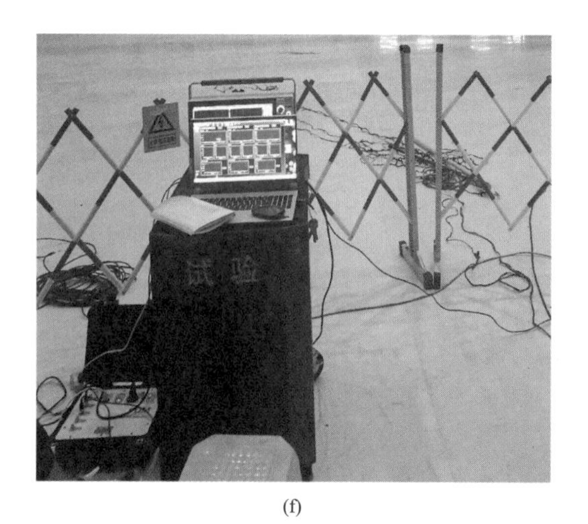

(f)

图 5-36　试验布置现场（±800kV、出厂试验—直流、超宽频带法）（二）
（f）局部放电智能检测系统与示波器

1. 放电量—幅值核查

图 5-37 所示为数字示波器在 2000pC 脉冲校准器工况下进行的放电量—幅值核查记录截屏。图 5-37（a）为阀侧套管末屏 2000pC 放电量—幅值核查，CH1 记录的幅值最大（核查结果系数 2000pC/42.2mV）。

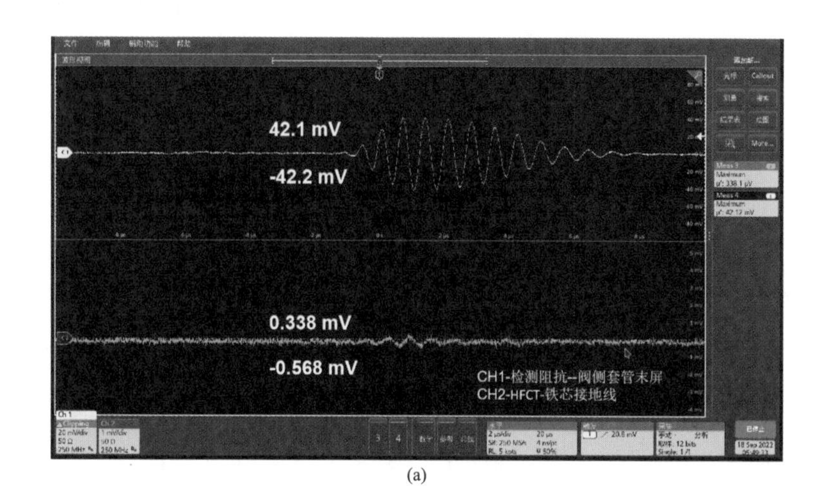

(a)

图 5-37　检测阻抗，2000pC 放电量—幅值核查（CH1 幅值最大，±800kV、出厂试验—直流、超宽频带法）（一）
（a）示波器图片

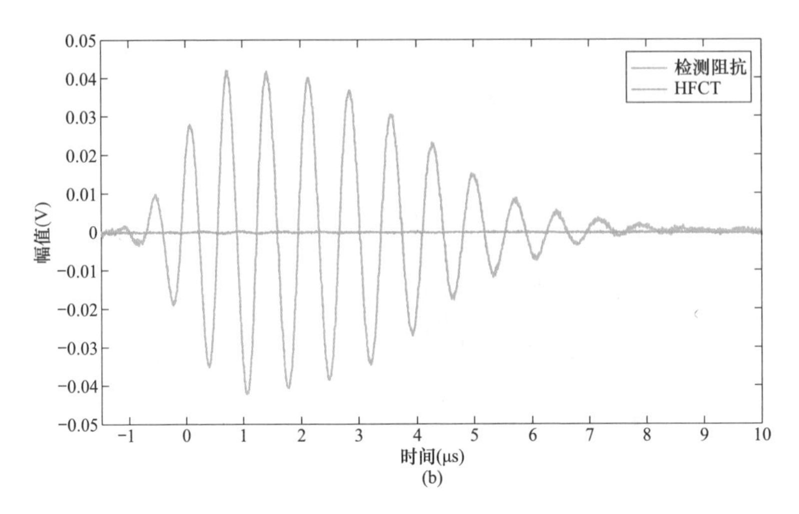

图 5-37　检测阻抗，2000pC 放电量—幅值核查（CH1 幅值最大，±800kV、出厂试验—直流、超宽频带法）（二）

（b）波形比对

图 5-37（b）为图 5-37（a）放电量—幅值核查记录的波形比对，可以看出传感器在脉冲校准器注入信号附近的输出幅值均最大，脉冲通过变压器内部结构传播后所表征的波形在幅值、时域特性上均有很大的差异。

图 5-37 记录单个波形的同时，交直流耐压试验 PD 智能检测系统记录到的脉冲波形—时间序列如图 5-38 所示。图 5-38（b）记录的单个波形与图 5-37 记录单个波形，由于单个波形采样时间的差异很大，但可以判断为示波器采集波形的波头部分。

2. 耐压试验

图 5-39 所示为交直流耐压试验局部放电智能检测系统记录的加压数据，可以看出 CH1-检测阻抗-串级直流高压发生器/CH2-HFCT-铁芯接地线/CH3-未接传感器耦合记录到一定幅值的信号源。其中，根据图 5-39（b）和图 5-39（c）可以看出 CH1 耦合到了多个信号源；根据图 5-39（d）可以看出 CH2 耦合到了 2 个信号源；根据图 5-39（e）可以看出 CH3 记录到了仪器本身的背景噪声源。

二、±600kV 换流变压器出厂试验

（一）常规电流脉冲法局部放电试验

变压器的技术参数如表 5-12 所示。

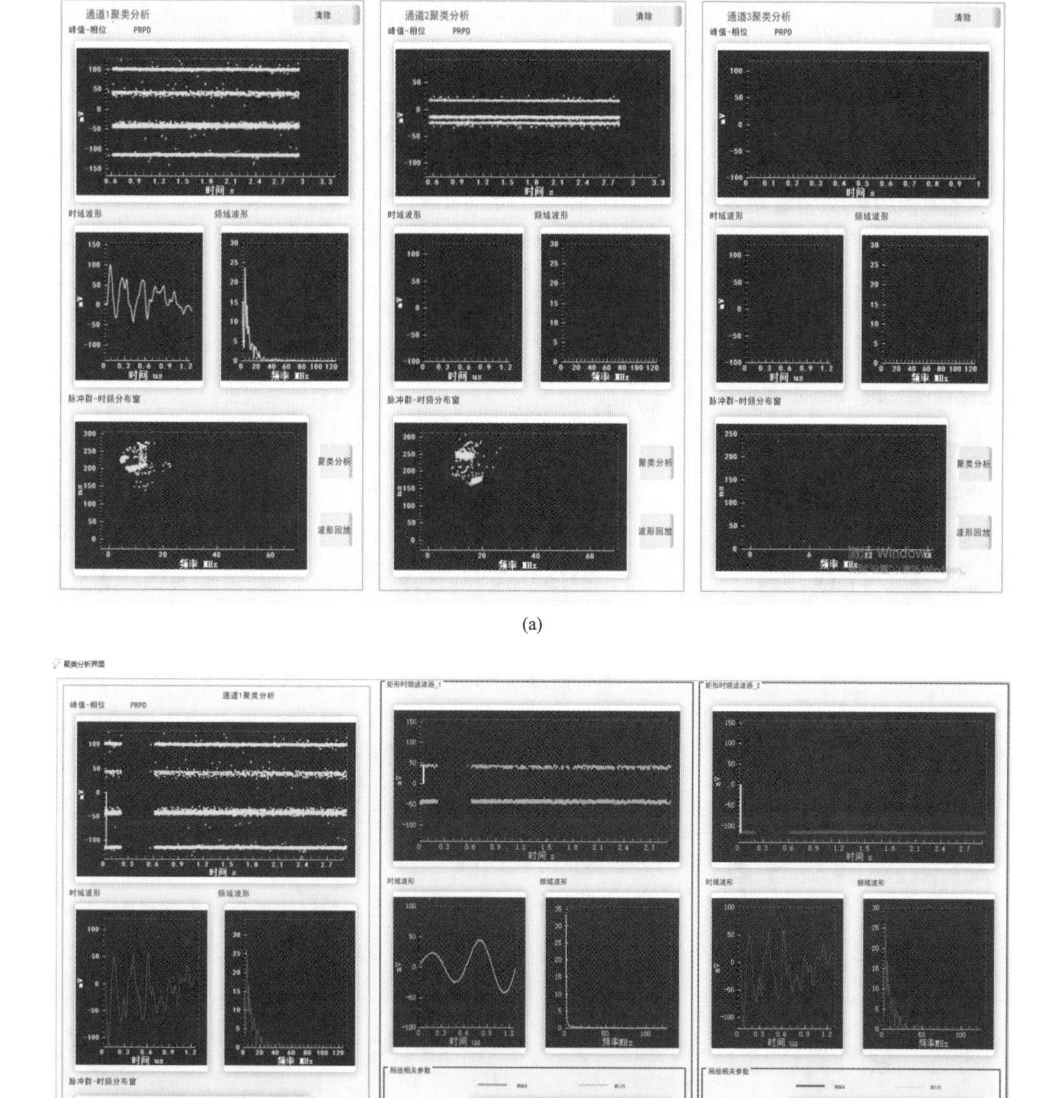

(a)

(b)

图 5-38 交直流耐压试验局部放电智能检测系统记录的放电量—幅值核查（±800kV、出厂试验—直流、超宽频带法）（一）

（a）CH1～CH2 数据示例；（b）CH1 数据聚类分析 1

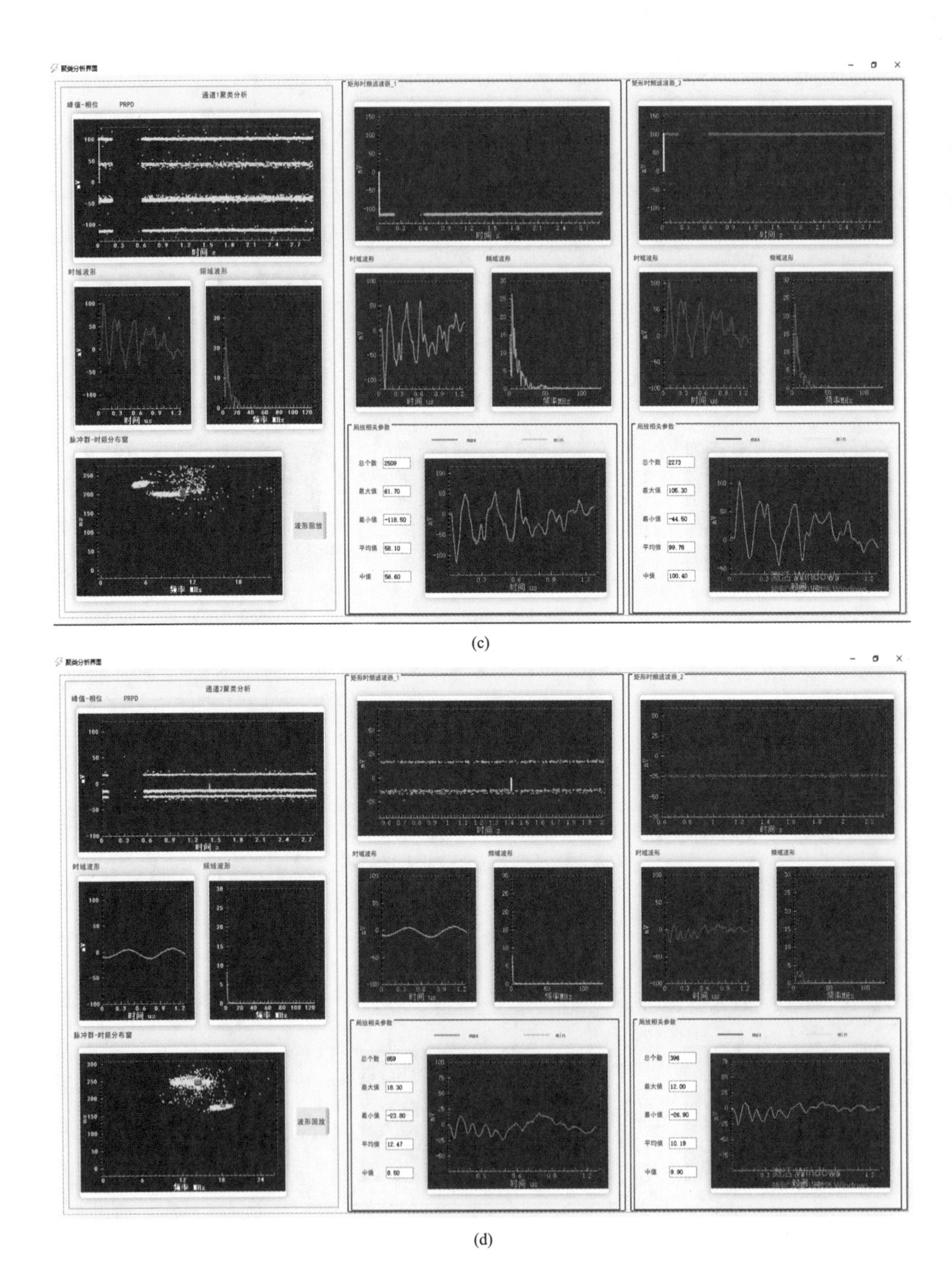

图 5-38　交直流耐压试验局部放电智能检测系统记录的放电量—幅值核查（±800kV、出厂试验—直流、超宽频带法）（二）

(c) CH1 数据聚类分析 2；(d) CH2 数据聚类分析

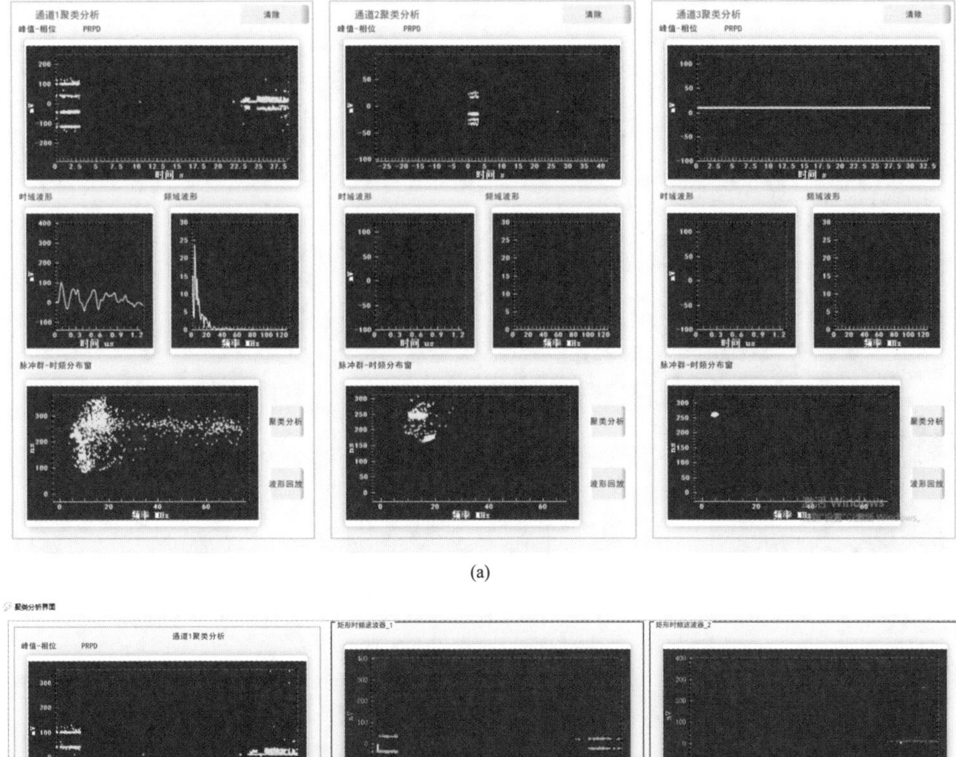

(a)

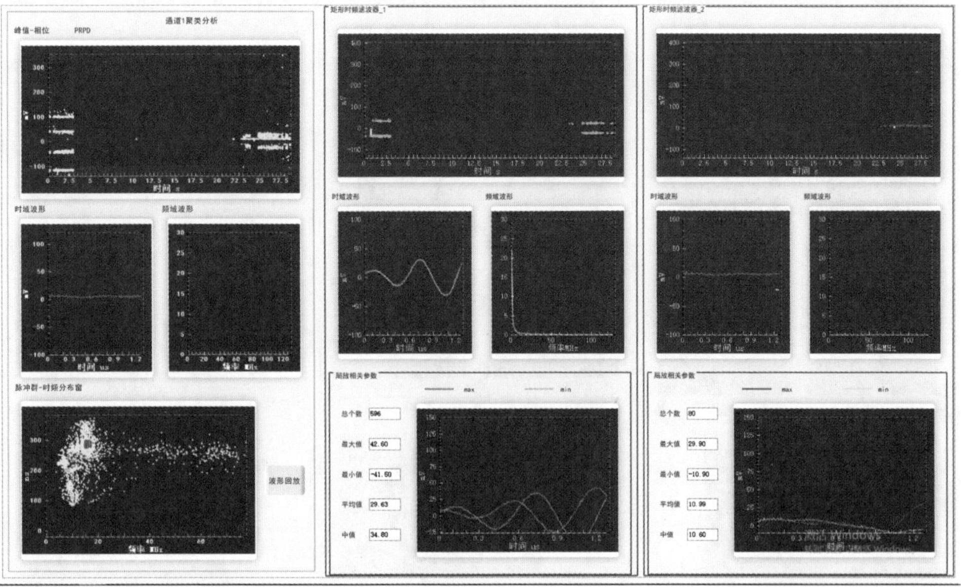

(b)

图 5-39　交直流耐压试验局部放电智能检测系统记录的耐压试验数据（±800kV、出厂试验—直流、超宽频带法）（一）

(a) CH1～CH3 数据示例（CH3 记录背景噪声）；(b) CH1 数据聚类分析 1

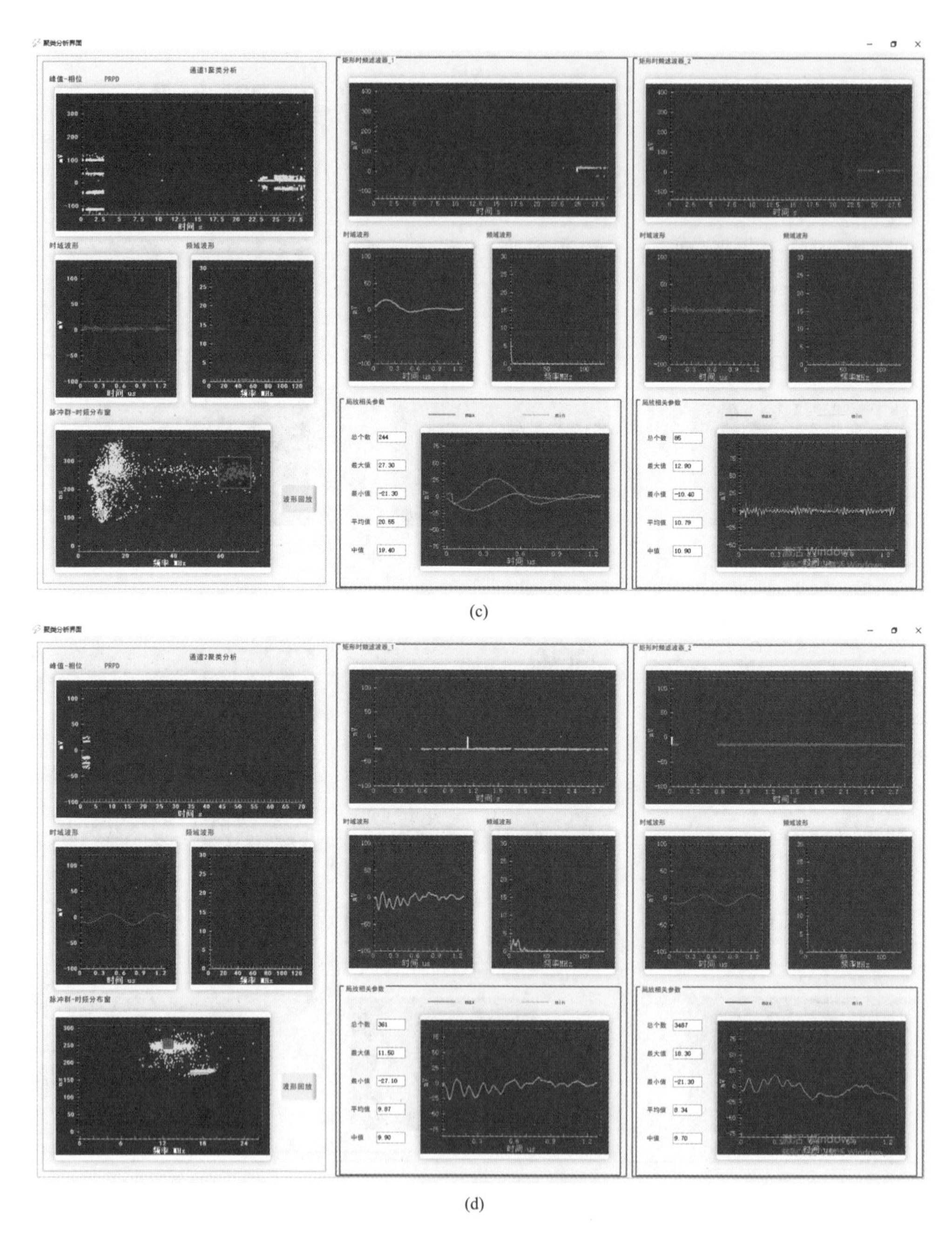

图 5-39 交直流耐压试验局部放电智能检测系统记录的耐压试验数据（±800kV、出厂试验—直流、超宽频带法）（二）

（c）CH1 数据聚类分析 2；（d）CH2 数据聚类分析

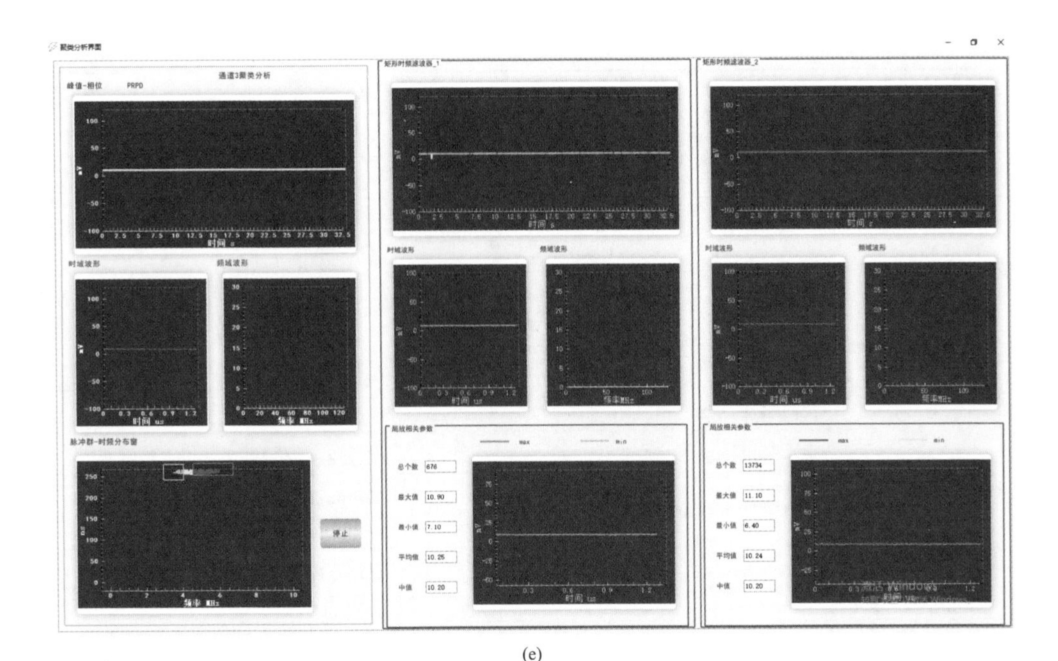

(e)

图 5-39　交直流耐压试验局部放电智能检测系统记录的耐压试验数据（±800kV、出厂试验—直流、超宽频带法）（三）

(e) CH3 数据聚类分析

表 5-12　　　变压器技术参数（±600kV、出厂试验、常规法）

<table>
<tr><td>产品型号</td><td colspan="2">ZZDFPZ-415000/500-600</td></tr>
<tr><td>标称容量</td><td colspan="2">415000/415000kVA</td></tr>
<tr><td>额定容量</td><td colspan="2">380600/380600kVA</td></tr>
<tr><td>额定电压</td><td colspan="2">$(525/\sqrt{3}{}^{+23}_{-7}\times1.25\%)/161.5$kV</td></tr>
<tr><td>标称电流</td><td colspan="2">1369/2569.7A</td></tr>
<tr><td>额定电流</td><td colspan="2">1256/2356.7A</td></tr>
<tr><td>额定频率</td><td colspan="2">50Hz</td></tr>
<tr><td>联结组别</td><td colspan="2">Ii0</td></tr>
<tr><td>冷却方式</td><td colspan="2">ODAF</td></tr>
<tr><td rowspan="2">空载损耗</td><td>$P_o\leqslant213$kW（协议值无直流偏磁）（$1.0U_r$ 下）$P_o\approx249$kW（协议值有直流偏磁，$1.0U_r$）
空载电流：0.20%</td><td>裕度：+0%</td></tr>
<tr><td>$P_o\approx301$kW（协议值，$1.1U_r$ 下，无直流偏磁电流时）
空载电流：约为 2.2%</td><td>裕度：+0%</td></tr>
</table>

续表

<table>
<tr><td rowspan="3">阻抗电压
（380.6MVA
容量下）</td><td>最大分接</td><td>18（%）</td><td>裕度：±0.8</td></tr>
<tr><td>额定分接</td><td>18（%）</td><td>裕度：±0.8</td></tr>
<tr><td>最小分接</td><td>18（%）</td><td>裕度：±0.8</td></tr>
<tr><td rowspan="2">负载损耗（85℃）</td><td>额定分接</td><td>924kW（50Hz）
1070kW（含谐波）</td><td>裕度：+0%</td></tr>
<tr><td>最小分接</td><td>1007kW（50Hz）
1150kW（含谐波）</td><td>裕度：+0%</td></tr>
<tr><td rowspan="5">局部放电水平</td><td></td><td>网侧</td><td>阀侧</td></tr>
<tr><td>长时感应试验</td><td>≤100pC</td><td>≤100</td></tr>
<tr><td>外施工频电压试验</td><td>/</td><td>≤100pC</td></tr>
<tr><td>外施直流电压试验</td><td>/</td><td>（最后 30min 内超过 2000pC 个数）≤30
（最后 10min 内超过 2000pC 个数）≤10</td></tr>
<tr><td>极性反转试验</td><td>/</td><td>任意 10min 内超过 2000pC 个数：≤10，
反转 1min 内，记录大于 500pC 的放电量</td></tr>
<tr><td>声级水平</td><td colspan="3">额定工频电压下，不超过 78dB；含谐波电流时，约为 115dB；含谐波电流再加直流偏磁时，约为 130dB</td></tr>
<tr><td>温升限值</td><td colspan="2">顶部油温升≤48K
绕组平均温升≤53K</td><td>绕组热点温升≤66K
油箱及结构件温升≤75K</td></tr>
<tr><td rowspan="3">绝缘水平</td><td>网侧端 1</td><td>LI/LIC/SI/AC</td><td>首台：1630/1790/1240/710kV
其他：1550/1705/1175/680kV</td></tr>
<tr><td>网侧端 2</td><td>LI/AC</td><td>185/95kV</td></tr>
<tr><td>阀侧端子</td><td>LI/LIC/SI/AC(1h)/
DC/DCPR</td><td>1600/1760/1365/719/985/742kV</td></tr>
</table>

试验标准依据为：

GB/T 18494.1《变流变压器　第 1 部分：工业用变流变压器》

GB/T 18494.2《变流变压器　第 2 部分：高压直流输电用换流变压器》

GB 20838《高压直流输电用油浸式换流变压器　技术参数和要求》

GB/T 1094.1《电力变压器　第 1 部分：总则》

GB/T 1094.2《电力变压器　第 2 部分：温升》

GB/T 1094.3《电力变压器　第 3 部分：绝缘水平、绝缘试验和外绝缘空气间隙》

GB/T 1094.4《电力变压器　第 4 部分：电力变压器和电抗器的雷电冲击和操作冲击试验导则》

GB/T 1094.10《电力变压器　第 10 部分：声级测定》

GB/T 6451《油浸式电力变压器技术参数和要求》

GB 311.1《高压输变电设备的绝缘配合》

GB/T 16927.1《高电压试验技术　第 1 部分：一般试验要求》

GB 50150《电气装置安装工程电气设备交接试验标准》

JB/T 10088《6kV～500kV 级电力变压器声级》

JB/T 501《电力变压器试验导则》

DL/T 911《电力变压器绕组变形的频率响应分析法》

开展的交流耐压局部放电试验主要内容如表 5-13 所示。

表 5-13　交流耐压局部放电试验内容（±600kV、出厂试验、常规法）

<table>
<tr><td colspan="2">长时感应及局部放电测量试验（绝缘前，例行）</td></tr>
<tr><td>接线原理图</td><td>7500kVA/200Hz
发电机组/单相输出
10.5kV/412A
同步电机2600kW
31.5MVA中间变压器(中变)
低d/高并Y(中性点悬空)
A单边输出/C接地
单边K=4.6
ZZDFPZ-415000/500-600
阀侧励磁/网侧额定分接
(±600换流变压器)
G
中变1
中变2
试品
补偿电抗器
200Hz
6×1600kVA/10kV
1800中变
低串/高出
K=6.5
低压无接地点</td></tr>
<tr><td>试验加压过程</td><td>（1）试验在试品额定分接进行，在网侧首端、阀侧首端、铁芯及夹件 4 处监测局部放电信号，同时必须详细记录传递脉冲及极性关系，便于波形的分析。
（2）在不大于 1/3 倍 $1.1U_m/\sqrt{3}$ 电压下接通电源并增加至 $1.1U_m/\sqrt{3}$ 电压，保续 5min，记录局部放电量；再增加至 $1.5U_m/\sqrt{3}$ 电压，保持 5mim，记录局部放电量；再增加至 $1.7U_m/\sqrt{3}$ 电压，保持 30s；然后立即降低到 $1.5U_m/\sqrt{3}$ 电压，保持 60min，记录局部放电量；然后降压至 $1.1U_m/\sqrt{3}$ 电压，保持 5min，记录局部放电量；最后将电压降为不大于 1/3 倍 $1.1U_m/\sqrt{3}$ 电压，断电跳闸。
（3）异常局部放电信号采用电气定位结合起始熄灭电压、超声定位等手段综合分析，尽快锁定故障点。
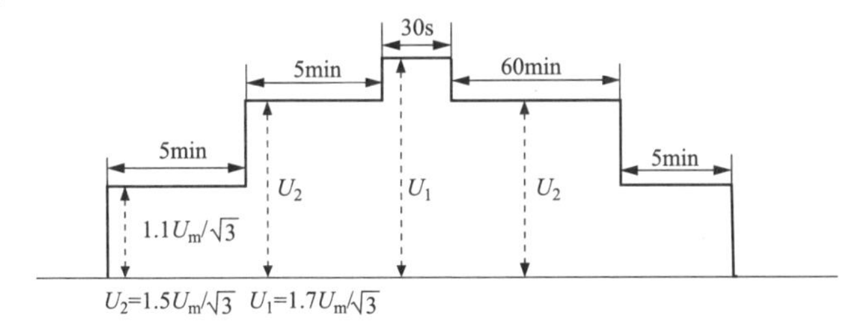
</td></tr>
</table>

实际阀侧送电值	电压为 1.1$U_m/\sqrt{3}$时，阀侧施加电压 186.1kV，首台 195.5kV； 电压为 1.5$U_m/\sqrt{3}$时，阀侧施加电压 253.7kV，首台 266.5kV； 电压为U_1时，阀侧施加电压 293.0kV，首台 307.9kV
结果判断	试验电压不出现突然下降，在第二个 1.5$U_m/\sqrt{3}$电压下，60min 试验期间局部放电量小于100pC，且局部放电特性不出现上升趋势
引用标准	GB/T 18494.2、GB/T 1094.3、JB/T 501、技术协议

试验结果如表 5-14 所示。

表 5-14　　交流局部放电试验结果（±600kV、出厂试验、常规法）

施加电压		持续时间	局部放电量（pC）	
倍数	网侧（kV）		A	a
0	0	/	15	40
1.1$U_m/\sqrt{3}$	349.3	5min	15	55
1.5$U_m/\sqrt{3}$	476.3	5min	15	55
1.7$U_m/\sqrt{3}$	539.8	30s	/	/
1.5$U_m/\sqrt{3}$	476.3	5min	15	55
		10min	15	55
		15min	15	55
		20min	15	55
		25min	15	55
		30min	15	55
		35min	15	55
		40min	15	55
		45min	15	55
		50min	15	55
		55min	15	55
		60min	15	55
1.1$U_m/\sqrt{3}$	349.3	5min	15	55
0	0	/	15	50

注　1. U_m=550kV。
　　2. 分接位置 24 分接，频率 200Hz。

开展的直流耐压局部放电试验主要内容如表 5-15 所示。

表 5-15　直流耐压局部放电试验内容（±600kV、出厂试验、常规法）

<table>
<tr><td colspan="2">包括局部放电测量和声波探测测量的外施直流电压耐受试验（例行）</td></tr>
<tr><td>接线原理图</td><td>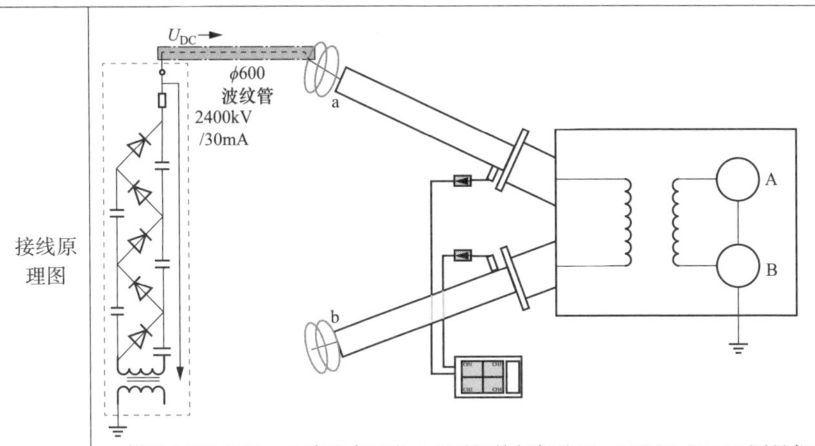

使用 2400kV/30mA 直流高压发生器对短接阀侧施压，TWPD-2E PD 测量仪对阀侧进行局部放电测量</td></tr>
<tr><td>试验加压过程</td><td>在冲击试验结束静放不少于 6h 后开始试验。将直流外施耐压电压在 1min 内升至耐压电压 +985kV，并保持 120min；全程记录局部放电量。试验结束后试品需静放 2h。
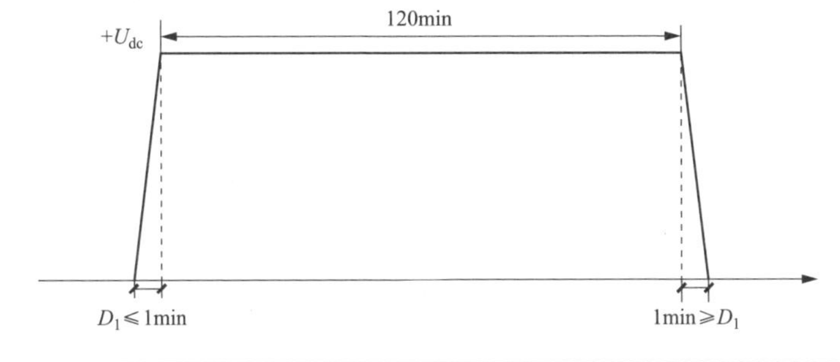
</td></tr>
<tr><td>结果判断</td><td>试验电压不突然下降，且最后 30min 内超过 2000pC 的放电脉冲不超过 30 个，最后 10min 内超过 2000pC 的放电脉冲不超过 10 个</td></tr>
<tr><td>引用标准</td><td>GB/T 18494.2、GB/T 311.1、GB/T 16927.1、技术协议</td></tr>
</table>

试验结果如表 5-16 所示。

表 5-16　直流耐压局部放电试验结果（±600kV、出厂试验、常规法）

极性	时间（min）	放电量不低于 2000pC 的脉冲数量	
		a	b
+	0～10	0	0
+	10～20	0	0
+	20～30	0	0
+	30～40	0	0

续表

极性	时间（min）	放电量不低于 2000pC 的脉冲数量	
		a	b
+	40～50	0	0
+	50～60	0	0
+	60～70	0	0
+	70～80	0	0
+	80～90	0	0
+	90～100	0	0
+	100～110	0	0
+	110～120	0	0

在试验的最后 30min 期间记录到大于 2000pC 的放电脉冲不超过 30 次，并且最后 10min 内大于 2000pC 的放电脉冲不超过 10 次。试验通过。

（二）超宽频带试验-交流

在山东电力设备有限公司试验中心高压大厅，对表 5-13 所示参数对应型号为 ZZDFPZ-415000/500-600 换流变压器进行长时感应及局部放电测量试验（绝缘前-例行），同时利用交直流耐压试验局部放电智能检测系统以及示波器同步开展超宽频带局部放电检测试验。图 5-40（a）是被试换流变压器，图 5-40（b）～图 5-40（c）为 2 种宽带传感器的实际安装情况，分别为阀侧套管末屏-检测阻抗（CH1）、铁芯接地线-HFCT（CH2），信号也分别接示波器的 CH1～CH2。

1. 放电量—幅值核查

图 5-41 所示为数字示波器在不同位置（阀侧套管、夹件、铁芯接地、网侧套管和中性点）500pC 和 1000pC 脉冲校准器工况下进行的放电量—幅值核查记录截屏。

图 5-42 与图 5-41 对应，为局部放电智能检测系统在不同位置（阀侧套管、夹件、铁芯接地、网侧套管和中性点）500pC 和 1000pC 脉冲校准器工况下进行的放电量—幅值核查记录截屏。可以得出：相对于距离 CH1 近，即阀侧位置注入脉冲时，CH1 测得的脉冲幅值大。

(a)

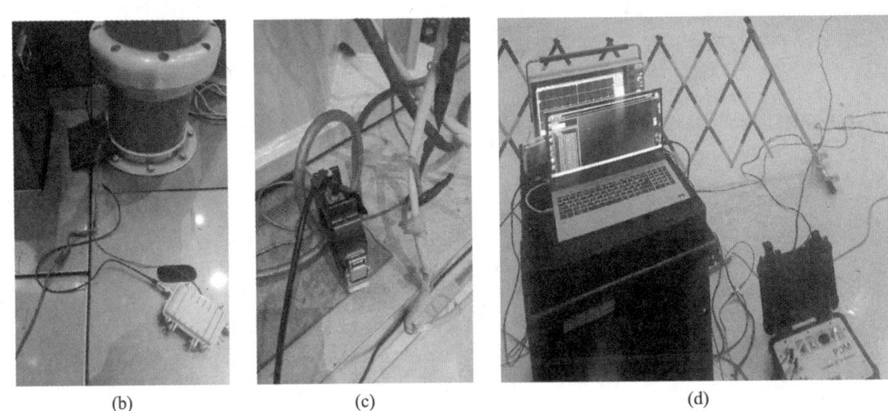

(b) (c) (d)

图 5-40 试验布置现场（±600kV、出厂试验—交流、超宽频带法）

（a）被试换流变压器；（b）阀侧套管—检测阻抗（CH1）；（c）铁芯接地线—HFCT（CH2）；（d）PD智能检测系统和示波器

2. 耐压试验

图 5-43 和图 5-44 所示为交直流耐压试验局部放电智能检测系统记录的加压数据，可以看出阀侧套管末屏—检测阻抗（CH1）、铁芯接地线—HFCT（CH2）均没有记录到有效信号。

（三）超宽频带试验-直流

直流试验的现场布置与图 5-40 所示一致，利用交直流耐压试验局部放电智能检测系统以及示波器同步开展超宽频带局部放电检测试验，2 种宽带传感器的实际安装情况分别为阀侧套管末屏—检测阻抗（CH1）、铁芯接地线—HFCT（CH2），信号也分别接示波器的 CH1～CH2。

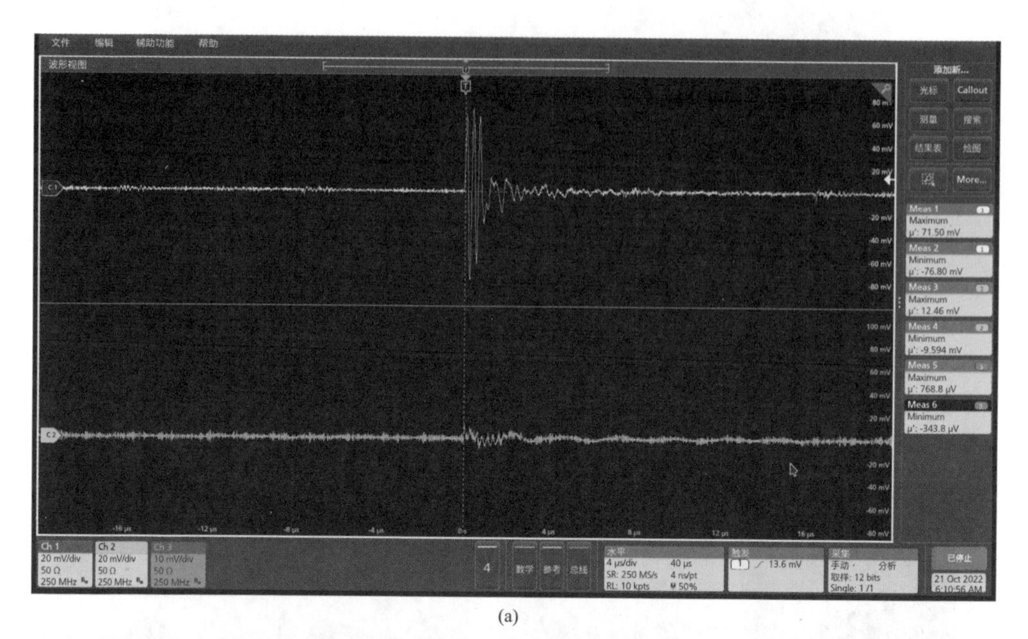

(a)

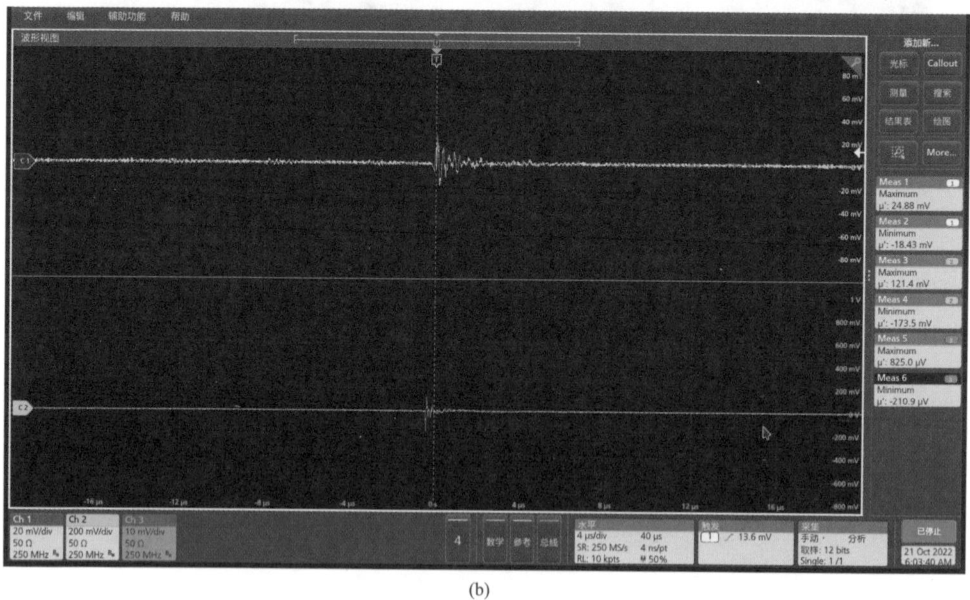

(b)

图 5-41 多个放电量—幅值核查结果（示波器记录，±600kV、出厂试验—交流、超宽频带法）（一）

（a）阀侧-500pC；（b）夹件-1000pC

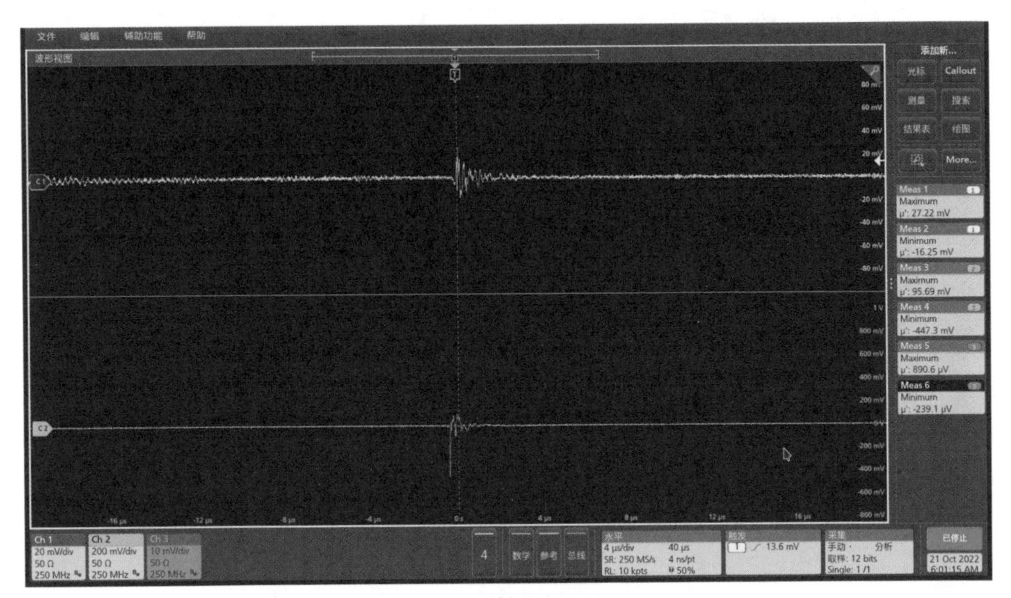

(c)

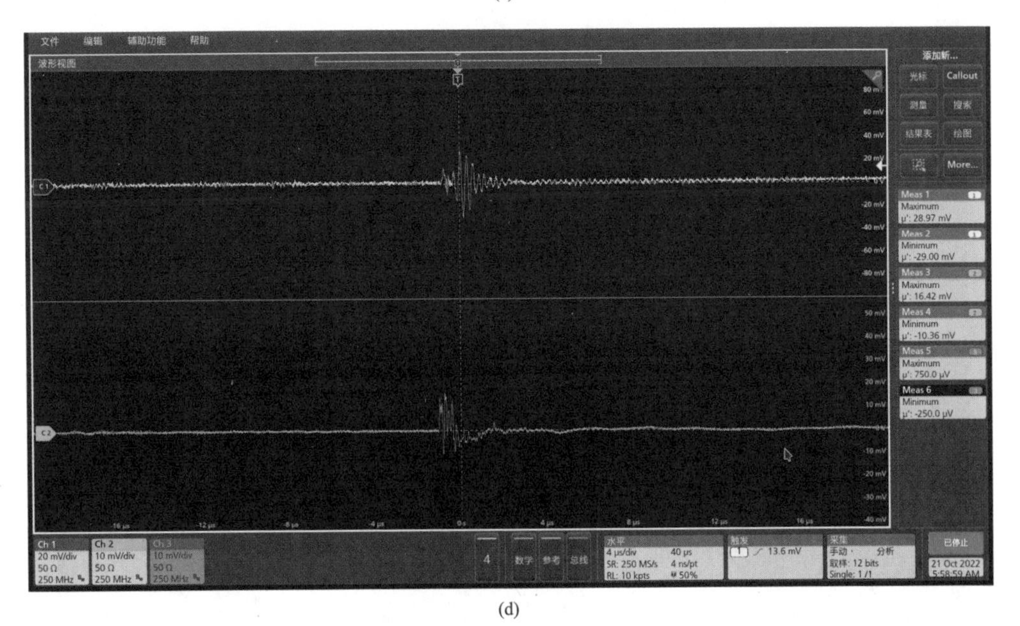

(d)

图 5-41　多个放电量—幅值核查结果（示波器记录，±600kV、出厂试验—交流、超宽频带法）（二）

（c）铁芯接地-1000pC；（d）网侧套管-500pC

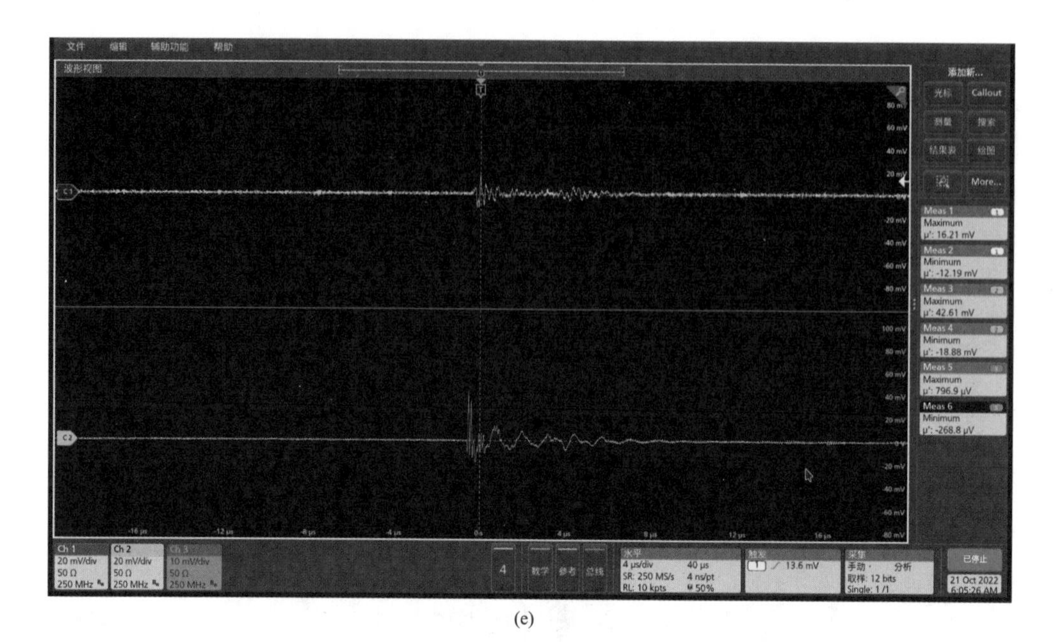

(e)

图 5-41　多个放电量—幅值核查结果（示波器记录，±600kV、出厂试验—交流、超宽频带法）（三）

（e）中性点-1000pC

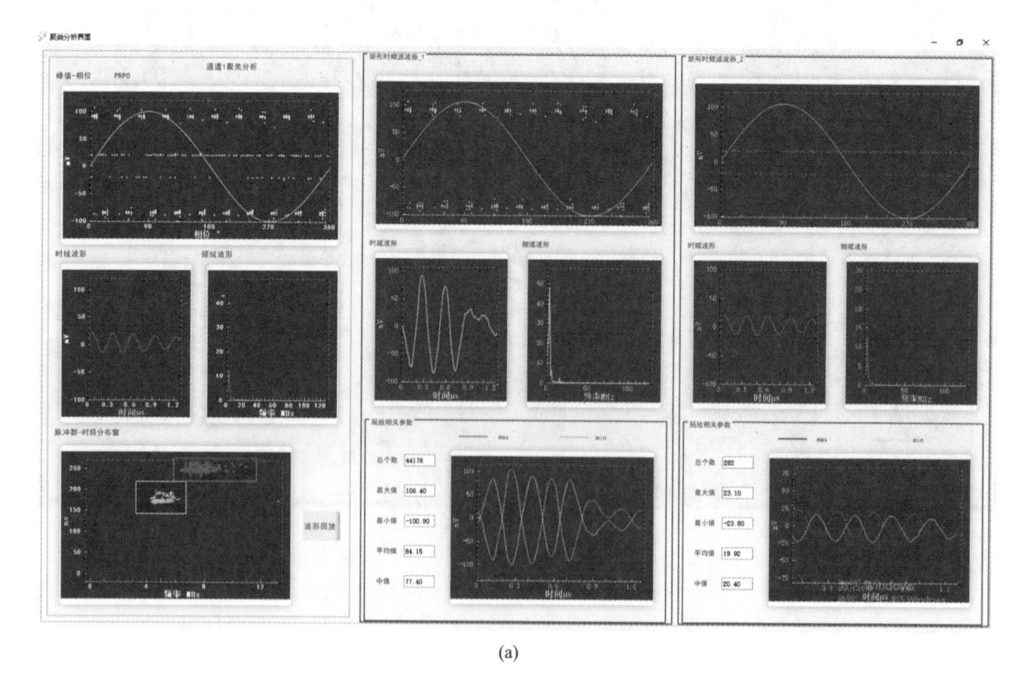

(a)

图 5-42　多个放电量—幅值核查结果（局部放电智能检测系统，±600kV、出厂试验—交流、超宽频带法）（一）

（a）阀侧-500pC（CH1）

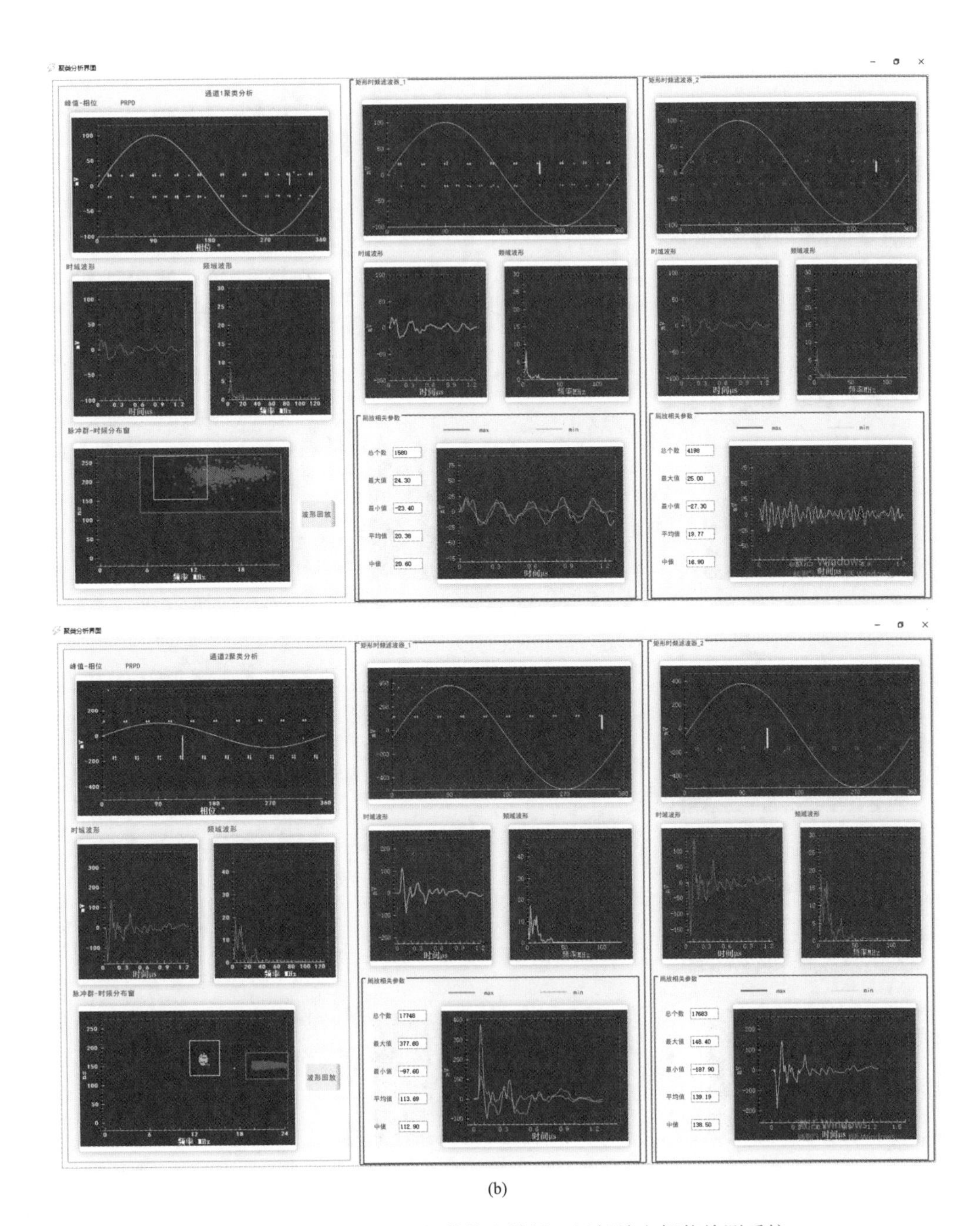

(b)

图 5-42　多个放电量—幅值核查结果（局部放电智能检测系统，±600kV、出厂试验—交流、超宽频带法）（二）

(b) 夹件-1000pC（上 CH1/下 CH2）

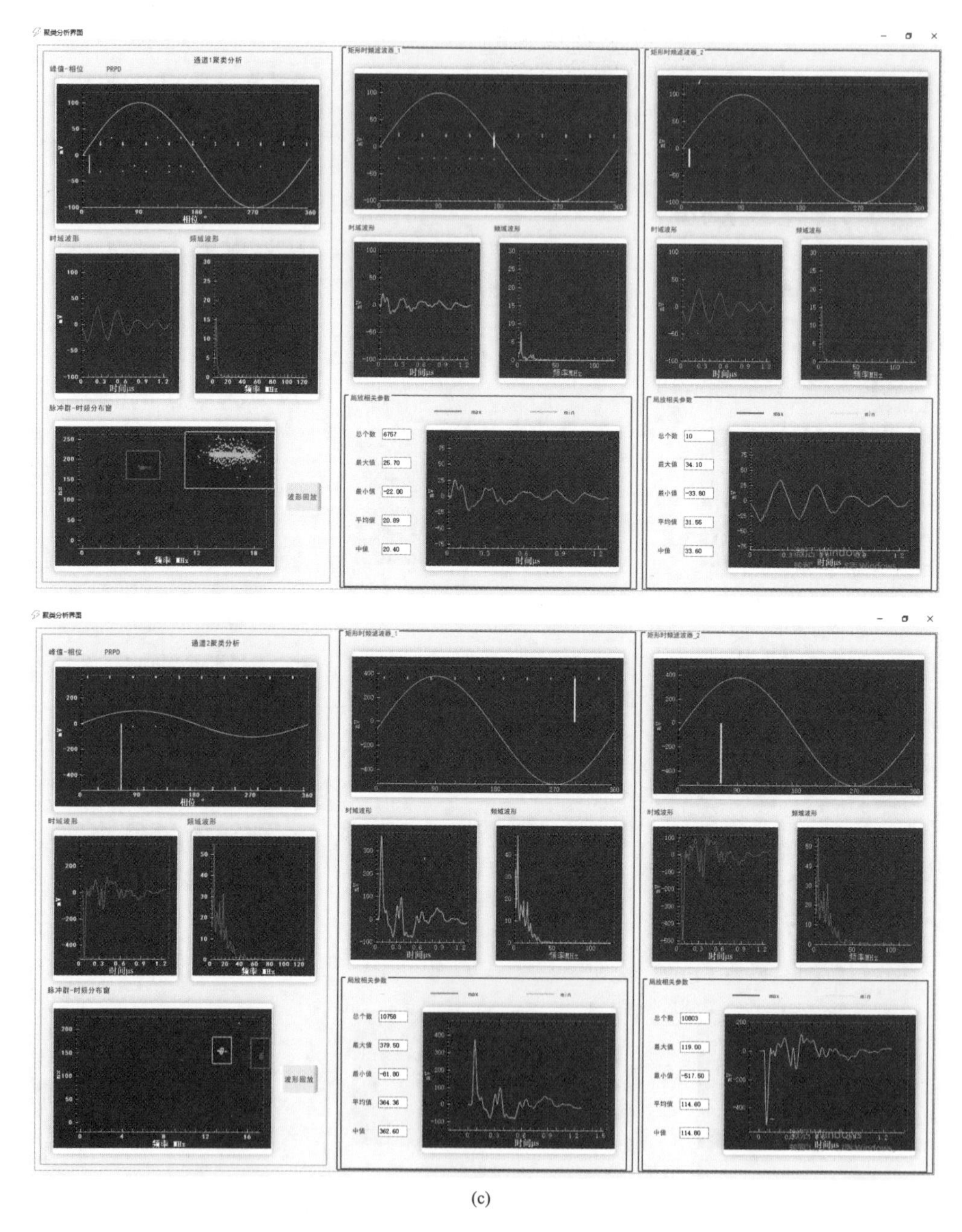

(c)

图 5-42　多个放电量—幅值核查结果（局部放电智能检测系统，±600kV、出厂试验—交流、超宽频带法）（三）

（c）铁芯接地-1000pC（上 CH1/下 CH2）

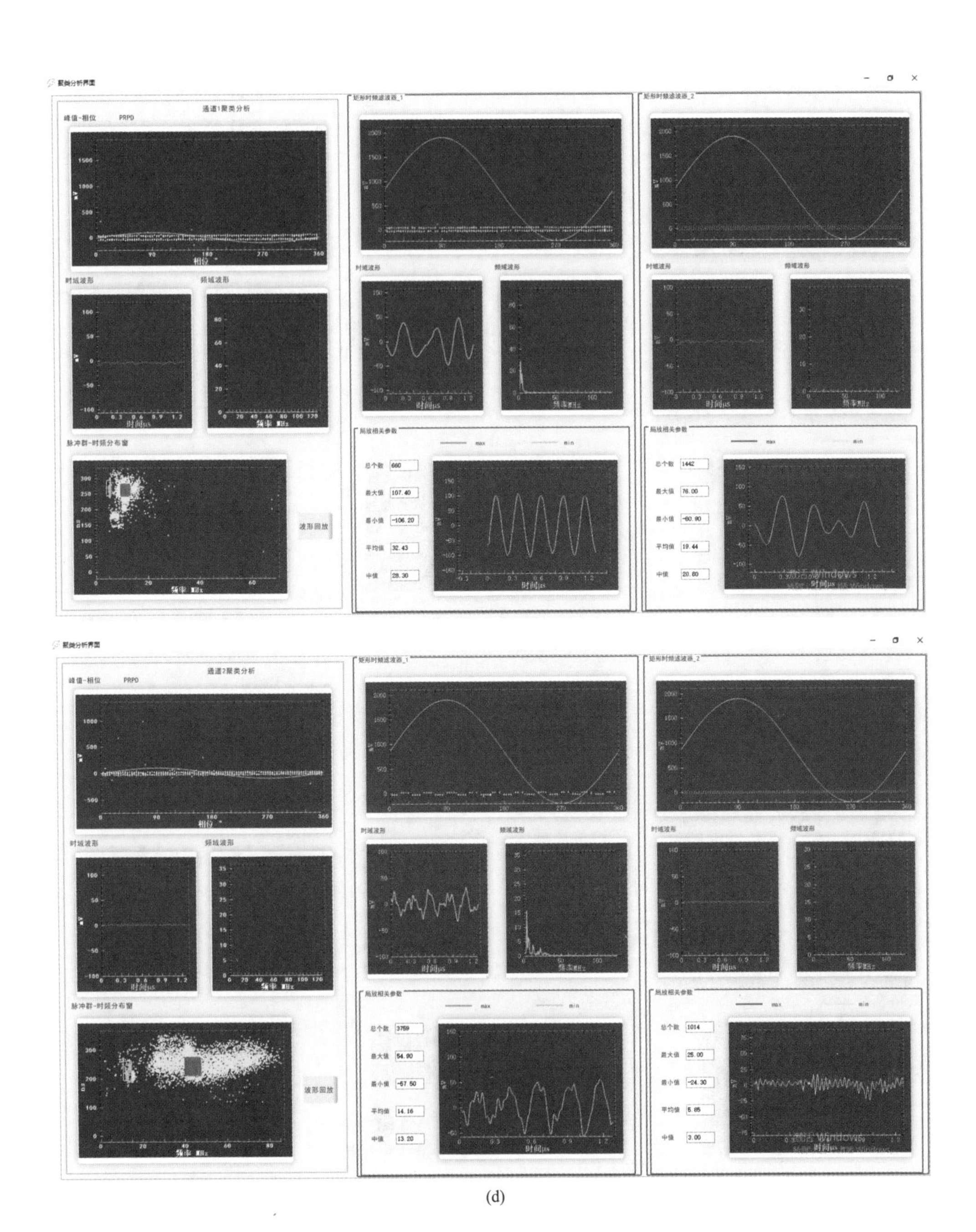

(d)

图 5-42　多个放电量—幅值核查结果（局部放电智能检测系统，±600kV、出厂试验—交流、超宽频带法）（四）

（d）网侧套管-500pC（上 CH1/下 CH2）

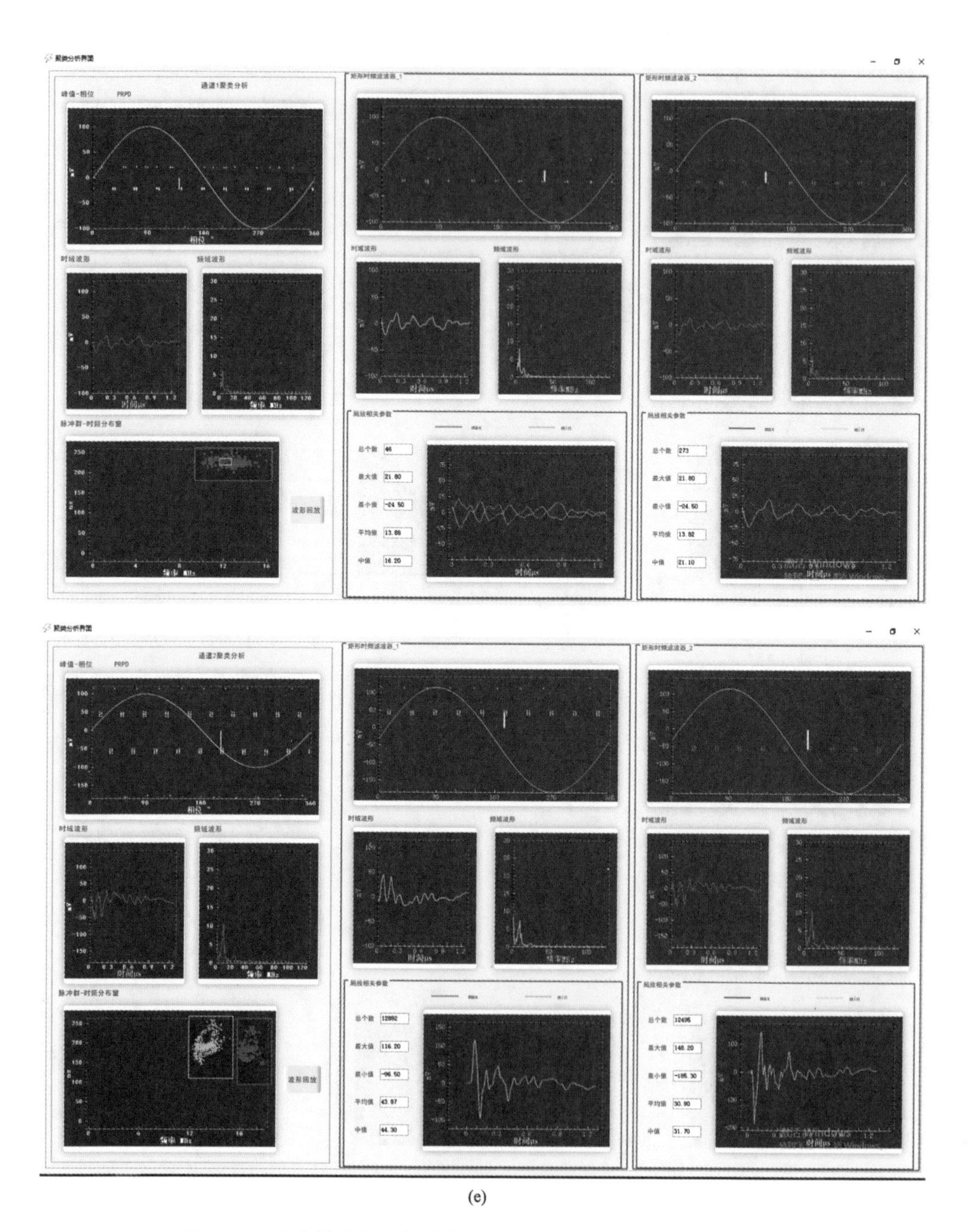

(e)

图 5-42　多个放电量—幅值核查结果（局部放电智能检测系统，
±600kV、出厂试验—交流、超宽频带法）（五）

(e) 中性点-1000pC（上 CH1/下 CH2）

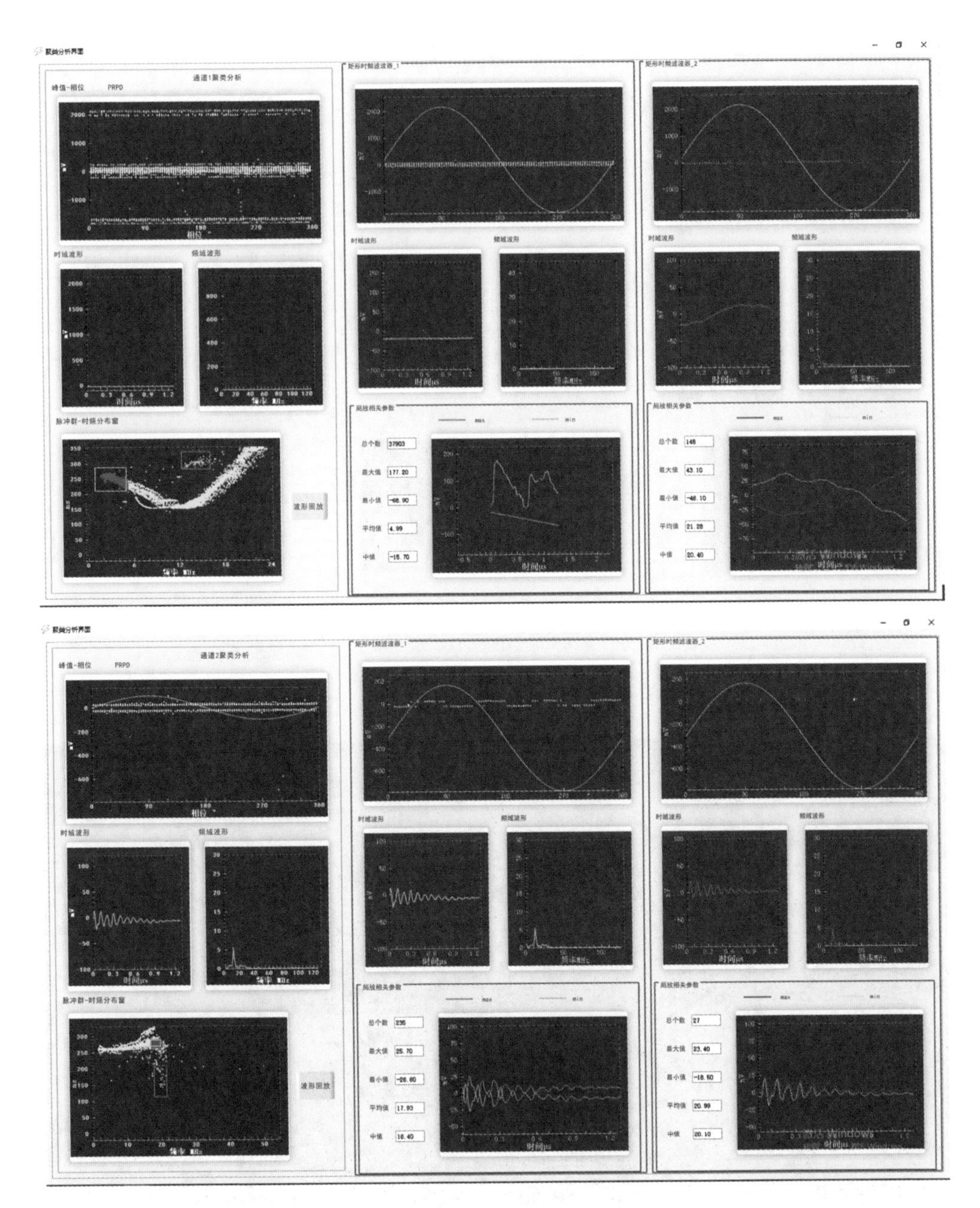

图 5-43　耐压试验 1（局部放电智能检测系统，上 CH1/下 CH2，±600kV、出厂试验—交流、超宽频带法）

1. 放电量—幅值核查

图 5-45 所示为数字示波器在阀侧套管 1000pC 脉冲校准器工况下进行的放电量—幅值核查记录截屏。

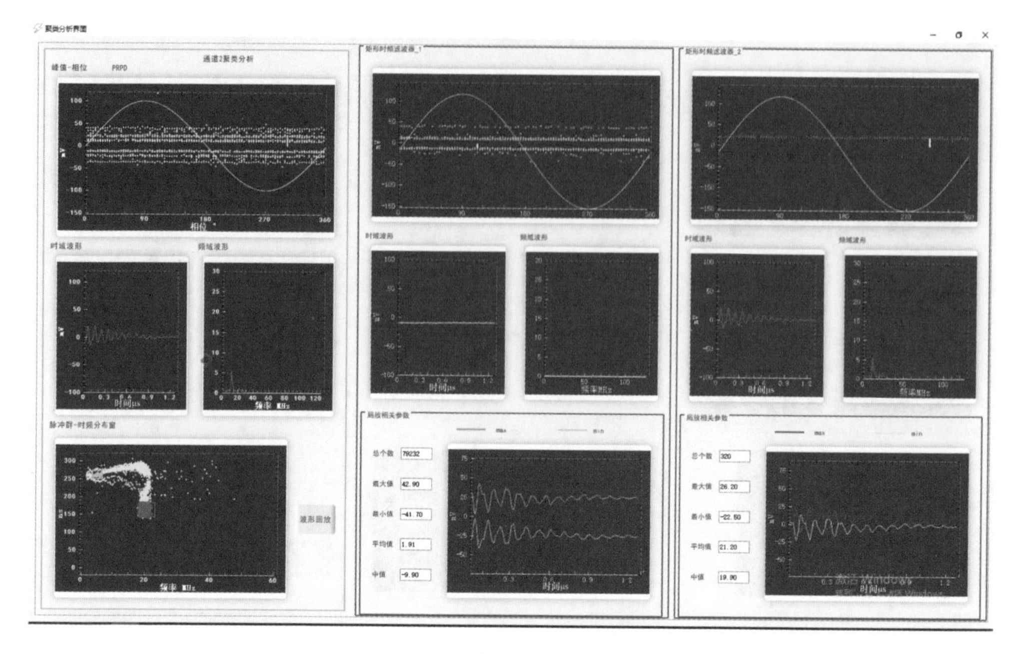

图 5-44　耐压试验 2（局部放电智能检测系统-CH2，±600kV、出厂试验—交流、超宽频带）

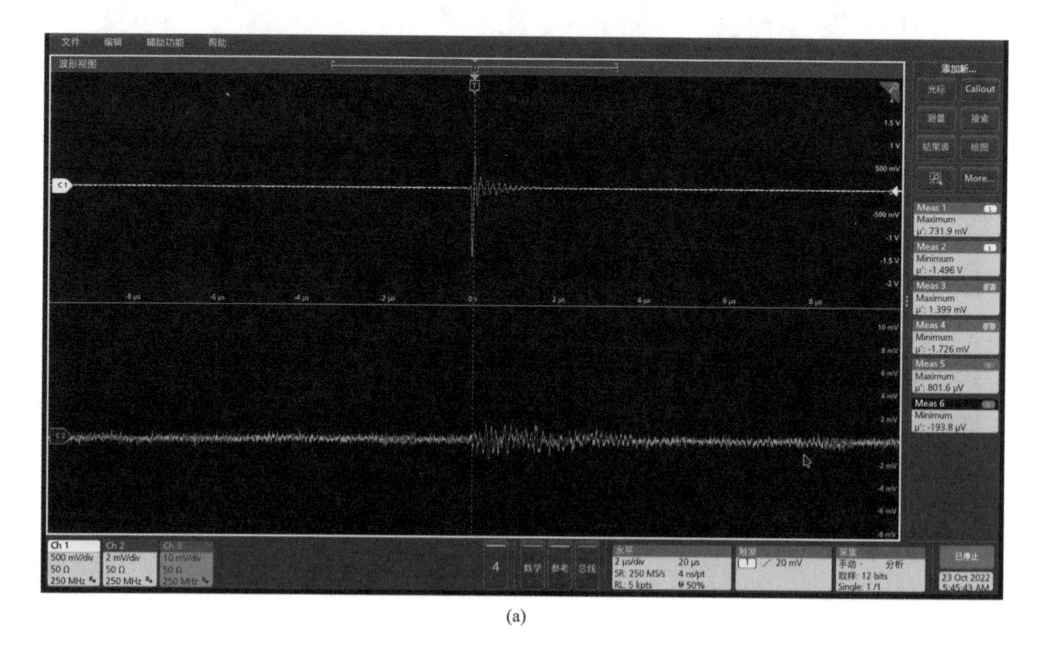

(a)

图 5-45　阀侧套管 1000pC 放电量—幅值核查结果（示波器记录，±600kV、出厂试验—直流、超宽频带法）（一）

（a）示例 1

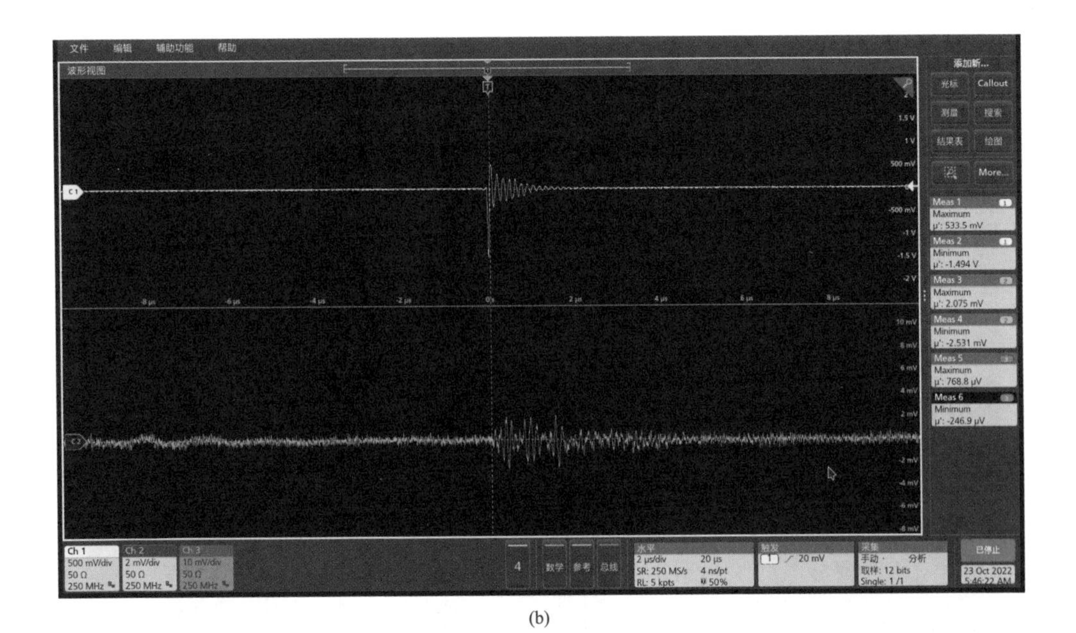

(b)

图 5-45　阀侧套管 1000pC 放电量—幅值核查结果（示波器记录，±600kV、出厂试验—直流、超宽频带法）（二）
(b) 示例 2

图 5-46 与图 5-45 对应，为局部放电智能检测系统在阀侧套管 1000pC 脉冲校准器工况下进行的放电量—幅值核查记录截屏。可以得出：相对于距离 CH1 近即阀侧位置注入脉冲时，CH1 测得的脉冲幅值大；CH2 铁芯接地线-HFCT（CH2）均没有记录到有效信号。

2. 耐压试验

图 5-47 所示为交直流耐压试验局部放电智能检测系统记录的加压数据，可以看出 CH1 耦合记录到一定幅值的信号源。根据图 5-47 所示的 3 个分析结果可以看出 CH1 耦合到了多个信号源。但根据图 5-57 所示的阀侧套管 1000pC 放电量—幅值核查结果，局部放电智能检测系统记录到的信号源幅值均远小于 1000pC，符合出厂试验要求。

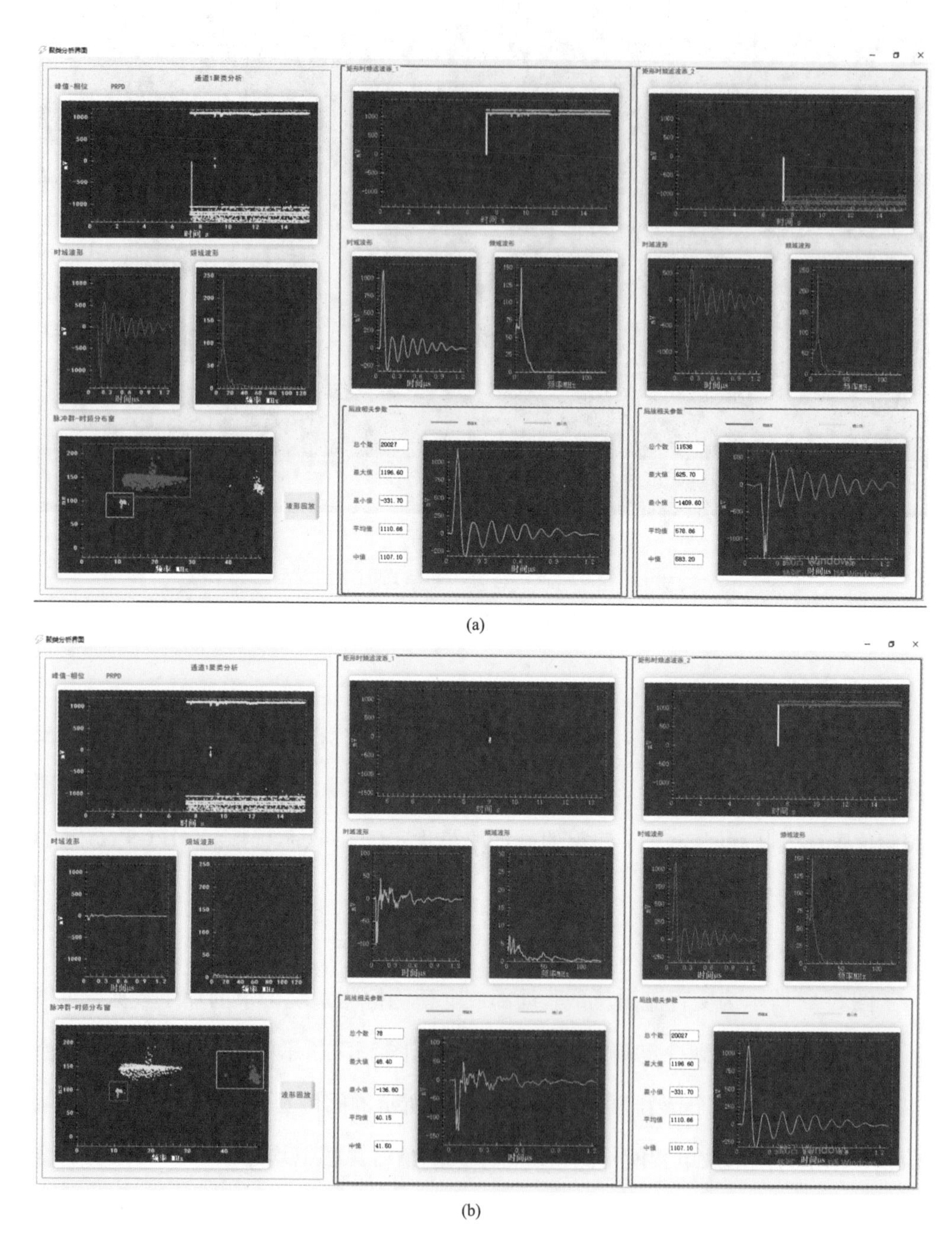

(a)

(b)

图 5-46　阀侧套管 1000pC 放电量—幅值核查结果（局部放电智能检测系统-CH1，±600kV、出厂试验—直流、超宽频带法）

(a) 分析结果 1；(b) 分析结果 2

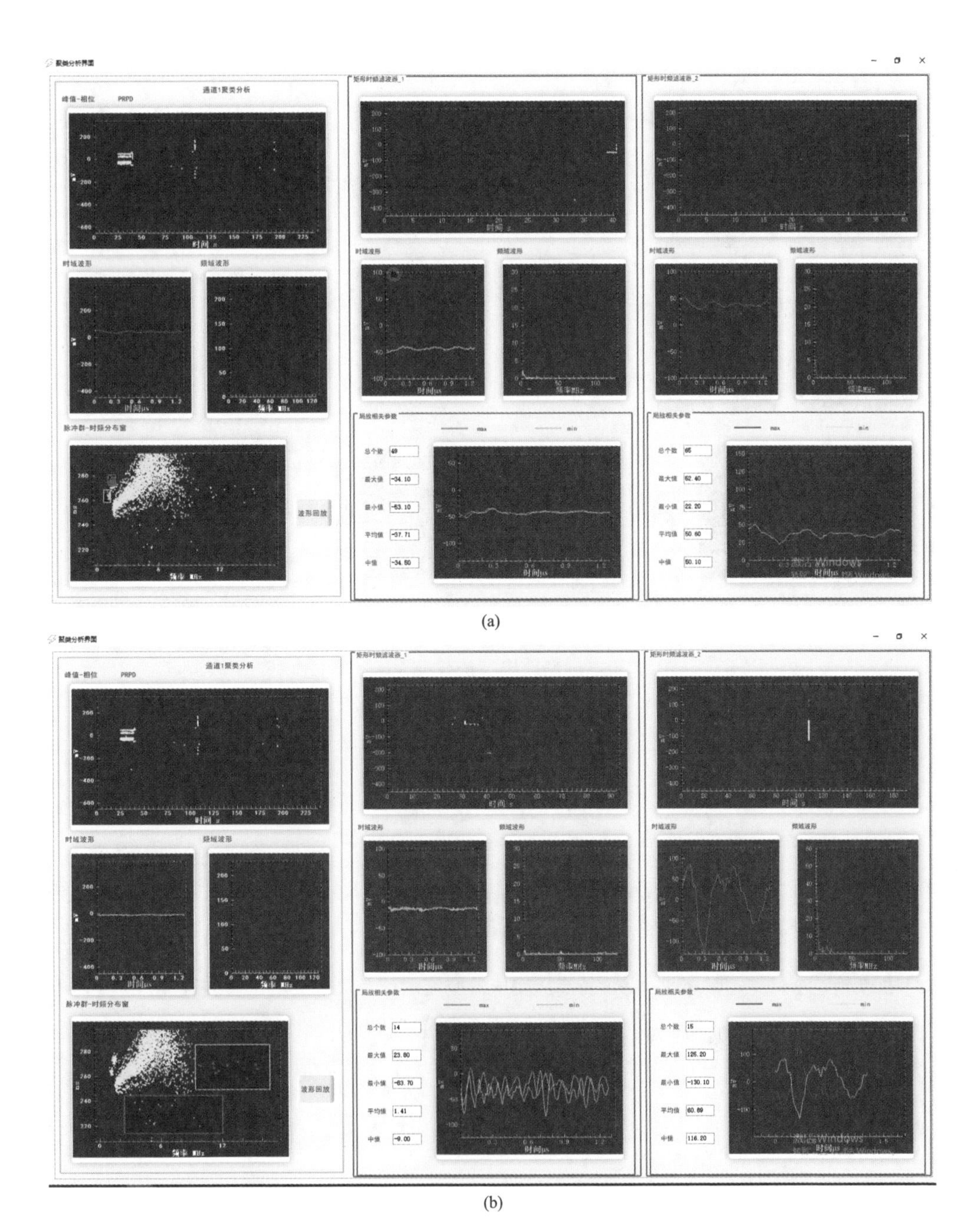

图 5-47　耐压试验（局部放电智能检测系统-CH1，±600kV、出厂试验—直流、超宽频带法）（一）

（a）分析结果 1；（b）分析结果 2

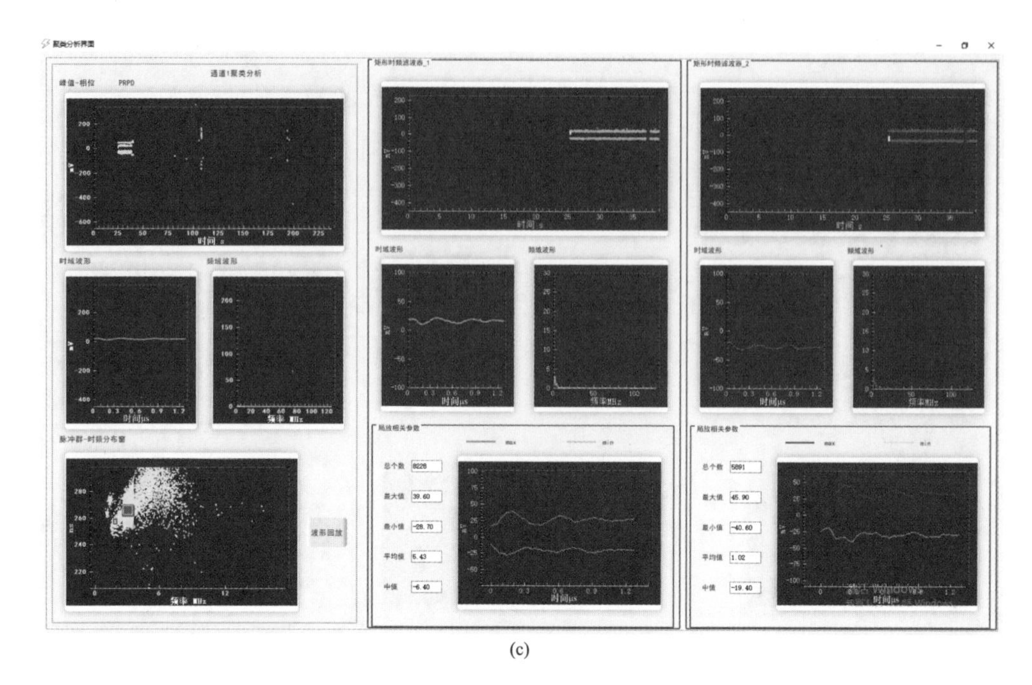

(c)

图 5-47　耐压试验（局部放电智能检测系统-CH1，±600kV、出厂试验—直流、超宽频带法）（二）

（c）分析结果 3

参 考 文 献

［1］汪涛．换流变压器现场直流耐压及 PD 测量技术与应用［R］．国网湖北省电力公司电力科学研究院，2016．

［2］仇新艳，李付亮，彭春燕，等．特高压变压器交流耐压及局部放电试验装置［J］．高压电器，2009，45（04）：94-96，99．